零基础 电工学习手册

张新德　主编

（双色版）

化学工业出版社

·北京·

内容简介

本书以电工零基础入门为出发点，结合电工工作岗位要求，全面系统介绍电工必备基础知识和操作技能。全书共分十六章，内容包括电工电子基础，电工安全常识，电工工具与材料，电工测量与元器件检测，常用电工电路图，电工检修思路与方法，电气照明线路及维修，家用电器维修，低压配电电器线路及检修，高压输配电设备安装与检修，变压器的安装、使用与维修，电动机与发电机的使用与维修，PLC、变频器的线路、安装与检修，电工维修案例。

全书采用双色图解，注重实用和可操作性，并对重要知识和技能予以着重提示，方便读者学习。书中还附有关键安装维修操作的小视频，扫描书中二维码即可观看，供读者参考。

本书可供电工、电气操作及维修人员学习使用，也可供职业院校、培训学校相关专业师生参考。

图书在版编目（CIP）数据

零基础电工学习手册：双色版/张新德主编. —北京：
化学工业出版社，2020.10（2025.1重印）
ISBN 978-7-122-35670-3

Ⅰ.①零… Ⅱ.①张… Ⅲ.①电工技术-技术手册 Ⅳ.①TM-62

中国版本图书馆 CIP 数据核字（2020）第 144535 号

责任编辑：徐卿华　李军亮　　　　　　文字编辑：陈　喆
责任校对：王素芹　　　　　　　　　　装帧设计：关　飞

出版发行：化学工业出版社（北京市东城区青年湖南街 13 号　邮政编码 100011）
印　　装：涿州市般润文化传播有限公司
880mm×1230mm　1/32　印张 15¾　字数 485 千字
2025 年 1 月北京第 1 版第 4 次印刷

购书咨询：010-64518888　　　　　　售后服务：010-64518899
网　　址：http://www.cip.com.cn
凡购买本书，如有缺损质量问题，本社销售中心负责调换。

定　价：68.00 元　　　　　　　　　　　版权所有　违者必究

前　言

我国正在形成"崇尚工匠精神"的良好氛围，为培养大量具有专业电工一技之长的技能型人才提供了良好的机遇。目前电工行业的从业人数很多，但总体水平参差不齐，这种状况与电工行业急需较高专业水平技术人员的现状有较大的差距，并且我国大批电工服务企业仍处于小而散的状态，这些企业急需壮大产业规模，提高电工服务的水平。为此我们编写了本书，以满足广大读者的需要。希望该书的出版，能够为电工从业人员提供帮助。

本书体现电工随身学的随学随用模式，提炼理论知识，突出实用性，强化技能训练，以服务技工和技能鉴定为宗旨，全面系统地介绍电工基础知识和基本技能。首先简要介绍电工理论基础和安全常识，再介绍电气元器件、工具、电工识图和电工维修思路和方法，然后分类介绍各类别电工的基础知识和工作技能。书中既有入门级的电工基础，又有中级电工的具体操作技能，提供与基础理论紧密结合的操作指导。书中还附有关键安装维修操作的小视频，扫描书中二维码即可观看，供读者参考。

全书在内容的安排上，以电工基础、电工安全常识、电工检测、思路方法、操作技巧、实用电工案例为重点，注重实操实用，做到该详则详、该略则略、形式新颖、图文并茂。本书所测数据，如未作特殊说明，均为采用 MF47 型指针式万用表和 DT9205A 型数字万用表测得。

本书由张新德主编，刘淑华、张新春、张云坤、张利平、张泽宁等也参加了部分内容的编写、资料收集、整理和文字录入等工作，同时感谢陈金桂、张健梅、袁文初、刘晔、王光玉、刘运和、陈秋玲、罗小姣、刘桂华、张美兰、周志英、刘玉华、刘文初、刘爱兰、王灿、胡红娟、胡清华、张玉兰、张冬生、张芙蓉等同仁的支持。

由于作者水平所限，书中疏漏之处在所难免，恳请广大读者指评指正。

编　者

目 录

第一章 电子电工基础 / 1

第一节 电工概念 / 1
第二节 电工常用物理量及换算 / 1
第三节 电工常用计算公式 / 14
　一、串联电路 / 14
　二、并联电路 / 14
　三、交流电路 / 14
第四节 电路基本概念 / 17
　一、模拟电路 / 17
　二、数字电路 / 18
第五节 电路基本定律 / 21
　一、欧姆定律 / 21
　二、基尔霍夫定律 / 21
　三、电磁感应定律 / 22
第六节 电磁现象和电磁感应 / 22
　一、概念 / 22
　二、应用 / 23

第七节 交流电路 / 24
　一、交流电路的主要参数 / 25
　二、几种简单的交流电路 / 25
第八节 直流电路 / 27
　一、概念 / 27
　二、直流电路的主要参数 / 28
第九节 基本放大电路 / 29
　一、概念 / 29
　二、基本放大电路 / 30
第十节 开关电源电路 / 36
　一、概念 / 36
　二、抗EMI电路 / 37
　三、PFC电路 / 39
　四、5VSB待机电路 / 42
　五、PWM主输出电路 / 42
　六、OCP/OVP/OTP保护电路 / 45

第二章 电工安全常识 / 46

第一节 电工防触电常识 / 46
　一、电流对人体的作用 / 46
　二、人体电阻与安全电压 / 48
　三、触电的形式 / 49
　四、安全用电常识 / 50

第二节 电工防火常识 / 52
　一、电气火灾和爆炸事故的
　　　原因 / 52
　二、防火防爆的措施 / 54
　三、电气灭火常识 / 57

第三节　电工防雷常识 / 59

一、雷电的危害 / 59

二、防雷装置 / 60

三、防雷常识 / 64

第四节　意外触电紧急救助 / 65

一、触电急救 / 65

二、防护措施 / 70

三、注意事项 / 71

第五节　保护接地和保护接零 / 72

一、工作接地 / 72

二、保护接零 / 73

三、保护接地 / 73

四、防雷接地 / 73

五、防静电接地 / 73

第六节　漏电保护 / 74

一、漏电保护器的结构及工作原理 / 74

二、漏电保护器的使用范围 / 78

三、漏电保护器安装要求 / 78

四、部分漏电保护器技术数据 / 81

第七节　静电防护 / 83

一、静电产生 / 83

二、静电危害 / 84

三、静电防护 / 85

第三章　电工工具与材料 / 87

第一节　通用工具 / 87

一、试电笔 / 87

二、钢丝钳 / 89

三、尖嘴钳 / 89

四、斜口钳 / 90

五、剥线钳 / 90

六、电工刀 / 91

七、螺钉旋具 / 92

八、活扳手 / 93

九、电烙铁 / 94

十、千分尺 / 95

十一、钢卷尺 / 96

十二、钳形电流表 / 96

十三、绝缘电阻表 / 97

十四、万用表 / 100

十五、电动系功率表 / 100

第二节　专用工具 / 102

一、手电钻 / 102

二、冲击电钻 / 102

三、电锤 / 104

四、电剪刀 / 105

五、电动扳手 / 106

六、冷压钳 / 106

七、拉轴器 / 109

八、游标卡尺 / 109

九、绕线机 / 111

十、地埋线故障检测仪 / 111

第三节　随身工具包 / 113

一、维修电工工具包 / 113

二、物业电工随身工具包 / 114

第四节　电工材料 / 117

一、裸导线 / 117

二、电磁线 / 118

三、电气设备用绝缘电线 / 119

四、电缆 / 120

五、熔体材料 / 120

六、电阻材料 / 122

七、电热材料 / 124

八、电触点材料 / 124

九、热双金属 / 125

十、电刷材料 / 126
十一、绝缘油 / 127
十二、绝缘漆 / 127
十三、绝缘胶 / 127
十四、绝缘胶带 / 128

十五、软磁材料 / 129
十六、硬磁材料 / 130
十七、线管、电杆及低压瓷件 / 130
十八、钎料、助钎剂和清洗剂 / 132

第四章 电工测量与元器件检测 / 134

第一节 电工测量 / 134
一、电工测量方法和测量误差 / 134
二、电流的测量 / 135
三、电压的测量 / 136
四、功率的测量 / 137
五、电能的测量 / 138
六、电阻的测量 / 142
第二节 通用元器件检测 / 144
一、电阻器的检测 / 144
二、电容器的检测 / 147
三、二极管的检测 / 150
四、三极管的检测 / 152
五、光耦合器的检测 / 157
六、场效应管的检测 / 158
七、晶闸管的检测 / 158

八、电感器的检测 / 159
九、集成电路的检测 / 162
十、电源变压器的检测 / 164
第三节 专用元器件检测 / 165
一、漏电保护器的检测 / 165
二、启动器的检测 / 165
三、换向器的检测 / 166
四、霍尔器件的检测 / 166
五、交流接触器的检测 / 168
六、继电器的检测 / 169
第四节 电工线路检测 / 174
一、线路漏电——仪表检测法 / 174
二、线路漏电——分路排查法 / 175
三、线路漏电——电磁检查法 / 175
四、线路通断的检测 / 176

第五章 常用电工电路图 / 179

第一节 多控开关接线图 / 179
第二节 路灯控制电气图 / 182
第三节 电源滤波电路图 / 186
第四节 整流电路图 / 187
第五节 变压电路图 / 188
第六节 稳压电路图 / 189
第七节 电动机控制电气图 / 191

第八节 家装强电配电图 / 195
第九节 家装弱电接线图 / 199
第十节 水位控制电气图 / 200
第十一节 三相异步电动机正反转控制电气图 / 202
第十二节 直流电动机调速电气图 / 203

第六章 电工检修思路与方法 / 204

第一节　通用维修思路 / 204
第二节　电工元器件的拆装和
　　　　焊接 / 211
一、电子元器件的焊接 / 211

二、导线拆焊 / 216
三、导线与导线的连接 / 219
四、线头与接线柱的连接 / 224

第七章 电气照明线路及维修 / 227

第一节　电气照明基础知识 / 227
一、照明技术的相关概念 / 227
二、光源的显色性能 / 229
三、常用电光源的类型 / 229
四、常用电光源的特点及适用
　　场所 / 230
五、照明灯具的型号编制 / 237
六、照明灯具的选择 / 239
七、常用照明附件 / 240

第二节　电气照明线路 / 242
一、常用照明灯线路 / 242
二、照明供电线路的保护 / 245
三、家装照明供电线路的安装 / 245
第三节　电气照明检修技能 / 269
一、电气照明检修的一般程序 / 269
二、电气照明故障检修技能 / 271
三、物业电工照明故障检修
　　技能 / 275

第八章 家用电器维修 / 276

第一节　家电维修基础 / 276
一、家电常用电子元器件 / 276
二、家电电路图识读 / 284

第二节　家电维修方法 / 285
第三节　家电维修技能 / 291

第九章 低压配电电器线路及维修 / 294

第一节　低压配电电器 / 294
一、低压隔离器 / 294
二、低压熔断器 / 296
三、低压断路器 / 298
四、接触器 / 302
第二节　低压配电电器电路 / 303

一、低压配电电路 / 303
二、低压配电电路的安装 / 304
第三节　低压配电故障检修技能 / 314
第四节　物业电工低压配电检修
　　　　技能 / 319

第十章　高压输配电设备安装与检修 / 326

第一节　高压输配电设备 / 326
　一、高压断路器 / 326
　二、高压熔断器 / 328
　三、高压隔离开关 / 330
　四、高压负荷开关 / 330
　五、高压电流互感器 / 333
　六、电压互感器 / 333
　七、高压成套配电屏（柜）/ 334
第二节　高压输配电设备的安装 / 335
　一、10kV线路上电气设备的
　　安装 / 335
　二、高压配电线路的安装 / 352
第三节　高压输配电故障检修
　　实例 / 354

第十一章　变压器安装、使用与维修 / 357

第一节　变压器基础知识 / 357
　一、变压器的用途和分类 / 357
　二、变压器的工作原理和性能 / 358
第二节　三相变压器及安装 / 361
　一、三相变压器的结构 / 361
　二、三相变压器的电路系统 / 366
　三、三相变压器的安装 / 368
第三节　电力变压器的使用及技术
　　参数 / 373
　一、电力变压器的使用条件 / 373
　二、常用电力变压器的主要技
　　术参数 / 374
第四节　变压器维护及故障检修
　　技能 / 376
　一、变压器日常维护 / 376
　二、变压器的检查方法 / 378
　三、变压器常见故障检修 / 379

第十二章　电动机使用与维修 / 382

第一节　电动机基础知识 / 382
　一、电动机的型号与分类 / 382
　二、电动机的主要性能及技术
　　指标 / 384
　三、电动机常用计算公式 / 386
第二节　单相异步电动机 / 387
　一、单相异步电动机的结构 / 387
　二、单相异步电动机的转动
　　原理 / 388
第三节　三相异步电动机 / 389
　一、三相异步电动机的结构 / 389
　二、异步电动机的转动原理 / 393
第四节　直流电动机 / 394
　一、直流电动机的结构 / 394
　二、直流电动机的转动原理 / 398
第五节　微特电动机 / 399
　一、伺服电动机 / 399
　二、测速发电机 / 401
　三、步进电动机 / 403
　四、变频电动机 / 404

第六节　电动机维护及故障检修
　　技能 / 405
　一、电动机的日常维护 / 405

二、电动机检修基本原则 / 406
三、电动机的检修方法 / 407
四、电动机常见故障检修方法 / 410

第十三章　发电机使用与维修 / 413

第一节　水力发电机 / 413
　一、水力发电机的分类和型号 / 413
　二、水力发电机的结构 / 416
　三、水力发电机发电原理 / 420
第二节　燃油发电机 / 420
　一、燃油发电机的分类和型号 / 420

二、燃油发电机的结构 / 422
三、燃油发电机工作原理 / 424
第三节　发电机故障检修技能 / 426
　一、发电机的检修方法 / 426
　二、发电机常见故障检修方法 / 427

第十四章　PLC / 434

第一节　PLC 线路与安装 / 436

第二节　PLC 检修技能 / 438

第十五章　变频器 / 439

第一节　变频器原理 / 440
第二节　变频器线路 / 442
　一、变频器的接线方法 / 442

二、变频器的选线布线方法 / 443
第三节　变频器检修技能 / 444

第十六章　电工维修案例 / 447

第一节　物业电工维修案例 / 447
第二节　家装电工维修案例 / 450
第三节　工厂电工维修案例 / 454
第四节　电力电工维修案例 / 456

第五节　农电工维修案例 / 458
第六节　电动工具维修案例 / 461
第七节　家电维修案例 / 463

电子电工基础

第一章

第一节

电工概念

电工学是一门学科，与电子学相对，主要研究强电和电气工程，也可单指电气工程。它是研究电磁领域的客观规律及其在工程中应用的技术科学，包括电力生产和电工制造两大工业生产体系。

第二节

电工常用物理量及换算

1. 电源

电源是电路中产生电能的设备。按其性质不同，分为直流电源和交流电源。它们分别是由化学能和机械能转换成电能的。直流电源是由化学能转换为电能的，如干电池和铅蓄电池；交流电源是通过发电机产生的。

电源内有一种外力，能使电荷移动而做功，这种外力的做功能力称为电源电动势，常用符号 E 表示，其单位为伏特（V），常用单位及换算关系是：

$$1 \text{ 千伏（kV）} = 1000 \text{ 伏（V）}$$

$$1 伏（V）＝1000 毫伏（mV）$$
$$1 毫伏（mV）＝1000 微伏（\mu V）$$

2. 电流

电流是带电粒子的定向运动。电流的单位有千安（kA）、安培（A）、毫安（mA）、微安（μA）。$1kA＝10^3A$，$1A＝10^3mA$，$1mA＝10^3\mu A$。

电流强度是度量电流强弱的物理量，测量电流强度的仪器叫电流表（又称"安培表"，英文：Ammeter 或 Current meter，如图 1-1 所示）。其数值等于单位时间内通过导体某一横截面的电荷量。电流有直流电和交流电。电流强度（I）的计算公式是：

$$I=\frac{Q}{t} \qquad (1-1)$$

式中　Q——在 t 秒时间内，通过导体截面的电量数，C；
　　　　t——时间，s。

电流的方向有实际方向和参考方向两种：电流的实际方向就是正电荷移动的方向；电流的参考方向就是任意指定一个方向作为某支路电流的方向，然后根据计算结果的正负值确定实际方向，结果为正说明参考方向与实际方向一致，结果为负则说明参考方向与实际方向相反。在交流电路中，电流方向是随时间变化的。

图 1-1　电流表

3. 电压

电压是正电荷在电场力作用下的运动势能，它是度量电场力做功的物理量。电场力将 1 库仑电荷从 A 点移到 B 点所做的功为 1 焦耳，则 AB 间的电压值就是 1 伏特，简称伏。分为直流电压和交流电压两种。用字母 U 表示（通常直流电压用大写的"U"表示，交流电压用小写的"u"表示）。常用的电压单位：伏（V）、千伏（kV）、毫伏（mV）、微伏（μV）。其换算关系是：

$$1kV＝10^3V，\ 1V＝10^3mV，\ 1mV＝10^3\mu V$$

电压的强度是指单位正电荷在电场力的作用下，由 A 点经外电路移到 B 点电场力所做的功（A、B 是假设的）。测量电压强度的仪器为电压表（如图 1-2 所示）。电压的计算公式是：

$$U = \frac{W}{q} \qquad (1-2)$$

式中　U——电压，V；

　　　W——电功率，J；

　　　q——电量，C。

式(1-2)中的电压严格地讲是 A、B 点之间的电压。

电压的方向也有实际方向和参考方向。实际方向习惯上规定从高电位点指向低电位点，即电压降的方向。参考方向即是任意指定某一方向为参考电压方向，在参考方向选定后，电压值就有正负之分，正值表示参考方向与实际方向相同，负值表示参考方向与实际方向相反。

图 1-2　电压表

4. 电阻

电阻是指导体本身对电流所产生的阻力。电阻用符号 R 表示。电阻的单位为欧姆，用符号 Ω 表示。常用单位及换算关系是：

$$1k\Omega = 1000\Omega$$

$$1M\Omega = 10^3 k\Omega = 10^6 \Omega$$

由于电阻的大小与导体的长度成正比，与导体的截面积成反比，且与导体本身的材料质量有关，其计算公式为：

$$R = \rho \frac{L}{A} \ (\Omega) \qquad (1-3)$$

式中　L——导体的长度，m；

　　　A——导体的截面积，mm^2；

　　　ρ——导体的电阻率，$\Omega \cdot mm^2/m$。

5. 电容

电容是指电容器的容量。电容器由两块彼此相互绝缘的导体组成，一块导体带正电荷，另一块导体一定带负电荷。其储存电荷量与加在两导体之间的电压大小成正比。

电容用字母 C 表示。电容量的基本单位为法拉，用字母 F 表示。常用单位及换算关系为：

$$1F = 10^6 \mu F = 10^{12} pF$$

电容器在电路中的作用有：

① 能起到隔直流通交流的作用。

② 电容器与电感线圈可以构成具有某种功能的电路。

③ 利用电容器可实现滤波、耦合定时和延时等功能。

使用电容器时应注意：电容器串联使用时，容量小的电容器比容量大的电容器所分配的电压要高，串联使用时要注意每个电容器的电压不要超过其额定电压。电容器并联使用时，等效电容的耐压值等于并联电容器中最低额定工作电压。

电阻和电容串并联等效计算如表 1-1 所示。

表 1-1　电阻和电容串并联等效计算

计算内容	阻容连接图	等效阻容计算公式
串联电阻总电阻的计算		$R=R_1+R_2+\cdots+R_i+\cdots+R_n=\sum\limits_{i=1}^{n}R_i$ $G=\dfrac{1}{\dfrac{1}{G_1}+\dfrac{1}{G_2}+\cdots+\dfrac{1}{G_i}+\cdots+\dfrac{1}{G_n}}=\dfrac{1}{\sum\limits_{i=1}^{n}\dfrac{1}{G_i}}$
并联电阻总电阻的计算		$G=G_1+G_2+\cdots+G_i+\cdots+G_n=\sum\limits_{i=1}^{n}G_i$ $\dfrac{1}{R}=\dfrac{1}{R_1}+\dfrac{1}{R_2}+\cdots+\dfrac{1}{R_i}+\cdots+\dfrac{1}{R_n}=\sum\limits_{i=1}^{n}\dfrac{1}{R_i}$
串联电容总电容的计算		$\dfrac{1}{C}=\dfrac{1}{C_1}+\dfrac{1}{C_2}+\cdots+\dfrac{1}{C_i}+\cdots+\dfrac{1}{C_n}=\sum\limits_{i=1}^{n}\dfrac{1}{C_i}$
并联电容总电容的计算		$C=C_1+C_2+\cdots+C_i+\cdots+C_n=\sum\limits_{i=1}^{n}C_i$

注：G 为电导，$G=\dfrac{1}{R}$。

6. 电路

电路（图 1-3 所示为家庭照明电路教学演示板，在电工教学中可直观地再现电路基本构成）就是电流通过的路径，也就是把电源、用电器、开关用导线连接起来组成电流的路径。最简单的电路由电源、负载和中间环节（开关或导线）按一定方式组成（图 1-4 所示为最简单的照明电路）。电路通常有两种，一种是实现能量传输和转换，另一种是实现信号传递与转换，电路有通路（有载状态）、开路（$I=0$）和短路（$U=0$）三种状态。

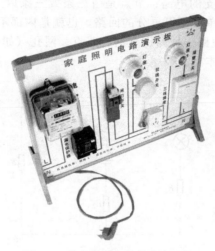

图 1-3　家庭照明电路教学演示板

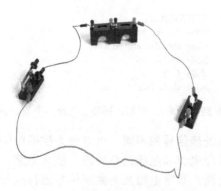

图 1-4　最简单的照明电路

电路某一处断开了叫作断路或者开路；电路某一部分的两端直接接通了，使这部分的电压变成了零，叫作短路；电路中任意一个闭合的电路叫回路。回路分为直流回路和交流回路，一个电路中的电子从正极出发经过整个电路、负载、所有的电器回到负极就形成了一个闭合直流回路；从一相出发经过电路、负载等回到另一相或回到零线所构成的闭合回路就是交流回路。回路按电源的数量又可分为单回路和双回路，单回路就是指一个负荷只有一个供电电源的回路；双回路就是指一个负荷有 2 个供电电源的回路。支路是由一个或几个元件首尾相接构成的无分支的电路；节点是由三条或三条以上的支路会聚的点；网孔是最简单的不可再分的回路，也就是内部不含支路的回路。断路（开路）、短路、回路、支路、节点、网孔（如图 1-5 所示）是电工应熟知的基本概念。

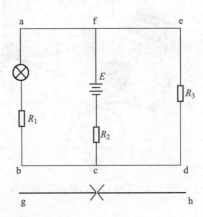

断路(开路)：gh
短路：af、fe、bc、cd
回路：abcdefa、abcfa、fcdef
支路：ab、fc、ed
节点：f、c
网孔：abcf、fcde

图 1-5　断路（开路）、短路、回路、支路、节点、网孔示意图

电路根据所处理信号的不同，可以分为模拟电路和数字电路。模拟电路是对信号的电流和电压进行处理。放大电路、振荡电路等就是最典型的模拟电路。数字电路是对数字信号进行处理，寄存器、加法器、减法器、逻辑处理器等就是典型的数字电路。

所有的电路都必须遵循电路基本定律。常用的电路基本定律如下。

① 基尔霍夫电流定律：流入一个节点的电流总和等于流出节点的电流总和。

② 基尔霍夫电压定律：电路环路电压的总和均为零。

③ 欧姆定律：电阻两端的电压等于电阻阻值和流过电阻的电流的乘积（按图1-6所示可进行欧姆定律实验）。

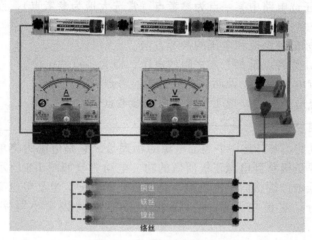

图1-6 欧姆定律实验

实际电路分析之前必须先选定电路中的电压和电流的参考方向，电压、电流的正负值只在标定参考方向下才有意义。

7. 电位

电位就是电路中某点至参考点之间的电压，通常设参考点的电位为零。电位的单位是伏特（V）。一般电位用单下标，电压则是用双下标。

电路中各点的电位高低是相对于参考点而言的，选择不同的参考点，各点的电位也是不同的（如图1-7所示，V_b 为参考点），但任意两点之间的电压（电位差）是不变的，即两点

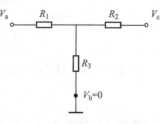

图1-7 abc 三点电位

之间的电压值与参考点的选择没有关联。

电位的计算：

电路中任意两点（假设为 a、b 点）之间的电压等于这两点之间的电位差，计算公式为：

$$U_{ab} = V_a - V_b$$

若 U_{ab} 等于 0，则表示这两点是等电位，此时，用导线连接这两点，导线中则无电流通过。

① 任选电路中某一点为参考点（常选大地为参考点），设其电位为零。

② 标出各电流和电压的参考方向。

③ 计算各点至参考点之间的电压，即为各点的电位。

某点电位为正，说明该点电位比参考点高。

某点电位为负，说明该点电位比参考点低。

8. 电动势

电动势（E）是一个表征电源的物理量。它是电源力将单位正电荷从电源负极移到电源正极所做的功。电动势（如图 1-8 所示）的方向是从低电位端指向高电位端，是电位升的方向。电动势也有交流与直流之分，直流电动势用 E 表示，交流电动势用小写字母"e"表示。

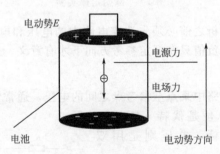

图 1-8　电动势示意图

电动势（E）计算公式：

$$E = \frac{W}{q}$$

式中，E 是电动势，单位是伏特（V）；W 表示电源力将正电荷从负极移动到正极时所做的功，单位是焦耳（J）；q 表示电荷，单位是库仑（C）。

9. 电感

电感是自感和互感的总称，其两种现象表现为：当线圈本身通过的电流发生变化时将引起线圈周围磁场的变化，而磁场的变化又在线圈中产生感应电动势，这种现象称作自感；两只互相靠近的线圈，其中一个线圈中的电流发生变化，而在另一个线圈中产生感应电动势，这种现象称为互感。

电感线圈是用绝缘导线绕制在铁芯或支架上的线圈，它具有通直流阻交流的作用，可以配合其他电气元器件组成振荡电路、调谐电路、高频和低频滤波电路。

电感用符号 L 表示，单位为亨利，用字母 H 表示。常用单位及换算关系为：

$$1H = 10^3\,mH = 10^6\,\mu H$$

电感线圈对交流电呈现的阻碍作用称为感抗，用符号 X_L 表示，单位为欧姆（Ω）。感抗与线圈中电流的频率及线圈电感量的关系为：$X_L = \omega L = 2\pi f L$。

10. 电能

电能（俗称电功，用 W 表示）就是在时间 t 内电荷受电场力作用从 A 点经负载移到 B 点，电场力所做的功，即 t 时间内所消耗（或吸收）的电能。单位时间内所消耗的电能称为电功率。电能的利用是第二次工业革命的主要标志，从此人类社会进入了电气时代，电能是表示电流做多少功的物理量，

电能表接线

也可指电以各种形式做功的能力。电能分为直流电能、交流电能。计量电能的仪器叫电能表（如图 1-9 所示）。电能表上的示数是以度（千瓦时）为单位的，计数器上有 6 个小窗，最末一位是 1/10 度。

电能的常用单位是度、千瓦·时、焦耳，换算关系为 1 度（千瓦·时）＝1 千瓦×1 小时＝1000W×3600s＝$3.6×10^6$J。

电能的计算公式：

$$W = Pt = UIt$$

图 1-9　电能表

式中　W——电能；

　　　P——电功率；

　　　U——电压；

　　　I——电流；

　　　t——时间。

11. 电功率

电功率（用 P 表示）是单位时间内消耗的电能，是表示电能消耗快慢的物理量，单位是瓦特（W）。电功率测量仪器通常采用电量功率计量插座（如图 1-10 所示），按设置键可转换到电功率显示项，单位有瓦（W）、千瓦（kW）和兆瓦（MW），$1MW=10^{3}\,kW=10^{6}\,W$。

电功率的计算公式：

$$P=W/t=UI$$

式中　W——电能；

　　　t——时间；

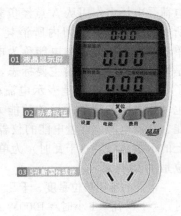

图 1-10　电功率测量仪器

U——电压；

I——电流。

在电路中，元器件消耗的功率计算采用 $P=UI$，若 P 为正值，则说明该元器件消耗功率；若 P 为负值，则说明该元器件向外部提供功率。

在交流电路中，由电源供给负载的电功率有三种：一种是有功功率，一种是无功功率，还有一种是视在功率。

（1）有功功率　有功功率是保持用电设备正常运行所需的电功率，也就是将电能转换为其他形式能量（机械能、光能、热能）的电功率。有功功率又叫平均功率。有功功率的符号用 P 表示，单位有瓦（W）、千瓦（kW）、兆瓦（MW）。

（2）无功功率　无功功率是用于电路内电场与磁场的交换，并用来在电气设备中建立和维持磁场的电功率。它不对外做功，而是转变为其他形式的能量。凡是有电磁线圈的电气设备，要建立磁场，就要消耗无功功率。由于不对外做功，所以称为无功功率。无功功率就是在进行上述转化的过程中，在建立磁场时进行电磁转换过程中的功率（感性分量），或者是以电容形式储存起来的电量（容性分量）。无功功率的符号用 Q 表示，单位为乏（var）或千乏（kvar）。

但无功功率不是无用功率，而是损失在非纯电阻负载上的功率，可认为是电压与电流相位差变化的损耗。无功功率不做功，但是要保证有功功率的传导必须先满足电网的无功功率。只要有电磁线圈的电路，就需要大量的无功功率，但从发电机和高压输电线供给的无功功率，往往满足不了这些电路的需要。所以在电网变电站中就要增加一些无功补偿装置来补充无功功率，以

图 1-11　无功补偿装置

保证用户对无功功率的需要，这样用电设备才能在额定电压下工作。这就是电网为什么要装设无功补偿装置（如图 1-11 所示）的道理。

（3）视在功率　在具有电阻和电抗的电路内，电压与电流的乘积

叫视在功率，视在功率是发电机发出的总功率。视在功率用 S 或 P_S 表示。视在功率是有功功率与无功功率的矢量和。注意是矢量和，不是代数和。

(4) 功率因数　有功功率与视在功率的比值称为功率因数。在交流电路中，电压与电流之间的相位差（φ）的余弦叫作功率因数，用符号 $\cos\varphi$ 表示，在数值上，功率因数是有功功率和视在功率的比值，即 $\cos\varphi = P/S$。功率因数的大小与电路的负荷性质有关，如白炽灯泡、电阻炉等电阻负荷的功率因数为 1，一般具有电感或电容性负载的电路功率因数都小于 1。

(5) 额定功率　额定功率是指在环境温度 $-5\sim50$℃ 之间，输入正常电压范围内，电源长时间稳定输出的功率，是电气设备 12h 可连续运行的功率。也就是电器正常工作时的功率。

(6) 最大功率　最大功率是指电源在单位时间内，电路元件上能量的最大变化量，是具有大小及正负的物理量。最大功率一般是额定功率的一点几倍，但 12h 内仅容许使用 1h。

(7) 经济功率　经济功率就是电气设备工作效率最高时的功率。

12. 频率和周期

(1) 频率　物质在 1s 内完成周期性变化的次数叫作频率。在电工中，频率是指交流电流量每秒完成的循环次数，它是表示交流电随时间变化快慢的物理量。用符号 f 表示，单位为赫兹（Hz）。我国和世界上大多数欧洲国家交流电供电的标准频率为 50Hz（我国电网的频率变化范围是 ±1Hz），美洲地区电力系统供电频率大多数是 60Hz。频率是整个电力系统统一的运行参数。

(2) 角频率　角频率（又称角速度标量）是对旋转快慢的度量。交流正弦电流变化一个周期，角幅度变化为 2π 弧度，单位时间角幅度变化的弧度数为 $2\pi/t$，叫作角频率。角频率是频率的 2π 倍，用 ω 表示，国际单位是弧度每秒（rad/s）。

角频率与频率和周期的关系为：

$$\omega = 2\pi f = \frac{2\pi}{T}$$

(3) 周期　周期是指电流变化一周所需要的时间。用符号 T 表示，单位为秒（s）。周期与频率是互为倒数关系，其数学公式为：

零基础电工学习手册

$$T = \frac{1}{f}$$

我国工业和照明用的工频交流电频率 $f = 50\text{Hz}$，周期 $T = 0.02\text{s}$，角频率 $\omega = 2\pi f$（rad/s）。工频交流电每 0.02s 完成一次周期性变化，每秒完成 50 次重复。

13. 相位和初相位

电角度（$\omega t + \varphi$）是表示正弦交流电变化过程的一个物理量，通常把交流电动势变化一个周期用 2π 弧度来计量，一定的时间对应一定的角度，这个角度即称为电角度，其文字符号用字母"α"来表示，单位是弧度（rad）。任一瞬间交流电动势的电角度称作相位。当 $t = 0$（即起始时）的相位 φ 称作初相位。

14. 振幅值

振幅值是交流电流或交流电压在一个周期内出现的电流或电压的最大值，用符号 I_m 或 U_m 表示。

15. 有效值

有效值是指交流电流通过一个电阻时，在一个周期内所产生的热量，如果与一个恒定直流电流通过同一电阻时所产生的热量相等，该恒定直流电流值的大小称作该交流电流的有效值。用字母 I 表示，电压有效值用 U 表示。

对于正弦交流电，其电流及电压的有效值与振幅值的数量关系为：

$$I = \frac{I_m}{\sqrt{2}} \ ; \ U = \frac{U_m}{\sqrt{2}}$$

16. 相电压

相电压是指在三相对称电路中，每相绕组或每相负载上的电压，即端线与中线之间的电压。

17. 相电流

相电流是指在三相对称的电路中，流过每相绕组或每相负载上的电流。

18. 线电压

线电压是指在三相对称电路中，任意两条线之间的电压。

19. 线电流

线电流是指在三相对称电路中，端线中流过的电流。

电工常用计算公式

一、串联电路

总电流 $I = I_1 = I_2 = I_3 = \cdots = I_n$（串联电路中各处电流相等）

总电压 $U = U_1 + U_2 + U_3 + \cdots + U_n$（串联电路总电压等于各处电压之和）

总电阻 $R = R_1 + R_2 + R_3 + \cdots + R_n$（总电阻等于各电阻之和）

二、并联电路

干路电流 $I = I_1 + I_2 + I_3 + \cdots + I_n$（干路电流等于各支路电流之和）

干路电压 $U = U_1 = U_2 = U_3 = \cdots = U_n$（干路电压等于各支路电压）

总电阻的倒数 $1/R = 1/R_1 + 1/R_2 + 1/R_3 + \cdots + 1/R_n$

三、交流电路

1. 电流

单相设备电流计算公式：

$$I = U/R, \ I = P/U, \ I = \sqrt{P/R}$$

式中，I 为电流，P 为功率，U 为电压，R 为电阻，适用于单相阻性电路。

$$I = P/(U \times \cos\varphi \times \eta)$$

式中，P 为功率，U 为电压，$\cos\varphi$ 为功率因数，η 为设备效率，适用于单相感性电路。

三相线路总电流理论上就是三根线电流的总和，但实际电路计算的时候还要考虑使用系数、启动电流等因素来确定。

2. 电压

单相总电压降计算公式：

$$U=2RI, \quad R=\rho L/S$$

式中，ρ 为电线电阻率（铜线电阻率 $\rho=0.0172\Omega \cdot \text{mm}^2/\text{m}$，铝线电阻率 $\rho=0.0283\Omega \cdot \text{mm}^2/\text{m}$），$L$ 为电线的长度，S 为电线的截面积，2 为单相中的零线和火线数量。

也就是说，末端总电压降应是单相线末端电压乘以 2。对于三相四线制的电网（如图 1-12 所示）有相电压和线电压之别。

图 1-12　三相四线制的电网

相电压：火线与零线之间的电压，我国的相电压是 220V，50Hz。

线电压：火线与火线之间的电压，我国的线电压是 380V，50Hz。

三相电压计算公式：$U_{相}=U_{线}/1.732$。$U_{相}$ 是相电压（通常用 U_P 表示，P 就是 Phase 的第一个字母），即三相线中任一相线与零线的电压；$U_{线}$ 是线电压（通常用 U_L 表示，L 就是 Line 的第一个字母），即三相线中的线与线的电压。通常讲 380V 电压是线电压，它是单相电压 $220V \times 1.732=381.04V$ 得来的，也就是 380V 线电压。

提示：　我国从发电厂出来的交流电低压侧都是采用星形接法的三相四线制，采用三根火线（线电压）送出，再用变压器升压送到用户点，用户点再用降压变压器降压到 400V（仍然是三根火线的线电压，变压器二次侧输出的额定电压一般是 400V，因为考虑了变压器中 5% 的线路电压损耗，这样送到用户的电压才是 380V）。变压器采用星形接法，零线从变压器三相绕组的共同接点上引出来，加上三根火线，就是三相四线制送到用户点，普通家庭只送过来二根线，一根电压线，一根零线，所以送到普通用户的是 220V 相电压。

我国电网的高压侧变压器也有采用三角形接法的，此种接法没有中性点，此时相电压等于线电压。因为这种三角形接法带不平衡负荷的能力要比星形接法强一些，近年来有少量应用。但这种接法仅在电网高压侧使用，我国低压侧电网变压器都是采用星形接法。

3. 绝缘电阻

物体绝缘电阻计算公式：$R_绝 = R_体 + R_表$，式中，$R_绝$ 表示物体绝缘电阻，它由两部分组成，一部分是物体的体积电阻 $R_体$，一部分是物体的表面电阻 $R_表$。

$$R_体 = \rho L / S$$

式中，$R_体$ 表示物体的体积电阻，Ω；ρ 表示体积电阻率，$\Omega \cdot m$；L 表示物体的长度，m；S 表示物体的截面积，m^2。

$$R_表 = R_s K$$

式中，$R_表$ 为物体的表面电阻，Ω；R_s 为表面电阻率，Ω / m^2；K 为物体的形状系数，$K = L / W$；L 为物体的长度，m；W 为物体的宽度，m。

4. 功率

交流电路视在功率

$$S = IU（普适公式）$$

式中，S 为视在功率（V·A），I 为电流，U 为电压。

交流电路有功功率

$$P = 1.732 IU \cos\varphi$$

式中，P 为功率（W），I 为电流，U 为线电压，$\cos\varphi$ 为功率因数。功率因数对于阻性负载取值为 1 进行计算，对于感性负载取值为 0.85 进行计算。1.732 为 $\sqrt{3}$ 的近似值。

三相电路有功功率

$P = 3U_{相电压}I_{相电流}\cos\varphi = 1.732U_{线电压}I_{线电流}\cos\varphi$ （此为三相平衡时的计算公式）

三相电路有功功率

$P = P_1 + P_2 + P_3 = U_1I_1\cos\varphi + U_2I_2\cos\varphi + U_3I_3\cos\varphi$ （此为三相不平衡时的计算公式）

第四节

电路基本概念

一、模拟电路

模拟电路就是利用信号的大小强弱（某一时刻的模拟信号，即时间和幅度上都连续的信号）表示信息内容的电路。"模拟"二字主要是指电压（或电流）对于真实信号成比例地再现。如图 1-13 所示就是时间和幅度都连续的信号。例如，声音经话筒变为电信号，其电信号的大小就对应于电压的高低值或电流的大小值，用来处理该信号的电路就是模拟电路。模拟信号在传输过程中很容易受到干扰而产生失真（与原来不一样）。与模拟电路对应的就是数字电路，模拟电路是数字电路的基础。模拟信号具有连续性和可放大性，放大电路是最基本的模拟电路。如图 1-14 所示是最简单的信号放大模拟电路。

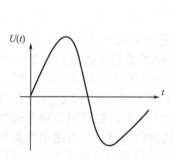

图 1-13　时间和幅度都连续的信号

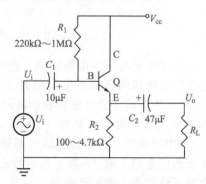

图 1-14　最简单的信号放大模拟电路

模拟电路具有以下特点。

① 模拟电路函数的取值为无限多个。

② 当图像信息和声音信息改变时，模拟信号的波形也改变，即模拟信号待传播的信息包含在它的波形之中（信息变化规律直接反映在模拟信号的幅度、频率和相位的变化上）。

③ 初级模拟电路主要解决两个大的方面：一是信号放大；二是信号源。

④ 模拟信号具有连续性。

⑤ 学习模拟电路应掌握前面介绍的电源、电路、电流、电压、电容、电功率和电能等基本概念和物理量。

二、数字电路

用数字信号（如图1-15所示）完成对数字量进行算术运算和逻辑运算的电路称为数字电路或数字系统。由于它具有逻辑运算和逻辑处理的功能，所以又称数字逻辑电路。现代的数字电路由半导体工艺制成的若干数字集成器件构造而成，逻辑门是数字逻辑电路的基本单元，存储器是用来存储二值数据的数字电路。从整体上看，数字电路可以分为组合逻辑电路和时序逻辑电路两大类。

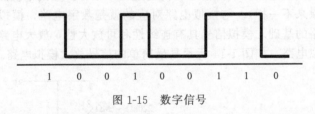

1 0 0 1 0 0 1 1 0

图1-15　数字信号

数字电路与模拟电路不同，它不利用信号大小强弱来表示信息，它是利用电压的高低或电流的有无或电路的通断来表示信息的1或0，用一连串的1或0编码表示某种信息（由于只有1与0两个数码，所以叫二进制编码，如图1-16所示为数字信号与模拟信号波形对照）。用以处理二进制信号的电路就是数字电路，它利用电路的通断来表示信息的1或0，其工作信号是离散的数字信号。电路中的晶体管的工作状态，即可产生数字信号，即时而导通时而截止就可产生数字信号。

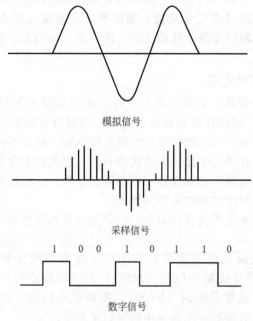

模拟信号

采样信号

1 0 0 1 0 1 0 1 1 0

数字信号

图 1-16　数字信号与模拟信号波形对照

　　最初的数字集成器件以双极型工艺制成了小规模逻辑器件，随后发展到中规模逻辑器件；20 世纪 70 年代末，微处理器的出现，使数字集成电路的性能产生了质的飞跃，出现了大规模的数字集成电路。数字电路最重要的单元电路就是逻辑门。

　　数字集成电路是由许多逻辑门组成的复杂电路。与模拟电路相比，它主要进行数字信号的处理（即信号以 0 与 1 两个状态表示），因此抗干扰能力较强。数字集成电路有各种门电路、触发器以及由它们构成的各种组合逻辑电路和时序逻辑电路。一个数字系统一般由控制部件和运算部件组成，在时脉的驱动下，控制部件控制运算部件完成所要执行的动作。通过模拟数字转换器、数字模拟转换器，数字电路可以和模拟电路实现互联互通。

　　学习数字电路主要应掌握以下概念。

1. 组合逻辑电路

组合逻辑电路简称组合电路，它由最基本的逻辑门电路组合而成。特点是输出值只与当时的输入值有关，即输出唯一地由当时的输入值决定。电路没有记忆功能，输出状态随着输入状态的变化而变化，类似于电阻性电路，如加法器、译码器、编码器、数据选择器等都属于此类。

2.时序逻辑电路

简称时序电路，它是由最基本的逻辑门电路加上反馈逻辑回路（输出到输入）或器件组合而成的电路，与组合电路最本质的区别在于时序电路具有记忆功能。时序电路的特点是：输出不仅取决于当时的输入值，而且还与电路过去的状态有关。它类似于含储能元器件的电感或电容的电路，如触发器、锁存器、计数器、移位寄存器、储存器等电路都是时序电路的典型器件。

按电路有无集成元器件来分，可分为分立元器件数字电路和集成数字电路。

按集成电路的集成度进行分类，可分为小规模集成数字电路（SSI）、中规模集成数字电路（MSI）、大规模集成数字电路（LSI）和超大规模集成数字电路（VLSI）。按构成电路的半导体器件来分类，可分为双极型数字电路和单极型数字电路。

数字电路的特点如下。

① 同时具有算术运算和逻辑运算功能。数字电路是以二进制逻辑代数为数学基础，使用二进制数字信号，既能进行算术运算，又能方便地进行逻辑运算（与、或、非、判断、比较、处理等），因此极其适合于运算、比较、存储、传输、控制、决策等应用。

② 实现简单，系统可靠。以二进制作为基础的数字逻辑电路，可靠性较强。电源电压的小波动对其没有影响，温度和工艺偏差对其工作的可靠性影响也比模拟电路小得多。

③ 集成度高、功能实现容易、体积小、功耗低是数字电路突出的优点。

另外，数字电路的设计、维修、维护灵活方便，随着集成电路技术的高速发展，数字逻辑电路的集成度越来越高，集成电路块的功能随着小规模集成电路（SSI）、中规模集成电路（MSI）、大规模集成电路（LSI）、超大规模集成电路（VLSI）的发展，也从元器件级、器件级、部件级、板卡级上升到系统级。电路的设计组成只需采用一些标准的集成电路块单元连接而成。对于非标准的特殊电路，还可以使用可编程序逻辑阵列电路，通过编程的方法实现任意的逻辑功能。数字电路与数字电子技术广泛地应用于家电、雷达、通信、电子计算机、自动控制和航天等科学技术领域。

数字电路的分类，包括数字脉冲电路和数字逻辑电路。前者负责脉冲的产生、变换和测量；后者负责对数字信号进行算术运算和逻辑运算。

第五节

电路基本定律

一、欧姆定律

在一段不含电动势只有电阻的电路中流过电阻 R 的电流 I，与加在电阻两端的电压 U 成正比，与电阻成反比，称作无源支路的欧姆定律。

欧姆定律的计算公式为：

$$I = \frac{U}{R}$$

式中　I——支路电流，A；

　　　U——电阻两端的电压，V；

　　　R——支路电阻，Ω。

在一段含有电动势的电路中，其支路电流的大小和方向与支路电阻、电动势的大小和方向、支路两端的电压有关，称作有源支路欧姆定律。其计算公式为：

$$I = \frac{U - E}{R}$$

式中　I——有源支路电流，A；

　　　U——电阻两端的电压，V；

　　　R——支路电阻，Ω；

　　　E——支路电动势，V。

二、基尔霍夫定律

基尔霍夫第一定律为节点电流定律（又称基尔霍夫电流定律，简记为 KCL）。几条支路所汇集的点称作节点。对于电路中任一节点，任一瞬间流入该节点的电流之和必须等于流出该节点的电流之和。或者说流入任一节点的电流的代数和等于 0（假定流入的电流为正值，流出的则看作是流入一个负极的电流），即：

$$I_1 + I_2 - I_3 + I_4 - I_5 = 0 \qquad (I_x \text{ 为任一节点电流})$$

　　基尔霍夫第二定律为回路电压定律（又称基尔霍夫电压定律，简记为 KVL）。电路中任一闭合路径称作回路，任一瞬间，电路中任一回路的各阻抗上的电压降的代数和恒等于回路中的各电动势的代数和。沿着闭合回路所有元件两端的电势差（电压）的代数和等于零。公式如下：

$$\sum E = \sum IR$$

$$\sum_{k=1}^{n} E_k = 0$$

　　式中，E 为电动势；I 为回路电流；R 为回路电阻。

三、电磁感应定律

　　电磁感应定律是电磁学中的一条基本定律（全称是法拉第电磁感应定律），跟变压器、电感元件、发电机、电动机的运行有密切关系。闭合电路的一部分导体在磁场里做切割磁力线的运动时，导体中就会产生电流，这种现象叫电磁感应。

$$\varepsilon = n \Delta \Phi / \Delta t$$

　　式中，ε 为感应电动势；n 为线圈的匝数，原始公式为 $n = 1$；$\Delta \Phi / \Delta t$ 为磁通量的变化率。

　　感应电动势的有无完全取决于穿过闭合电路中的磁通量是否发生变化，与电路的通断和电路的组成是无关的。

第六节

电磁现象和电磁感应

一、概念

　　电磁现象是电生磁现象（如图 1-17 所示），就是通电导体会产生磁性的一种现象。电磁感应（如图 1-18 所示）就是闭合电路的一段导体在磁场中做切割磁感线运动（或者磁感线不动，永磁体运行）时，产生感应电流的一种效应。

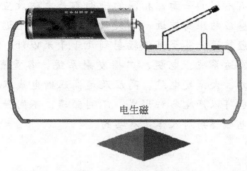

电生磁

图 1-17　电磁现象示意图

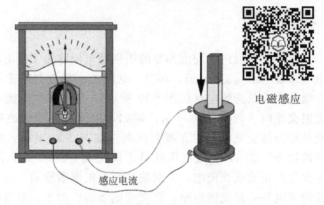

电磁感应

感应电流

图 1-18　电磁感应示意图

二、应用

电磁感应现象的发现，标志着一场重大的工业和技术革命的到来。事实证明，电磁感应在电工、电子技术、电气化、自动化方面的广泛应用对推动社会生产力和科学技术的发展发挥了重要的作用。

提示： 电磁感应不是电磁辐射，电磁辐射又称电子烟雾，是由空间共同移送的电能量和磁能量所组成，通过电磁波向空中发射或泄漏的现象就叫作电磁辐射。电磁感应和电磁辐射有相同的一面，也有不同的一面，相同的一面都是电磁效应。不同的一面就是电磁感应的距离较近，一般只在带电物体附近，而电磁辐射的距离一般较远，甚至可以辐射到几千千米以外。手机、电话机、电脑、雷达系统、电视、广播发射系统、各重点加工设备、通信发射台站、大型发电站、高压及超高压输电线以及大多数家用电器等，也可以产生各种形式、不同频率、不同强度的电磁辐射。大多数电磁辐射对人体是有害的。

第七节

交流电路

在一个周期内平均值为零的周期性电流称为交变电流，简称交流电（Alternating Current，AC）。电压大小和方向按正弦规律变化的交流电为正弦交流电（如图 1-19 所示）。除正弦波交流电外，还有锯齿波交流电（如图 1-20 所示，例如，示波器的锯齿波扫描电压信号就是锯齿波交流电）和方波交流电（如图 1-21 所示，例如，低端逆变器输出的 220V 交流电压就是方波交流电压）。通常所说的交流电主要是指正弦波交流电，由周期性交变电源激励的、处于稳态下的线性时变电路就是交流电路，在交变电源的作用下，电路中的电流、电压都是交变的，这样的电路叫作交流电路。

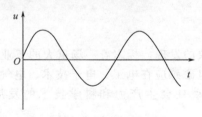

图 1-19　正弦交流电

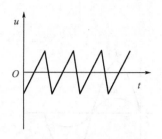

图 1-20　锯齿波交流电

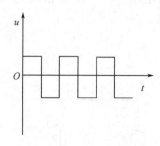

图 1-21　方波交流电

在交流电路中的物理量有两种，一种是随时间变化的瞬时值，通常用小写字母表示，如电压 u、电流 i 等；一种是不随时间变化的有效值，通常用大写字母表示，如电压 U、电流 I 等。

一、交流电路的主要参数

在我国的电力系统中，从发电到输配电，用的都是交流电。交流电路的主要参数有频率、峰值或有效值和相位。

① 频率。单位时间内交流电作周期性变化的次数，用 f 表示，我国交流电的频率为 50Hz，也就是工频 50Hz。市电的频率为 50Hz，有的国家发电厂发出的交流电频率为 60Hz。

② 峰值或有效值。交流电在一个周期所能达到的最大瞬时值，称为峰值。交流电路对简谐交流电而言，有效值等于峰值的 70% 左右。在电工测量中，常使用交流电流表和电压表。但所测得的读数都是指"有效值"。220V 市电，其中 220V 也是指有效值。

③ 相位。又叫作初相位（φ），表示正弦量在 $t=0$ 时刻的相角。相位是表示交流电在某一时刻达到的状态。

二、几种简单的交流电路

简单的交流电路主要有纯电阻电路、纯电感电路和纯电容电路。实际应用中大多是简单电路的组合。

（一）纯电阻交流电路

纯电阻交流电路如图 1-22 所示，该电路的电流 $i(t)$ 与其电阻两

端的电压 $u(t)$ 相位相同且频率相同。对电路的频率和相位没有影响。

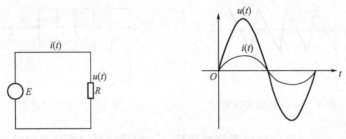

图 1-22　纯电阻交流电路

(二) 纯电感交流电路

纯电感交流电路如图 1-23 所示,从图中可以看出其电感器两端的电压 $u(t)$ 的相位超前电路电流 $i(t)$ 的相位,说明电感具有电压相位超前的作用。

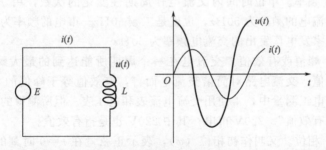

图 1-23　纯电感交流电路

(三) 纯电容交流电路

纯电容交流电路如图 1-24 所示,从图中可以看出,其电路电流 $i(t)$ 的相位超前电容器两端的电压 $u(t)$ 的相位,说明电容具有电流相位超前的作用。在交流电动机启动电路中,电容这一作用得到了充分的发挥。

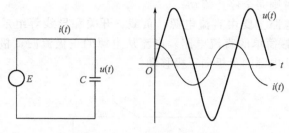

图 1-24　纯电容交流电路

直流电路

一、概念

　　直流电（Direct Current，DC）是指电流方向和时间不作周期性变化，但电流大小可能不固定，从而产生波形。直流电分正负，电流方向始终是从电源正极发出，经负载消耗后回流入负极，电流方向不随时间变化而改变。通常有恒流直流电和脉冲直流电。电流强度不变的称为恒流直流电，简称恒流（如图 1-25 所示）。电流强度变化的直流电统称为脉冲直流电（如图 1-26 所示）。

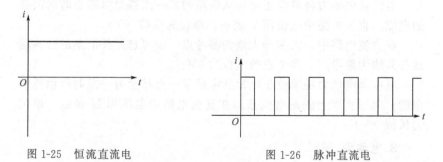

图 1-25　恒流直流电　　　　　　图 1-26　脉冲直流电

　　与交流电路相对应，电流方向不变的电路称为直流电路，直流电路的电流大小是可以改变的。直流电流只会在电路闭合时流通，而在电路断开时则完全停止流动。

　　直流电路主要由直流电源、负载、开关和导线等组成。如图 1-27 所示为最简单的直流电路。电流从电源的正极流向负极，而电子则相反，从电源的负极向正极移动。

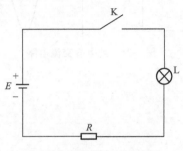

图 1-27　最简单的直流电路

二、直流电路的主要参数

1. 电流

　　在直流电路中，电流的大小为 $I = \dfrac{Q}{t}$，方向是固定的，即为正电荷移动的方向。

2. 电位和电压

　　电位是电场力将单位正电荷从电路的某一点移至参考点时所消耗的电能。直流电路中电位用 V 表示，单位为伏特（V）。

　　在直流电路中，大多选大地为参考点，也可选元件汇集的公共端或公共线为参考点。参考点的电位为 0V。

　　电压是电场力将单位正电荷从电路某一点移至另一点时所消耗的电能；电压实质上就是电位差。在直流电路中电压用 U 表示，单位为伏特（V）。

3. 电动势

　　电动势是电源中的局外力（非电场力）将单位正电荷从电源负极移至电源正极时所转换而来的电能。在直流电路中电动势用 E 表示，单位为伏特（V）。电动势的方向是由低电位指向高电位。

第九节

基本放大电路

一、概念

放大电路（Amplification Circuit）是指能够把微弱的电信号进行放大的电路。在放大电路中，有一个关键的器件就是放大器，放大器有交流放大器和直流放大器两种。放大电路通常由信号源、晶体管放大器及负载组成。

放大器的核心部件为三极管或场效应管，通过放大器可以得到一个波形相似且不失真但幅值却大很多的交流大信号的输出，从而达到放大的目的。

放大电路通常不是由一个放大器组成，通常有好几级，级与级之间的联系就称为耦合。放大器的级间耦合方式有三种（如图 1-28 所示）：一是直接耦合，即上下级之间不采用任何元件进行联系，只用导线直接联系，该耦合的特点是频带宽，可作直流放大器使用，但前后级工作受到牵制，稳定性差，容易产生漂移。二是 RC 耦合，即上下级之间采用电容和电阻进行联系，该耦合的优点是简单、成本低，但性能不是最佳。三是变压器耦合，即上下级之间采用变压器进行联系，该耦合的特点是阻抗匹配好、输出功率和效率高，但变压器成本高，占用空间大。三种耦合方式中，变压器耦合是最好的，缺点是成本高、体积大。在实际应用中通用采用 RC 耦合方式。

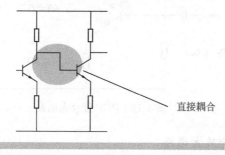

直接耦合

图 1-28

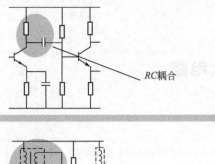

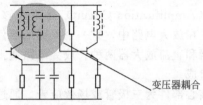

图 1-28　放大器级间耦合三种方式

二、基本放大电路

1. PNP 管放大电路

PNP 管放大电路如图 1-29 所示。该电路是分压偏置式共发射极 PNP 管放大电路。

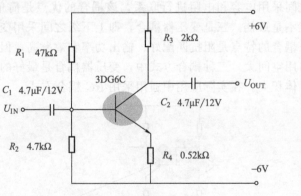

图 1-29　PNP 管放大电路

2. NPN 管放大电路

NPN 管放大电路如图 1-30 所示。该电路的基极电压是由 R_1 和

R_2 分压取得的，所以称为分压偏置。发射极中有电阻 R_4 和 C_3，构成 RC 电路，C_3 称交流旁路电容，对交流是短路的，R_4 则有直流负反馈作用。所谓反馈是指把输出的变化通过某种方式送到输入端，作为输入的一部分。如果送回部分和原来的输入部分是相减的，就是负反馈。图中基极真正的输入电压是 R_2 上电压和 R_4 上电压的差值，所以是负反馈。该电路采用了交流旁路和负反馈，使放大电路工作稳定性得到了提高。该电路的输入级和输出级与发射极都成通路，故称共发射极放大电路。该电路是应用最广的放大电路。

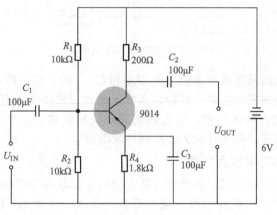

图 1-30　NPN 管放大电路

3. 双管直耦放大电路

双管直耦放大电路用在直流放大器中，因为直流放大器不能用 RC 耦合或变压器耦合，只能用直接耦合方式。这种放大电路存在零点漂移的问题，只能用在要求不高的场合。

　　提示：　零点漂移是指放大器在没有输入信号时，由于工作点不稳定引起静态电位缓慢地变化，这种变化被逐级放大，使输出端产生虚假信号。放大器级数越多，零点漂移越严重。

4. 射极输出放大电路

射极输出放大电路又称射极输出器，如图 1-31 所示。与前面放大电路不同的是，其输出电压是从射极输出的，是一种共集电极放大电路，其级间耦合方式为 RC 耦合。

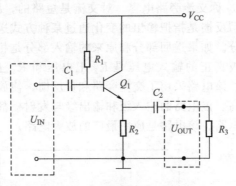

图 1-31　射极输出放大电路

这个电路基极真正的输入是 U_{IN} 和 U_{OUT} 的差值，所以这是一个交流负反馈很深的电路。其特点是电压放大倍数小于 1 而接近 1，输出电压和输入电压同相，输入阻抗高，输出阻抗低，失真小，频带宽，工作稳定，常用作放大器级间匹配电路。

5. 甲类功率放大电路

功率放大器按其工作状态（放大器的工作状态是指功率管是否一直导通并工作在线性工作区域）可分为甲类（A 类）、甲乙类（AB 类）和乙类三大类。只有双管推挽式的功率放大器才有甲类（A 类）、甲乙类（AB 类）和乙类之分，只用一个功率管的功率放大电路都是工作在甲类状态的。甲类放大器的功耗和声音大小几乎没有关系，而乙类放大器的功耗和声音大小成正比关系，甲乙类放大器则介于二者之间。从音质上来说，甲类和偏甲类的功率放大器要好些。

　　提示：　推挽式功率放大器均使用两个功率对管（例如 2SC5198 和 2SA1941），一个工作在正弦波的正半周，一个工作在正弦波的负半周，然后合成一个完整的正弦波。通俗地讲就是一个在推，一个在挽，所以叫推挽功率放大器。家用功放大多采用推挽式放大，关键是偏甲类还是偏乙类。偏甲类的音质更圆润、厚实，多用在要求较高的功率放大器上；偏乙类的则放大能力强，音质差，多用于扬声器等纯扩音器上。

如图 1-32 所示为甲类功率放大电路。该放大电路只用了一个功率管，功率管的静态电流和信号放大状态一直存在，音频信号通过变压器耦合输出。故功耗大，放大倍数小，但音质较好。

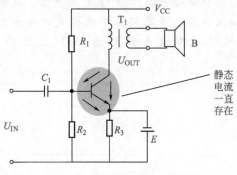

图 1-32　甲类功率放大电路

6. 乙类功率放大电路

乙类推挽功率放大电路（如图 1-33 所示）是由两个特性相同的功率对管组成对称电路，在没有输入信号时，每个管子都处于截止状态，静态电流几乎是零，只有在有信号输入时管子才导通。当输入信号是正弦波时，正半周时，一管导通另一管截止，负半周时则相反。两个管子交替出现的电流在输出端合成一个完整的正弦波，两个管子始终处于推挽工作状态，所以乙类功率放大器都是推挽式的。由于一个管子工作，另一个管子休息，工作晶体管是从截止点开始向增大电流方向工作的，放大系数很高，因此也就省电，放大效率高，但存在非线性失真和交越失真。一般用在音质要求不高的扩音器上。

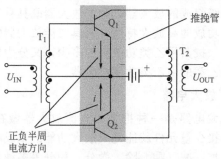

图 1-33　乙类推挽功率放大电路

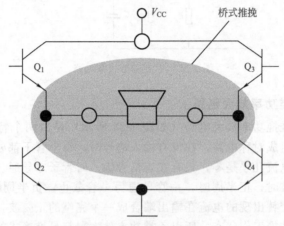

图 1-34 BTL 放大电路

7. 甲乙类功率放大电路

甲乙类功率放大电路（如图 1-35 所示）是甲类放大器和乙类放大器分别作前后级组成的放大器，此类放大器既具有甲类功放的高音质，又具有乙类功放的高放大特性，兼具二类放大器的优点，在家庭功放中广泛采用。按其甲乙类功放级的多少，又分为偏甲类的甲乙类功率放大器和偏乙类的甲乙类功率放大器。

8. 集成运算放大电路

集成运算放大电路是一种把多级直流放大器做在一个集成芯片上，只要在外部接少量元件就能完成放大功能的集成电路。集成运算放大器可以完成加、减、乘、除、微分、积分等多种模拟运算，也可

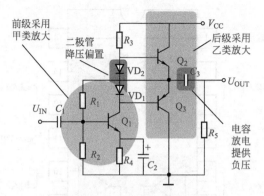

前级采用
甲类放大

二极管
降压偏置

V_{CC}

R_3

后级采用
乙类放大

Q_2

VD_2

C_3

U_{OUT}

VD_1

U_{IN} C_1

R_1

Q_3

Q_1

电容
放电
提供
负压

R_5

R_2

R_4

C_2

图 1-35　甲乙类功率放大电路

以作为交流或直流放大器使用。如图 1-36 所示为集成运算放大器中的单个放大器。

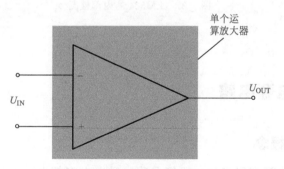

单个运
算放大器

U_{IN}

U_{OUT}

图 1-36　单个放大电路

集成运算放大电路可分为同相输出放大器和反相输出放大器两种。同相输出放大器就是输入信号与输出信号是同相的，反相输出放大器就是输入信号和输出信号是反相的。同相输出放大器的电压放大倍数总是大于 1，反相输出放大器的电压放大倍数可以大于 1，也可小于 1。

在电子电路中采用运算放大器的地方很多，常用的运算放大器有LM324、PM348、LM358 等。LM324 的内部框图如图 1-37 所示，供读者参考。

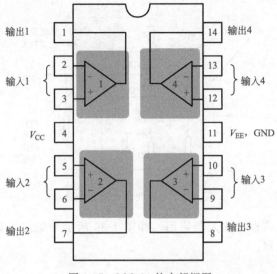

输出1   1

输入1 {   2   3

V_{CC} 4

输入2 {   5   6

输出2   7

14   输出4

13   12   } 输入4

11   V_{EE}, GND

10   9   } 输入3

8   输出3

图 1-37   LM324 的内部框图

第十节

开关电源电路

一、概念

开关电源有很多种,不管是哪一种,大多都由交流进线滤波抗干扰电路(抗 EMI 电路,泛指 EMC 电路)、PFC 电路(功率因数校正,CCC 认证强制要求电路,所有通过 CCC 认证的电源电路都含有 PFC 电路)、5VSB 待机电路、主输出 PWM 电路和 OCP/OVP/OTP 保护电路(过流保护/过压保护/过温保护)几部分组成(如图 1-38 所示为典型的开关电源电路框图)。有些开关电源还分主输出电源和副输出电源,其原理类似。

开关电源
实物电路

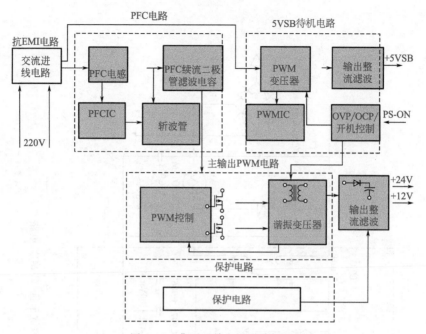

图 1-38 典型开关电源电路框图

提示：PFC 电路是功率因数校正电路的意思，是通过 CCC 认证强制要求电路（所有通过 CCC 认证电器的开关电源都含有 PFC 电路）。它主要用来表征电子产品对电能的利用效率。功率因数越高，说明电子产品对电能的利用效率越高。PFC 电路分无源 PFC 和有源 PFC 两种，前一种的功率因数只有 0.7～0.8，后一种的功率因数可以达到 0.99，但成本较高。

EMC（电磁兼容）包含 EMI（电磁干扰）和 EMS（电磁敏感性）。电源电路中 EMC 电路的作用是滤除由电网进来的各种干扰信号，防止电源开关电路形成的高频谐波扰窜电网，同时也防止对其他设备和应用环境造成干扰。

二、抗 EMI 电路

抗 EMI 电路（交流进线滤波抗干扰）参考电路图如图 1-39 所示。

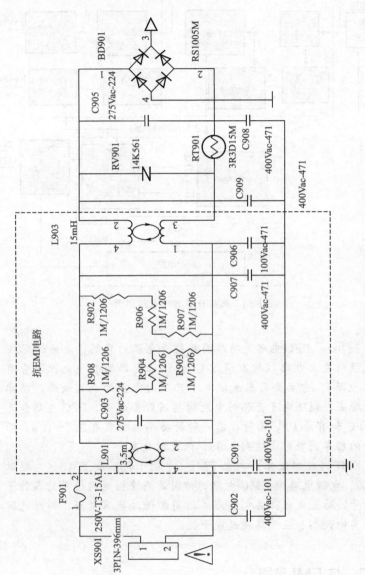

图 1-39 交流进线滤波抗干扰（EMI）电路

L901 与 L903 为共模扼流圈，是绕在同一磁环上的两只独立的线圈，匝数相同，绕向相反。在磁环中产生的磁通相互抵消，磁通不会饱和，用来抑制共模干扰。图中虚线图框中的电容和电感组成一个低通滤波器，即抗 EMI 电路。其中 C901、C902 组成共模电容，C906、C907 也组成共模电容，C903 为差模电容，用来抑制火线与零线之间的干扰。F901 为熔断丝，电流为 3.15A，在高压或大电流时会熔断，可防止电路在突发的高压和大电流下产生破坏。RV901 为压敏电阻，超压会击穿，F901 会烧断，用来防止电压过高。RT901 为负温度系数的热敏电阻，温度越低，电阻越大，开机时温度低，阻抗大，可防止开机瞬间电流对回路的浪涌冲击。R902、R904、R906、R908 对抗干扰电容起泄放电流的目的，可在电源关机后，迅速泄放电容中储存的电荷，所以这几个电阻的阻值都比较大。

交流进线抗干扰电路之后为滤波整流电路，图中 BD901 组成全桥整流电路，将交流电变成 300V 左右的脉动直流电，送到 PFC 电路。

三、PFC 电路

PFC（功率因数校正）电路可以在交流电转换为直流电时，提高电源对市电的利用率，减少转换过程的电能损耗，达到节能的目的。通俗地讲，PFC 电路是通过升压方式把整流后的脉动直流电压全部升压成高于交流电峰值电压的直流电，使电流与电压波形同步，从而提高功率因数。

> 提示： PFC 采用升压的方式是因为高电压可使电路的电感线径做得更小，线路的压降降得更少，电容的容量可做得更小。不但降低了成本，而且滤波效果会更好。

PFC 电路不但可以调节相位，使电流跟踪电压，同时还可以美化电流波形。液晶电视开关电源的 PFC 电路大多采用工作在非连续临界导通的模式（即 CRM），具有 OCP/OVP/OTP 各种保护功能。如图 1-40 所示为典型的无源 PFC 和有源 PFC 参考电路。图中 LF901 与 CF901、CF902 组成了简单的无源 PFC 电路，对电路的功率因数进行初级校正。LF902 到 DF902 之间的电路为有源 PFC 电路。

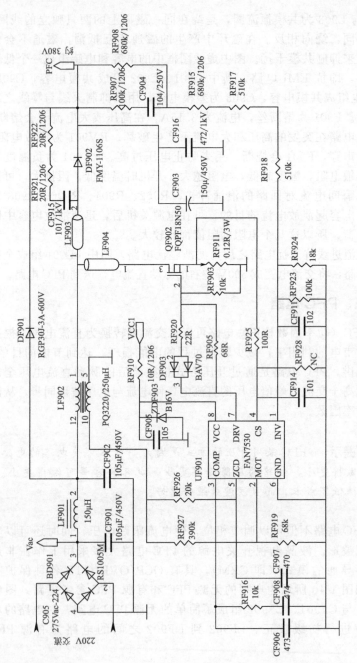

图 1-40 典型的 PFC 参考电路

> **提示:** 有源与无源 PFC 可以简单地理解为: 无源 PFC 就是单纯采用 LC 调节电流与电压相位的 PFC; 有源 PFC 就是具有放大器的 PFC, 放大器是需要电流推动的, 所以称为有源。

图中, 经 DB901 整流后的脉动直流电压(电流呈锯齿状), 经 LF901、CF901、CF902 时进行简单的 PFC 校正后, 输出电流与电压仍然还存在相位交叉的直流电压到有源 PFC 电感 LF902。图中 DF901 用来防止 PFC 电压(380V)倒流损坏滤波电容和 PFC 电感 LF902。

PFC 电路的核心元器件为 UF901。该集成电路是典型的有源 PFC 芯片, 它既具有相位校正功能, 又同时具有 OCP/OVP/OTP 三种保护功能。图中 RF926 为过零检测电阻。UF901 的 3 脚为电压电流相位校正脚, 7 脚为输出到斩波管的激励脉冲, 经过快速放电电路 DF903、RF920 驱动 QF902 工作, RF905 是限制 QF902 栅-源极初始充电的限流电阻。工作过程如下: 在激励脉冲上升沿, DF903 截止, 激励脉冲经 RF905 对栅-源极充电, 形成栅-源极电场, 斩波管迅速导通。在激励脉冲平顶持续时间, 由于电场的持续导通, 此时导通呈阻性。在激励脉冲下降沿, 通过 DF903 导通快速放电, 斩波管快速关断, 完成一个斩波周期。通过斩波后的方波电压, 其电流与电压相位基本一致, 该电压经二极管 DF902 整流, CF903、CF916 滤波后, 输出 380V 的直流电压(PFC 电压)供后级开关电源使用。图 1-41 所示为 PFC 电路之

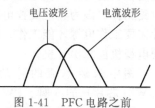

图 1-41 PFC 电路之前的电压、电流波形

前的电压、电流波形。图 1-42 所示为斩波之后的电压、电流波形。

图 1-42 斩波之后的电压、电流波形

图中 UF901 的 1 脚输入 PFC（380V）电压的分压，用来检测 PFC 电压是否正常，从而控制 PFC 电压稳定输出。5 脚为过零检测脚。

> 提示： 整个 PFC 电路可通俗地理解为带相位校正功能的开关电源稳压电路。斩波管可理解为开关管。将 DF902 之前的脉动直流电斩波为一段一段的高频"交流"电流（斩波频率由斩波器本身决定，一般为 100kHz），再经 DF902 整流，CF903、CF916 滤波后成电流与电压相位一致的平顺直流电流，送到 PWM 开关电源输入端，再次进行稳压输出。所以 PFC 电路又称 PFC 开关电源，传统的开关电源则称为 PWM 开关电源。带 PFC 的开关电源（液晶电视常用开关电源）又称双开关电源，该开关电源实际完成了 AC→DC→AC→DC 四个过程。

四、5VSB 待机电路

5VSB 待机电路（如图 1-43 所示）的功能是输出 5V 待机电压，它是在所有其他受控电源输出之前输出的一种电源，供开关电源启动电路工作。因为其他受控电源的输出是在芯片的控制下进行的，而芯片需要工作电源才能工作，待机电源主要是为芯片提供工作电压，以便电视机能二次开机。

图中未经整流的脉动直流电经 RB906、RB907 加到 UB901（PWM 芯片）的 5 脚。PWM 芯片启动。PFC 电压经过 TB901 的初级 1～3 脚加到 UB901 的 7 脚，同时 TB901 的次级 2～5 脚产生感生电动势，经 DB902 整流、CB906 滤波后，输出直流电压经 QB903、RB908 为 UB901 提供 U_{cc} 的正常工作电压（约 16V）。UB901 进入正常工作状态。PWM 开关电源工作，将 PFC 开关电源输出的电源进行二次 DC→AC 变化，从 TB901 的 6～8 次级输出 AC 电源，再经 DW952、DW954 整流，CB953、CB951 滤波后输出不受控的 5VSB 待机电压，供电路使用。

五、PWM 主输出电路

PWM 主输出电路如图 1-44 所示。主输出电路的主要芯片是 FS-

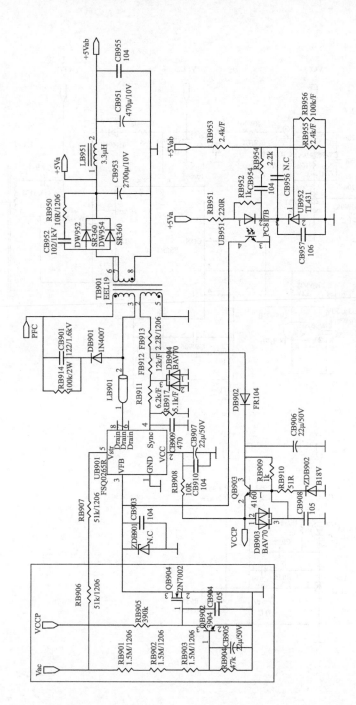

图 1-43　5 VSB 待机电路

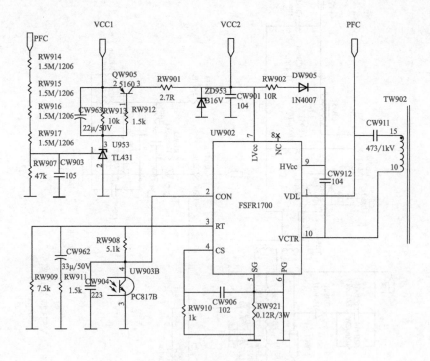

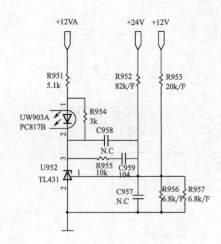

零基础电工学习手册

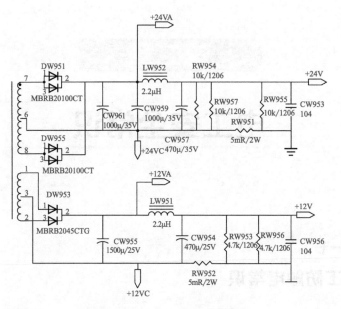

图 1-44　PWM 主输出电路

FR1700，其工作原理是通过调整开关管的开关频率，从而调整输出电压的大小，稳定输出电压。该芯片同时具有 OVP/OCP/OTP 的三重保护功能。该集成电路的 7 脚为供电电源引脚，1 脚与 10 脚为门极驱动引脚。3 脚为振荡频率调整引脚，外接有最低频率设置电阻（RW909）、最高频率设置电阻（RW908）和 RC 软启动网络（CW962、RW911）。光电耦合器 PC817B 是用来检测输出电压是否稳定的，当输出电压不稳定时，光电耦合器内部的发光二极管发光，光电耦合器内部的光电三极管导通，将光电耦合器检测到的反馈电压送到 FSFR1700 的 3 脚，FSFR1700 发出指令，控制开关的频率，从而稳定输出电压。

六、OCP/OVP/OTP 保护电路

OCP/OVP/OTP（过流保护/过压保护/过温保护）是集成在 PFC 开关电源和 PWM 开关电源的内部，不是单独独立的电路。前面已经介绍，不再重复。

第二章

电工安全常识

电工防触电常识

一、电流对人体的作用

电流对人体的作用通常指的是电流通过人体内部对人体的有害作用，如电流通过人体时会引起发麻、刺痛、压迫、打击等感觉，还会令人产生痉挛、血压升高、昏迷、心律不齐、窒息、心室颤动等症状，严重时会导致死亡，当然这些伤害程度与通过电流的大小、持续时间、途径、种类及人体的状况等多种因素有关。

1. 电流大小的影响

通过人体的电流大小不同，引起人体的生理和病理反应也不同（如表 2-1 所示）。电流越大，反应越明显，引起心室颤动的时间越短，致命的危险性越大。对于工频交流电，按照人体呈现的状态，可将通过人体内部的电流分为感知电流、摆脱电流、致命电流（室颤电流）三个级别。

表 2-1　不同电流对人体的影响

电流/mA	作用特征
0.6～1.5	开始有感觉，手轻微颤抖

电流/mA	作用特征
2~3	手指强烈颤抖
5~7	手部痉挛
8~10	手已难以摆脱带电体,但还能摆脱,手指尖到手腕剧痛
20~25	手迅速麻痹,不能摆脱电极,剧痛,呼吸困难
50~80	呼吸麻痹,心房开始震颤
90~100	呼吸麻痹,延续3s就会造成心脏麻痹
300以上	作用0.1s以上时,呼吸和心脏麻痹,机体组织遭到电流的热破坏

① 感知电流。使人体有感觉的最小电流称为感知电流,它对人身体没有多大伤害（最初的感觉是轻微麻抖和轻微刺痛）,只是由于突然的刺激,人在高空或在水边或其他危险环境中,可能造成坠落等间接事故。平均感知电流一般成年男性约为1.1mA,成年女性约为0.7mA,直流电均为5mA。

② 摆脱电流。人触电后能自行摆脱电源的最大电流称为摆脱电流。平均摆脱电流成年男性为16mA,成年女性为10mA,儿童的摆脱电流比成年人要小,直流电均为50mA。摆脱电流的能力是随着触电时间的延长而减弱的,若一旦触电后不能摆脱电源时,后果将是比较严重的。

③ 致命电流（室颤电流）。人触电后在较短的时间内危及生命的电流称为致命电流。一般情况下,通过人体的电流超过50mA时,心脏就会停止跳动,出现致命的危险。实验证明:电流大于30mA时,心脏就会发生心室颤动的危险,因此30mA也是作为致命电流的又一极限。

2. 电流持续时间

电流通过人体的持续时间越长,越容易引起心室颤动,造成电击伤害的危险程度就越大,其原因有以下几个方面:①通电时间越长,能量积累越多,较小的电流通过人体就能引起心室的颤动;②由于心脏在收缩和舒张的时间间隙（约0.1s）内对电流最为敏感,通电时间一长,重合这段时间间隙的次数就越多,心室颤动的可能性也就越大;③通电时间越长,人体电阻会因皮肤角质层破坏等原因而降低,从而导致通过人体的电流进一步增大，受电击伤害程度亦随之增大。

3. 电流通过人体的途径

电流通过人体的途径不同，对人体的伤害也不同，如：①电流通过心脏会引起心室颤动或使心脏停止跳动，进而阻断血液循环，导致死亡；②电流通过中枢神经，会引起中枢神经失调而导致死亡；③电流通过脊髓，会使人截瘫；④电流通过人的头部，会使人昏迷，严重时会造成死亡；⑤从右手到左手的伤害又比右手到脚要小些，危险性最小的电流途径是从左脚到右脚，但触电都可能因痉挛而摔倒，导致电流通过全身或二次事故。

4. 电流种类、电源频率对人体的影响

相对于 220V 交流电来说，常用的 50～60Hz 工频交流电对人体的伤害最为严重，频率偏离工频越远，交流电对人体的伤害越轻。直流电、高频电流对人体都有伤害作用，但其伤害程度一般较 25～300Hz 的交流电轻。在直流和高频情况下，人体可以耐受更大的电流值，但高压高频电流对人体依然是十分危险的。

二、人体电阻与安全电压

1. 人体电阻

人体也有电阻，人体电阻的大小是影响触电后人体受到伤害程度的重要物理因素（人体电阻越小，流过人体的电流越大，也就越危险）。人体电阻包括体内电阻和皮肤电阻，体内电阻基本上不受外界影响，其数值一般不低于 500Ω；皮肤电阻随条件不同而有很大的变化，使人体电阻也在很大范围有所变化，一般人的平均电阻值是 1000～1500Ω。人体电阻也不是一个固定的数值，一般认为干燥的皮肤在低电压下具有相当高的电阻，约 100000Ω；当电压在 500～1000V 时，人体电阻便下降为 1000Ω。

由于人体皮肤的角质外层具有一定的绝缘性能，因此，决定人体电阻的主要是皮肤的角质外层。人的外表面角质外层的厚薄不同，电阻值也不相同。人体皮肤的表层有很薄的角质层，有 0.05～0.2mm，干燥时电阻为 40～400kΩ，体内电阻为 400～800Ω；出汗或受伤时表皮角质层易被破坏，人体的可靠电阻只有 600～1200Ω。由此可以计

算出触电电压在 12V 以下时危险较小。

2. 安全电压

安全电压是指不会使人直接致死或致残的电压。安全电压应满足以下三个条件：一是标称电压不超过交流 50V、直流 120V；二是由安全隔离变压器供电；三是安全电压电路与供电电路及大地隔离。

我国国家标准 GB 3805—83《安全电压》中规定，安全电压值有 42V、36V、24V、12V、6V 五个额定等级（我国采用的安全电压以 36V、12V 居多），同时还规定：当电气设备采用了超过 24V 电压时，必须按规定采取防止直接接触带电体的保护措施。根据触电程度的不同，可以选用不同等级的电压作安全电压，例如，①特别危险环境中使用的手持电动工具应采用 42V 特低电压；②有电击危险环境中使用的手持照明灯和局部照明灯应采用 36V 或 24V 特低电压；③金属容器内、特别潮湿处等特别危险环境中使用的手持照明灯应采用 12V 特低电压；④水下作业等场所应采用 6V 特低电压。

> **提示：** 安全电压与人体电阻是有关系的。安全电压是以人体允许电流与人体电阻的乘积为依据而确定的。

三、触电的形式

触电最常见的形式是电击，触电的方式一般有以下几种。

1. 单相触电

人体接触一根带电相线（火线），而又同时和大地（或零线）接触，电流从相线流经人体到地（或零线）形成回路，称为单相触电（如图 2-1 所示）。如果在低压接地电网中，人体将承受 220V 的电压，有生命危险；如果在低压不接地电网中，一般没有危险，但电网对地漏电时，会有更大的危险。在触电事故中，单相触电形式最为常见，如检修带电线路和设备时，不做好防护或接触漏电的

图 2-1 单相触电

电气设备外壳及绝缘损伤的导线都会造成单相触电。

2. 两相触电（又称双线触电）

人体同时接触两根相线所造成的触电为两相触电（如图 2-2 所示）。在这种情况下，不论电网的中性点是不是接地，人体都处在线电压下，这是最危险的触电形式。如果接触两根相线，人体承受的电压是 380V；如果接触一根相线和一根零线，人体承受的电压是 220V，都是致命的。

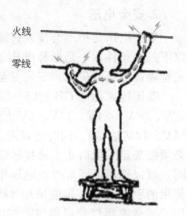

火线
零线

图 2-2 双线触电

3. 跨步电压触电

当电气设备的绝缘损坏或线路的一相断线落地时，导线与土地构成回路，导线中仍然有电流通过，电流经导线入地时，都会在导线周围地面形成一个强电场，其电位分布从接地点扩散，逐步降低，当有人跨入这个区域时，分开的两脚间有电位差，电流从一只脚流进，从另一只脚流出而造成触电，叫跨步电压触电（如图 2-3所示）。影响范围约 10m，当人进入此范围时，两脚之间的电位不同，就

图 2-3 跨步电压触电

形成跨步电压，如果跨步电压较高或触电者倒在地上，则有触电死亡的危险。跨步电压与跨步的大小成正比，跨步越大越危险，同时，越靠近带电体越危险，20m 以外的地方，跨步电压已接近零。

4. 雷击触电

雷云对地面凸出物产生放电，它是一种特殊的触电方式，雷击感应电压高达几十至几百万伏，危害性极大。

四、安全用电常识

安全用电时应注意以下常识。

① 认识了解电源总开关，学会在紧急情况下关断总电源。入户电源总保险与分户保险应配置合理，使之能起到对家电的保护作用。入户电源线避免超负荷使用，破旧老化的电源线应更换，以免发生意外。

② 不用手或导电物（如铁丝、钉子、别针等金属制品）去接触、探试电源插座内部。

③ 接线端或裸导线是否带电的鉴定。在任何情况下均不要用手去鉴定接线端或裸导线是否带电，如需了解线路是否有电，应使用试电笔或电工仪表。

④ 湿手时不能触摸带电的电器，也不能用湿布擦拭带电电器，进行时必须断电。

⑤ 电器使用完毕后应拔掉电源插头；插拔电源插头时不要用力拉拽电线，以防止电线的绝缘层受损造成触电；电线的绝缘皮剥落，要及时更换新线或者用绝缘胶布包好。

⑥ 不随意拆卸、安装电源线路、插座、插头等。哪怕安装灯泡等简单的事情，也要先关断电源。

⑦ 更换熔丝或检查电气设备时，应切断电源，切勿带电操作，更不能用铁丝、铜丝和铝丝来代替熔丝使用。如果确需带电作业，则需采取安全措施，例如，站在橡胶板上或穿好绝缘鞋，戴好绝缘手套，而且操作时要有专人在场监护。

⑧ 对高、低压电气设备进行操作时，必须严格遵守安全操作规程。不了解电气设备的性能，不能随意使用，更不能拆检。

⑨ 确保使用家用电气设备的人身安全，如电风扇的底盘、风罩、电视机的天线、电冰箱的门拉手、洗衣机外壳等，都是随时可能与人体接触的，而且这些家用电器都是使用单相交流电，为了消除不安全因素，应使用三孔型带接地线的插座、插头。或者对它们的外壳采取安全措施，即通常说的接地与接零保护，以保护人体安全。

⑩ 严禁私自从公用线路上接线，严禁在高低压电线下打井，竖电视天线和钓鱼，禁止在电杆的拉线上拴牲口、拴绳、晾东西，以免引起触电。

⑪ 当发现有人触电，不能直接接触触电者，要设法及时关断电源或者用干燥的木棍或其他绝缘物将触电者与带电的电器分开。

⑫ 雷雨天不要用手触摸树木、电杆及拉线，以防触电。

第二节

电工防火常识

一、电气火灾和爆炸事故的原因

电气火灾和爆炸事故已经成为火灾的"第一杀手"，严重威胁着人民的生命和财产安全。引起电气火灾与爆炸的原因，除电气设备本身有缺陷外，还有以下一些主要原因。

(1) 电气设备选型及安装不当　在有火灾与爆炸性危险的场所没有按要求选择相应类型的电气设备，设备安装也按普通型安装，从而为引发火灾与爆炸事故埋下了隐患，这是首先应该防止的。

(2) 电气设备过热　一般电气设备、线路在运行过程中都会产生一定的温度，当发生故障的电气设备及线路，温度超过允许耐受温度后，不仅会引起加速老化，还会引起绝缘材料燃烧。当电气设备正常运行遭破坏时，发热量增加，温度升高，在一定条件下引起火灾。引起电气设备过热的原因有以下几种。

① 短路。相线与零线之间或相线之间造成金属性接触即为短路。当电气设备或电气线路的绝缘损伤或老化，都会使绝缘性能降低或丧失，造成设备或线路短路，使导线发热量剧增，不仅能使绝缘燃烧，还会使金属熔化，引起邻近的易燃、可燃物质燃烧，造成火灾。

② 过载。当电气线路或设备所通过的电流值超过其允许的数值则为过载。当电流值超过了安全载流量时，其温度会超过最高允许工作温度，设备或导线的绝缘层就会加速老化。如果是严重过负荷或长时间过负荷，则绝缘层就会变质损坏，引起短路着火。

任何电气设备，如导线、电缆、变压器、电动机、电容器等都有其允许温升，如果使用中严重或长期超出其允许温升，不但会缩短设备的使用寿命，还会造成设备过热甚至损坏，发生事故，引起火灾。

③ 接触不良。在电气回路中有许多连接点，例如，导线与导线的连接、导线与用电设备接线端子的连接等。这些电气连接点不可避免地产生一定的电阻，这个电阻叫作接触电阻（正常时接触电阻很小），当出现不正常情况时，接触电阻增加，接头过热造成局部过热，

使金属变色甚至熔化，并能引起绝缘材料、可燃物质燃烧。

④ 铁芯发热。变压器、电动机等设备的铁芯，如果绝缘损坏或承受长时间过电压，涡流损耗和磁滞损耗将增加，使发热量增大会产生高温。

⑤ 散热不良。各种电气设备在设计和安装时都要考虑有一定的散热或通风措施，如果这些部分受到破坏，就会造成设备过热。此外，电炉等直接利用电流的热量进行工作的电气设备，工作温度都比较高，如安置或使用不当，均可能引起火灾。

（3）电火花　电器在安装和使用过程中，接通或切断电源、线路短路或裸导线相碰，金属件碰到裸导线，电线接头处接触不好，产生松动等，都会产生电火花或电弧。电弧的温度可达3000℃，这样的高温能引燃大多数可燃物，而且可以引起金属熔化、飞溅，构成火灾、爆炸的火源。

电火花可分为工作火花和事故火花两种：①工作火花是指电气设备正常工作或操作时产生的火花，如通断开关、插拔插头时产生的火花；②事故火花是指电气设备或线路发生故障时产生的火花，如发生短路或接地时出现的火花、绝缘损坏时出现的闪光、导线连接松脱时的火花、熔丝熔断时的火花、过电压放电火花、静电火花、高频感应电火花以及修理工作中错误操作引起的火花等。

（4）电气设备使用不当　例如，白炽灯、碘钨灯、高压汞灯等照明灯泡或电热器距离易燃、可燃物过近时，会烤燃纸、布、棉花、地毯、木板等物品；还有电炉、电热毯、电熨斗等产生高温的电器，在使用过程中稍有不慎就可能引起火灾。

（5）用电负荷增大　随着人民生活水平的提高，购买家用电器（如电视机、电风扇、洗衣机、电冰箱、电烤箱、空调器、微波炉等）越来越多，而有些居民家庭电气线路的敷设没有考虑到现代家用电器的安全载流量，加之线路老化，用电负荷过大，极易造成电气火灾。

（6）违反安全操作规程　例如，在带电设备、变压器、油开关等附近使用喷灯；在有火灾与爆炸危险的场所使用明火；在可能发生电火花的设备或场所用汽油擦洗设备等，都会引起火灾与爆炸。

（7）不严格按电气设备设计规范　例如，低压回路中用电设施的保护元器件选用不当，大出实际设施负荷数倍，根本起不到保护作用；使用不合格的三无电气产品、伪劣材料、偷工减料、导线不穿阻燃管直接植入护墙板及吊顶之内；不按设计标准选用电气设备及材料，随意变更线路参数或乱接负荷，如以铝质导线代替铜质导线，以小线代大线，以普通线代阻燃线等；电气箱柜不规范、防雷接地、保护接地导体虚连等。

二、防火防爆的措施

防火防爆的基本原理和思路就是消除可能引起燃烧爆炸的危险因素，只要使可燃易爆物质不处于危险状态和消除一切火源，就可防止燃烧和爆炸事故发生。根据场所特点电气防火防爆所采取的基本措施有以下几种：

（1）正确选用电气设备　具有爆炸危险场所应按规范选择防爆电气设备。购买电气设备时不要选择无生产厂家、无标号、无出厂日期的"三无"产品，不能满足安全使用要求。

（2）排除电气火源　在设计、安装电气装置时，应严格按照防火规程的要求来选择、布置和安装，保持必要的安全间距是防火防爆的一项重要措施。对运行中能够产生火花、电弧和高温危险的电气设备和装置，不应放置在易燃易爆的危险场所。在易燃易爆场所安装的电气设备和装置应该采用密封的防爆电器。另外，在易燃易爆场所应尽量避免使用携带式电气设备。要使用铜芯绝缘线，导线连接应保证良好可靠，应尽量避免接头。

（3）加强维护保养检修，保持电气设备正常运行　包括保持电气设备的电压、电流、温升等参数不超过允许值，保持电气设备足够的绝缘能力，保持电气连接良好等。

（4）排除可燃易爆物质　保持良好通风，使现场可燃易爆的气体、粉尘和纤维浓度降低到不致引起火灾和爆炸的限度内。加强密封，减少和防止可燃易爆物质的泄漏。有可燃易爆物质的生产设备、贮存容器、管道接头和阀门应严格密封，并经常巡视检测。采用耐火设施对现场防火有很重要的作用（如为了提高耐火性能，木质开关箱内表面衬以白铁皮）。

（5）接地　爆炸危险场所的接地（或接零），较一般场所要求高，必须按规定接地。在容易发生爆炸危险场所的电气设备的金属外壳应可靠接地（或接零）。

（6）合理地布置电气设备　应该考虑以下几点：室外变配电站与建筑物、堆场、储室的防火间距应满足 GBJ16—87《建筑设计防火规范》的规定；装置的变配电室应满足 GB50160—92《石油化工企业设计防火规范》的规定；应满足 GB50058—92《爆炸和火灾危险环境电力装置设计规范》规定要求（10 kV 以下的变、配电室，不应设在爆炸和火灾危险场所的下风向；变、配电室与建筑物相毗邻时，其隔墙应是非燃烧材料；毗连的变、配电室的门应向外开，并通向无火灾爆炸危险场所方向）。

（7）保证安全供电措施　电气设备运行中的电压、电流、温度等参数不应超过额定允许值。特别要注意线路的接头或电气设备进出线连接处的发热情况。在有气体或蒸汽爆炸混合物的环境中，电气设备表面温度和温升应符合规定的要求。在有粉尘或纤维爆炸性混合物的环境中，电气设备表面温度一般不应该超过 125℃。应保持电气设备清洁，尤其在纤维、粉尘爆炸混合物环境的电气设备，要经常进行清扫，以免堆积的脏污和灰尘导致火灾危险。

（8）电气照明的防火防爆　电气照明是我们日常生活中必不可少的组成部分，在其运行的过程中会产生大量的热量，致使其玻璃灯泡、灯管、灯座等表面温度较高，一旦灯具选用不当或发生故障时，就易导致灯具爆碎、线路短路、过热、绝缘破坏等故障，这些故障会产生大量的电火花和电弧，容易引起火灾、爆炸事故。

① 电气照明灯具的种类。虽然电气照明的种类繁多，但其中比较常见，火灾危险又较大的主要有以下几种。a.白炽灯工作时表面会发热，且功率越大，升温的速度也越快，其表面与可燃物接触或靠近，在散热不良时，累积的热量能烤燃可燃物，另外，其灯泡耐震性差，易破碎而使高温灯丝外露，高温的灯泡碎片也易引起火灾；b.荧光灯的火险隐患主要在镇流器上，当制造质量不合格、散热条件不好或额定功率与灯管的不配套等原因，其内部温度会急剧上升，长期高温会破坏线圈的绝缘形成匝间短路产生瞬间巨大热量，引燃周围可燃物；c.高压汞灯和钠灯的功率较大，温升过高是这两种灯具的主要火险隐患，其次高压汞灯的镇流器和高压钠灯的电子触发器（内部电容漏电等原因）都存在火险隐患；d.卤钨灯正常工作状态时，石英玻璃管壁温度高达 500～800℃，不仅能在短时间内烤燃附着的可燃物，亦可能将一定距离内的可燃物烤燃，其火灾危险性较之其他一

般照明电器更大；e.特效舞厅灯（包括蜂巢灯、扫描灯、太阳灯、宇宙灯、双向飞碟灯及本身不发光的雪球灯等）特点是灯具为装饰和渲染气氛往往带有驱动灯具旋转用的电动机，当旋转阻力增大或传动机构被卡住时，电动机便会迅速发热升温，加之舞台等场所的道具幕景多为可燃物，在电动机高温作用下极易起火；f.电气照明和装饰过程中，还需大量的开关、保护器、导线、挂线盒、灯座、灯箱、支架等附件，这些设施如果由于容量选择不当、长期过载运行等原因导致绝缘损坏、短路起火等故障亦会造成火灾事故。

②电气照明系统应注意以下防火措施。

a.灯泡正下方不能堆放可燃物品，灯泡的安装高度不能低于2m，当需要低于2m时应用金属网罩进行防护。灯具与可燃物间距不小于50cm（卤钨灯为大于50cm）。灯具的防护罩必须完好无损，严禁用纸、布或其他可燃物遮挡灯具。

b.卤钨灯灯管附近的导线应采用耐热的绝缘导线（或加装绝缘护套），而不能采用可燃性绝缘导线，防止灯管受到高温破坏而引起短路。

c.室外等特殊场所的照明灯具在实际的应用中应该具有防溅措施，防止有水滴溅于灯泡的表面，导致灯泡出现炸裂，如果灯泡出现了破碎应该及时对其进行更换。

d.选用质量可靠的低温镇流器，要保证镇流器与灯管的容量及电压相匹配，在其安装的过程中，要注意镇流器的通风、散热，不能直接将镇流器固定于可燃物体上。

e.安装灯具在可燃吊顶上时尽量选用功率小的（建议选用荧光灯），且在灯具的上方保持一定的空间，方便其散热，否则，需要在可燃材料上刷防火涂料。舞台暗装彩灯、舞池脚灯、可燃吊顶内灯具的导线均应穿钢管或阻燃硬塑套管敷设；吊装彩灯的导线穿过龙骨处应有胶圈保护。

f.各类照明供电的附件必须符合电流、电压等级要求。开关应装在相线上，螺口灯座必须接地良好，设施的金属外壳应接地。灯火线不得有接头，在天棚挂线盒内应做保险扣。重量超过1kg的悬吊灯具应用金属吊链等将其固定，重量超过3kg时应固定在预埋的吊钩、螺栓或主龙骨上。

(9) 电加热设备的防火防爆 电热设备是把电能转换为热能的一

种设备，它的种类繁多，用途很广，常用的有工业电炉、电烘房、电烘箱、电烙铁、机械材料的热处理炉等。引起电热设备火灾的原因，主要是加热温度过高，电热设备选用导线截面积过小等。当一定时间内流过导线的电流超过额定电流时，会造成绝缘的损坏而导致短路起火，引起火灾。

三、电气灭火常识

当出现起火时，不要惊慌失措，如果火势不大，应迅速利用家中备有的简易灭火器材，采取有效措施，控制和扑灭火情。以下介绍发生火灾后的灭火方法及灭火常识。

1. 报警

当发生火灾，现场只有一个人时，应边呼救边处理；如果认为有能力、有把握将初起火灾扑灭，而相应的灭火器就地可取，懂得使用，那就应立即把火扑灭；如果认为无能力扑灭这起火灾，就应尽早报警（向 119 报警，说明情况，包括详细地址、起火部位、着火性质、火势大小、有无爆炸和中毒物品，以及联系电话等），为消防队灭火争取时间，减少损失；报警后，要有人到通往起火点的交通路口、厂门口或街道巷口等地点接应消防车。

2. 对付初期火灾的应急处置

发生火灾后，迅速报警的同时，还应及时呼叫人员利用简易的灭火器材和设备进行扑救，应急的处置方法有：

① 搬走起火点附近的可燃物；关闭阀门，切断流向火点的可燃气体或液体。

② 利用泡沫覆盖燃烧物表面；用容器、设备的顶盖盖灭火点；油锅着火时，盖上锅盖；用毯子、棉被、麻袋浸湿后覆盖燃烧物表面；用沙、土覆盖燃烧物，达到窒息灭火。

③ 小面积的固体可燃物燃烧时，可用扫帚、树枝条、衣服扑打。

④ 断电灭火。如发生电气火灾，或者电气线路、设备受到火灾威胁时，或电气线路影响灭火人员安全时，要及时拔下电源插头或拉下总闸，同时要注意以下几点：a. 处于火灾区的电气设备可能会因为受潮或烟熏等原因，绝缘能力降低，所以拉开关断电时，要使用绝缘工具，采取绝缘措施；b. 如需通过剪断电线来切断电源时，应对不

同相电线错位剪断，防止线路发生短路；c.如果火势已威胁邻近电气设备时，应迅速拉开相应开关；d.夜间发生电器火灾，切断电源时，要考虑临时照明问题，以利扑救；e.如果是导线绝缘和电器外壳等可燃材料着火时，可用湿棉被等覆盖物封闭窒息灭火，千万不能先用水救火（因为电器一般来说都是带电的，而泼上去的水是能导电的，用水救火可能会使人触电，而且还达不到救火的目的，损失会更加惨重，只有确定电源已经被切断的情况下，才可以用水来灭火），以防引起电器炸裂伤人。

⑤ 带电灭火。如果无法及时切断电源，而需要带电灭火时，要注意以下几点：a.应选用不导电的灭火器材，并采取相应操作要领进行灭火，如干粉、二氧化碳、四氯化碳、1211灭火器等灭火剂扑救，不能使用水、泡沫灭火器等带电灭火；b.要保持人及所使用的导电消防器材与带电设备之间足够的安全距离；c.扑救人员应做好防触电措施，比如戴绝缘手套。

⑥ 易爆电器的灭火。电器着火中，比较危险的是电视机和电脑等着火，因其有可能发生爆炸或爆裂，所以灭火时应注意以下几点：a.电视机或电脑发生冒烟起火时，应该马上拔掉总电源插头，然后用湿地毯或湿棉被等盖住它们，这样既能有效遏制火势，一旦爆炸，也能挡住荧光屏的玻璃碎片；b.注意切勿向电视机、电脑泼水（电视机和电脑内仍带有剩余电流，泼水可能引起触电）或使用任何灭火器，因为温度的突然降低，会使炽热的显像管立即发生爆炸；c.灭火时，不能正面接近它们，为了防止显像管爆炸伤人，只能从侧面或后面接近电视机或电脑。

⑦ 对密闭条件较好的小面积室内火灾，在未做灭火准备前，应先关闭门窗，以阻止新鲜空气进入，防止火灾蔓延。

⑧ 将受到火势威胁的易燃易爆物质、压力容器、槽车等疏散到安全地带；对受到火势威胁的压力容器、设备应立即停止向内输送物料，并将容器内的物料设法导走，或停止加温，及时进行冷却，或者打开有关阀门放空泄压，防止爆炸。

⑨ 发电机和电动机等着火时，为防止轴与轴承变形，可令其慢慢转动，用喷雾水枪灭火，并使其均匀冷却；也可用二氧化碳、1211、1202、蒸汽灭火，但不宜用干粉、沙子、泥土灭火，以免损伤电气设备的绝缘。

提示：常用手提式灭火器有干粉灭火器、二氧化碳灭火器和手提式卤代型灭火器三种，其中卤代型灭火器由于对环境保护有影响，已不提倡使用。以下介绍干粉灭火器的使用方法（如图2-4所示）：①使用前要将瓶体颠倒几次，使筒内干粉松动；②除掉铅封（封条）；③拔掉保险销；④左手握着喷管；⑤右手提着压把；⑥保持安全距离（距火源约2～3m），右手用力压下压把，左手拿着喷管左右移动，对准火焰根部喷射（由远及近，水平喷射），喷射干粉覆盖燃烧区，直至把火全部扑灭。除掌握正确的灭火器使用方法外，还要有良好的心理素质，遇事不惊慌，才能将火苗熄灭在初期。

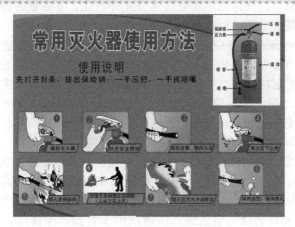

图 2-4　干粉灭火器的使用方法

第三节

电工防雷常识

一、雷电的危害

雷电造成的危害与其他因素造成的危害形式不同，闪电袭击迅猛，使人们在尚未听到雷声之前就已触电，而来不及躲避。雷电的危害一般分为两类：一是雷直接击在建筑物上发生热效应作用和电动力作用；二是雷电的二次作用，即雷电流产生的静电感应和电磁感应。雷电的具体危害表现如下。

① 雷电流高压效应会产生高达数万伏甚至数十万伏的冲击电压，如此巨大的电压瞬间冲击电气设备，使得电气设备和线路的绝缘破坏，产生闪烁放电，以致开关掉闸，线路停电，甚至高压窜入低压，导致燃烧、爆炸、人身伤亡等直接灾害。

② 雷电流高热效应会放出几十至上千安的强大电流，瞬间通过物体时产生高温，引起燃烧、熔化，引发火灾和爆炸；触及人畜时，会造成人畜伤亡。

③ 雷电流机械效应主要表现为：雷电流流过建筑物时，使被击建筑物缝隙中的气体剧烈膨胀，水分充分汽化，导致被击建筑物破坏或炸裂，甚至击毁，以致伤害人畜及设备。

④ 雷电流静电感应可使被击物导体感生出与雷电性质相反的大量电荷，当雷电消失来不及流散时，即会产生很高电压，发生放电现象，从而引起树木、电杆等物体被劈裂倒塌，甚至导致火灾。

⑤ 雷电流电磁感应会在雷击点周围产生强大的交变电磁场，电磁感应能使导体的开口处产生火花放电，如有易燃、易爆物品就会引起燃烧或爆炸。

⑥ 打雷放电时能产生数万度高温，使空气急剧膨胀扩散，产生冲击波，具有一定的破坏力。雷电波的侵入和防雷装置上的高电压对建筑物的反击作用也会引起配电装置或电气线路断路而燃烧导致火灾。

⑦ 各种电力线、电话线、广播线由于雷击产生高压，致使电气设备损坏。

二、防雷装置

1. 变电站防雷装置

变电站是电力系统的重要组成部分，当变电站发生雷击事故时，将对变电站的主设备形成较大的危害，甚至会使变压器及其他主设备受损，造成大面积的停电，给社会及供电企业造成比较严重的影响，因此要求变电站防雷措施必须十分可靠。变电站遭受的雷击是下行雷，主要来自两个方面：一是雷直击在变电站的电气设备上；二是架空线路的感应雷过电压和直雷过电压形成的雷电波沿线路侵入变站。因此，避免直击雷和雷电波对变电站进线及变压器产生破坏就成为变电站雷电防护的关键。变电站防雷装置主要有：

① 变电站装设避雷针（也称引雷针）。装设避雷针高于被保护物，其作用是将雷电吸引到避雷针本身上来并安全地将雷电流引入大地，从而防止设备被直接雷击。对于 35kV 的变电站，由于绝缘水平较低，不允许避雷针装设在配电构架上，避雷针必须独立安装，独立避雷针及其接地装置与被保护建筑物及电缆等金属物之间的距离不应小于 5m，主接地网与独立避雷针的地下距离不能小于 3m，独立避雷针的独立接地装置的引下线接地电阻不可大于 10Ω，并需满足不发生反击事故的要求；对于 110kV 及以上的变电站，由于此类电压等级配电装置的绝缘水平较高，可以将避雷针直接装设在配电装置的构架上，同时避雷针与主接地网的地下连接点，沿接地体的长度应大于 15m，因此雷击避雷针所产生的高电位不会造成电气设备的反击事故。

② 变电站对侵入的雷电波防护。变电站进线上装设阀型避雷器或保护间隙，对侵入的雷电波防护。阀型避雷器的基本元件为火花间隙和非线性电阻，有的主要用来保护中等及大容量变电站的电气设备，有的用来保护小容量的配电装置。将避雷器并联装设在被保护设备的附近，当过电压超过一定值时，避雷器动作，先导通放电，从而限制了被保护设备的过电压值，达到保护高压电气设备的目的。

③ 变压器的防护。在靠近变压器处安装避雷器，这样可以防止线路侵入的雷电波损坏绝缘。装设避雷器时，要尽量靠近变压器，并尽量减少连线的长度，以便减少雷电电流在连接线上的压降；同时，避雷器的接线应与变压器的金属外壳及低压侧中性点连接在一起，这样就有效减少了雷电对变压器破坏的机会。变电站的每一组主母线和分段母线上都应装设阀型避雷器，用来保护变压器和电气设备。各组避雷器应用最短的连线接到变电装置的总接地网上。避雷器的安装应尽可能处于保护设备的中间位置。

> 提示：避雷器的作用是限制过保护电气设备。避雷器的类型主要有保护间隙、管型避雷器、阀型避雷器等几种，其基本原理类似。保护间隙和管型避雷器主要用于限制大气过电压，一般用于配电系统、线路和变电所进线段的保护；阀型避雷器（如图 2-5 所示）用于变电所和发电厂的保护。

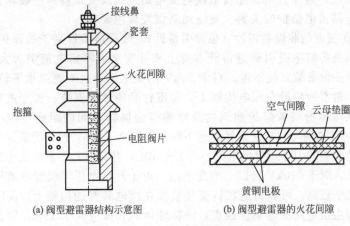

(a) 阀型避雷器结构示意图 (b) 阀型避雷器的火花间隙

图 2-5　阀型避雷器

④ 变电站的防雷接地。防雷接地的作用是减少雷电流通过接地装置时的对地电位升高，其接地是否良好，对保护作用的发挥有着直接的影响。同时在变电站防雷保护满足要求以后，还要根据安全和工作接地的要求敷设一个统一的接地网，然后在避雷针和避雷器下面增加接地体以满足防雷的要求，或者在防雷装置下敷设单独的接地体。

2. 建筑物防雷装置

建筑物的防雷装置包括接闪装置、引下线和接地装置三个部分。其防雷的原理是通过金属制成的接闪装置将雷电吸引到自身，并安全导入大地，从而使附近的建筑物免受雷击。

（1）接闪装置　接闪装置是用来直接接受雷击、雷闪的金属体，它装在建筑物的最高处，必须露在建筑物外面，可以是避雷针、避雷线、避雷带或避雷网，也有将几种形式结合起来使用的。

① 避雷针。接闪器用的金属杆叫作避雷针（如图 2-6 所示），它主要用来保护露天配电设备，保护建筑物和构筑物。适用于保护细高的建筑物或构筑物，可以用镀锌圆钢或镀锌钢管制成，在顶端呈尖利状，以利于尖端放电。由于避雷针高于被保护物，又和大地直接相连，当雷云先导接近时，它与雷云之间的电场强度最大，可将雷云放电的通路吸引到避雷针本身并经引下线和接地装置将雷电流安全地泄放到大地中去，使被保护物体免受直接雷击。

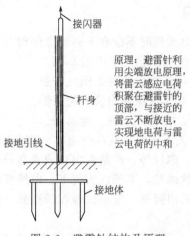

原理：避雷针利用尖端放电原理，将雷云感应电荷积聚在避雷针的顶部，与接近的雷云不断放电，实现地电荷与雷云电荷的中和

接闪器

杆身

接地引线

接地体

图 2-6　避雷针结构及原理

② 避雷网和避雷带。避雷网、带在建筑物顶部及其周围装设（高出屋面 100～150mm），是为了保护建筑物的表层不被击坏，适用于宽大的建筑物。避雷网除沿屋顶周围装设外，需要时，屋顶上面还用圆钢或扁钢纵横连接成网。避雷带和避雷网必须经引下线与接地装置可靠地连接。

③ 避雷线。适用于长距离高压供电线路的防雷保护。用悬挂在空中的接地导线作接闪装置，它架设在架空线路的上边，用以保护架空线路或其他物体（包括建筑物）免受直接雷击。由于避雷线既架空又接地，所以又叫作架空地线。

④ 避雷环。在烟囱或其他建筑物顶上用环状金属做成接闪器。

（2）引下线　引下线的作用是将接闪器承受的雷电顺利引到接地装置。引下线一般采用镀锌钢绞线，将接闪装置和接地装置连接成一体，要注意其截面大小，连接可靠并以最短途径接地；引下线分布要合理对称，不应紧靠门、窗。钢筋混凝土建筑物的钢筋和钢柱、金属烟囱等也可当作引下线使用。

（3）接地装置　接地装置是用于将雷电流或雷电感应电流迅速疏散到大地中去的导体。一般采用镀锌的圆钢、角钢、扁钢等连接成水平接地环、接地带或垂直接地体，埋于一定深度的湿土中。现代建筑物的钢筋混凝土基础也可以作为接地装置。

三、防雷常识

（1）当出现雷电天气时不应在下列地方停留

① 小型无保护的建筑物、车库或车棚。

② 非金属顶或敞开式的各种车辆及船舶。

③ 山顶、山脊或建筑物和构筑物的顶部。

④ 空旷的田野、各种停车场、运动场。

⑤ 在雷雨时，人不要靠近高压变电室、高压电线和孤立的高楼、烟囱、电杆、大树、旗杆等，严禁在山顶或者高丘地带停留，更要切忌继续蹬往高处观赏雨景，不能在大树下、电线杆附近躲避，也不要行走或站立在空旷的田野里，应尽快躲在低洼处，或尽可能找房屋或干燥的洞穴躲避。

⑥ 雷雨天气，不要去江、河、湖边游泳、划船、垂钓等。

⑦ 铁栅栏、金属晒衣绳、架空线、铁路轨道附近。

（2）雷击时应注意的事项

① 雷击时，如果作业人员孤立地处于雷区并感到头发竖起时应立即蹲下，向前弯曲，双手抱膝。

② 雷击时，应寻找有防雷保护的建筑物及构筑物、大型金属框架的建筑物及构筑物、有金属顶的各种车辆及有金属壳体的船舶等地方掩蔽。

③ 雷雨天气时，不要用金属柄雨伞，在空旷的地方不要打雨伞；摘下金属架眼镜、手表、裤带；不要使用金属工具，如铁撬棒等；若是骑车旅游要尽快离开自行车，亦应远离其他金属制物体，以免产生导电而被雷电击中。

④ 不要穿潮湿的衣服靠近或站在露天金属商品的货垛上。

⑤ 雷雨天气时在高山顶上不要开手机，更不要打手机；空旷地方也不要打手机，要蹲下来，两脚并拢。

⑥ 在稠密树林中，最好找一块林中空地，双脚并拢蹲下。

⑦ 雷雨天不要触摸和接近避雷装置的接地导线。

⑧ 雷雨天，在户内应离开电力线、电话线、电视线等线路，以防雷电侵入被其伤害。

⑨ 在电闪雷鸣、风雨交加之时，若旅游者在旅店休息，应立即关掉室内的电视机、收录机、音响、空调机等电器，以免产生导

电。打雷时，在房间的正中央较为安全，切忌停留在电灯正下面，忌依靠在柱子、墙壁边、门窗边，以免在打雷时产生感应电而致意外。

⑩ 雷雨天气发生时，即使在安装了避雷针的情况下，也应该迅速拔掉室内电视、电冰箱以及天线电源的插头，防止空间电磁波干扰造成不必要的损失。

⑪ 雷雨时，不要洗澡、洗头，不要待在厨房、浴室等潮湿的场所。

⑫ 如果有遭到雷击，应不失时机地进行人工呼吸和胸外心脏挤压，并送医院抢救。

第四节

意外触电紧急救助

一、触电急救

当遇到触电事故时，要沉着冷静、迅速果断地采取应急措施（针对不同的伤情，采取相应的急救方法），触电的抢救及时和救治方法的正确与否是抢救触电生命的关键。

1. 使触电者脱离电源

（1）脱离低压电源的方法

① 如开关箱在附近，应立即拉下闸刀或拔掉插头，断开电源。但应注意，普通的电灯开关只能断开一根导线，有时由于安装不符合标准，可能只断开零线，而不能断开电源，人身触及的导线仍然带电，不能认为已切断电源。

② 如触电现场远离开关或者不具备关断电源的条件，应迅速用绝缘良好的电工钳或有干燥木柄的利器（刀、斧、锹等）将电源线切断。若电线搭落在触电者身上或压在身下时，可用干燥的木棒、竹竿、硬塑料管等物迅速将电线挑开（如图 2-7 所示）。如触电发生在火线与大地间，可用干燥的绝缘绳索套将触电者身体拉离地面，或用干燥木板将人体与地面隔开，再设法关断电源。

③ 如触电者由于肌肉痉挛，手指紧握导线不放松或导线缠绕在

图 2-7 将触电者身上电线挑开

身上时，可首先用干燥的木板塞进触电者身下，使其与地绝缘，然后再采取其他办法切断电源。

④ 若现场无任何合适的绝缘物可利用，救护人员亦可用几层干燥的衣服将手包裹好，站在干燥的木板、木椅或绝缘橡胶等绝缘物上，用一只手拉触电者的衣服，使其脱离电源（如图 2-8 所示）。救护人不得使用金属和其他潮湿的物品作为救护工具，也千万不要赤手直接去拉触电人，以防造成群伤触电事故。

图 2-8 将触电者拉离电源

（2）脱离高压电的方法

① 立即通知有关部门停电或迅速拉下开关。

② 戴上绝缘手套，穿上绝缘鞋，使用相应电压等级的绝缘工具，拉开高压跌开式熔断器或高压断路器。

③ 抛掷裸金属软导线，使线路短路，迫使继电保护装置动作，切断电源，但应保证抛掷的导线不触及触电者和其他人。

2. 现场对症救治

当触电者脱离电源后，应立即就近移至干燥通风的场所，再根据情况迅速进行现场对症救护，同时应通知医务人员到现场，并做好送往医院的准备工作。现场应用的主要救护方法是人工呼吸法和胸外心脏挤压法。

① 触电者所受伤害不太严重，如神志清醒、呼吸正常、皮肤也未灼伤或虽曾一度昏迷，但未失去知觉者，只要让触电者到空气清新的地方休息，令其静卧，不要走动，同时应严密观察，如在观察过程中，发现呼吸或心跳很不规律，甚至接近停止时，应赶快进行抢救，请医生前来或送医院诊治。

② 触电者的伤害情况较严重，如触电者神志不清、呼吸困难或停止，必须立即把他移到附近空气清新的地方，及时进行人工呼吸；如有呼吸，但心脏跳动停止，则应立即采用胸外心脏挤压法进行救治。

③ 触电者受的伤害很严重，如触电者心脏和呼吸都停止、瞳孔放大、失去知觉，这时必须同时采取人工呼吸法和人工胸外心脏挤压法两种同时或交替进行抢救。做人工呼吸和胸外心脏挤压要有耐心，并坚持抢救，直到把人救活，或者确诊已经死亡时为止。

3. 口对口（鼻）人工呼吸法

① 施行口对口人工呼吸前，应迅速将触电者身上阻碍呼吸的衣领、上衣、裤带解开，并迅速取出触电者口腔内妨碍呼吸的食物、脱落的假牙、血块、黏液等，以免堵塞呼吸道。

② 使触电者仰卧，并使其头部充分后仰（最好一只手托在触电者颈后），让鼻孔朝天，以利呼吸道畅通，如图2-9所示。

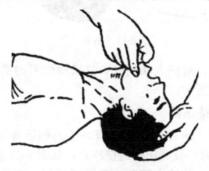

图 2-9　头部后仰

③ 捏鼻掰嘴。救护人在触电人的头部左边或右边，用一只手捏紧鼻孔，另一只手掰开嘴巴（如果掰不开嘴巴，可用口对鼻的人工呼吸法，捏紧嘴巴，紧贴鼻孔吹气），如图 2-10 所示。

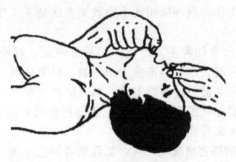

图 2-10　捏鼻掰嘴

④ 贴紧吹气。深吸气后，紧贴掰开的嘴巴吹气或鼻孔吹气，一般吹 2s，放松 3s，小孩肺小，只能小口吹气，如图 2-11 所示。

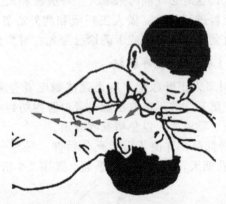

图 2-11　贴紧吹气

⑤ 放松换气。救护人换气时，放松触电者的嘴和鼻，让其自动呼气，如图 2-12 所示。

4. 胸外心脏挤压法

① 正确压点。解开触电者衣服，让其仰卧在地上或硬地板上，不可躺在软的地方，找到正确的挤压点，如图 2-13 所示。

② 叠手姿势。救护人骑跨在其腰部两侧，两手相叠，手掌根部

图 2-12 放松换气

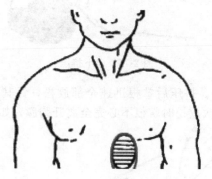

图 2-13 正确压点

放在心口窝稍高一点的地方，即放在胸骨下 1/3 或 1/2 处，如图 2-14 所示。

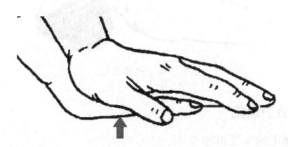

图 2-14 叠手姿势

③ 向下挤压。掌根用力向下挤压（即向脊背的方向挤压），压出心脏里面的血液，如图 2-15 所示。对成人应压陷到 3～5cm，以每秒挤压一次，每分钟挤压 60 次为宜；对儿童用力要轻一些，对成人太轻则不好。

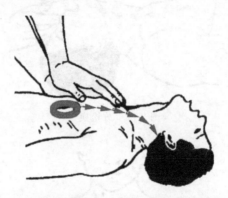

图 2-15　向下挤压

④ 迅速放松。挤压后掌根迅速全部放松，让其胸自动复原，血又充满心脏，每次放松时掌根不必完全离开胸膛，如图 2-16 所示。

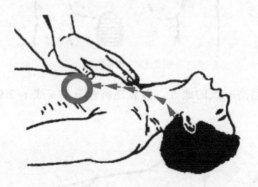

图 2-16　迅速放松

二、防护措施

预防触电的主要措施如下。

① 上岗作业前必须按规定穿戴好防护用具（如穿绝缘鞋、戴绝缘手套），酒后不准操作。不要用湿手、湿脚动用电气设备，也不要

碰开关插销，以免触电。

②设备停送电必须办理操作票，并采取保证安全的技术措施，即停电、验电、装设接地线、悬挂警示牌和装设遮栏。

③加强设备维护，非专业人员不得维修电气设备，设备还应安装漏电保护设施。

④严格按照电气标准化施工，杜绝私接、乱接线路等违章作业现象。

⑤尽量不进行带电作业，特别在危险场所（如高温、潮湿地点），严禁带电工作；必须带电工作时，应使用各种安全防护工具，如使用绝缘棒、绝缘钳和必要的仪表，戴绝缘手套，穿绝缘靴等，并设专人监护。

⑥对各种电气设备按规定进行定期检查，如发现绝缘损坏、漏电和其他故障，应及时处理；对不能修复的设备，不可使其带"病"运行，应予以更换。

⑦禁止非电工人员乱装乱拆电气设备，更不得乱接导线。

⑧一旦误入跨步电压区，双脚不要同时落地，最好一只脚跳着朝接地点相反的地区走，逐步离开跨步电压区。

⑨为了有效地防止触电事故，主要采用绝缘、屏护、安全间距、保护接地或接零、漏电保护等技术或措施。

a.绝缘就是用绝缘材料把带电体隔离起来，实现带电体之间、物体之间的电气隔离，以防触电。

b.屏护就是指采用遮栏、围栏、护罩、护盖或隔离板等把带电体同外界隔绝开来，以防止人体触及或接近带电体。安全间距就是将带电体置于人和设备所及范围之外的安全措施。

c.安全间距是指在带电体与地面之间，带电体与其他设施、设备之间，带电体与带电体之间保持的一定安全距离，简称间距。间距可以用来防止人体、车辆或其他物体触及或过分接近带电体，间距还有利于检修安全和防止电气火灾及短路等各类事故。安全间距的大小取决于电压高低、设备类型、安装方式等因素。

三、注意事项

触电急救时应注意以下事项。

①当发现有人触电时，应设法使其尽快脱离电源。救护者不要

直接用手或其他金属及潮湿的物件作为救护工具去接触触电者，应采取措施保护自己（必须使用适当的绝缘工具或站在绝缘垫或干木板上），再进行救护。不解脱电源，千万不能碰触电者的身体，否则将造成不必要的触电事故。在拉拽触电者脱离电源线路的过程中，救护人宜用单手操作，这样对救护人比较安全。

② 使触电人脱离电源的同时，还应防止触电者脱离电源后可能的摔伤（特别是从高处坠落），同时救护者也应注意自身在救护中的防坠落和防摔伤问题。

③ 使触电者脱离电源后，若其呼吸停止，心脏不跳动，必须立即就地进行抢救。

④ 救护工作应持续进行，不能轻易中断，即使在送往医院的过程中，也不能中断抢救。

⑤ 如触电人触电后已出现外伤，处理外伤不应影响抢救工作。

⑥ 对触电人急救期间，千万不要给触电者打强心针或拼命摇动触电者，以免触电者的情况更加恶化。

⑦ 如夜间发生触电事故时，应设置临时照明灯，以便于抢救和防止意外事故，但不能因此延误切断电源和进行急救的时间。

⑧ 对于孕妇、年老体弱或肋骨有伤者，不宜采用俯卧压背法；有手臂骨折者不宜采用仰卧牵臂法；不要使触电者直接躺在潮湿或冰冷地面上急救。

第五节

保护接地和保护接零

一、工作接地

工作接地又称为电力系统中性点接地，就是电力系统中某些点为了电气设备的正常工作或发生故障情况下都能可靠地工作而进行的接地。工作接地的作用有两点，一是减轻一相接地的危险性；二是稳定系统的电位，限制电压不超过某一范围，减轻高压窜入低压的危险，并能防止绝缘击穿。如没有工作接地，则当10kV的高压窜入低压时，低压系统的对地电压上升为5800V左右。

二、保护接零

保护接零就是在中性点直接接地的低压电网中，把电气设备的外壳与零线（即接地中性线）直接连接，以实现对人身安全的保护作用。它与保护接地相比，能在更多的情况下保证人身安全，防止触电事故。

保护接零将家用电器不带电金属外壳与供电线路的零线连接起来，一旦带电导体绝缘损坏，其相线、金属外壳、零线构成短路回路，产生很大的短路电流，足以保证在最短的时间内使熔丝熔断、保护装置或自动开关跳闸，迅速切断电源，消除触电危险。保护接零的应用范围主要是用于三相四线制中性点直接接地供电系统中的电气设备。

三、保护接地

保护接地就是将电气设备的金属外壳用导线同接地极作可靠连接。为保护工作人员接触时的人身安全，将一切正常工作时不带电而在绝缘损坏时可能带电的金属部分接地。

等电位接地

保护接地将电器不带电的金属外壳用导线和接地极与大地连接起来，使其与大地等电位，这样即使电器内部绝缘损坏，其漏电电流通过接地系统流入大地，而金属外壳没有电压存在，人体接触后就不会发生危险。保护接地最常用于低压不接地配电网中的电气设备。

四、防雷接地

防雷接地又称为过电压保护接地，它是为了防止雷击和过电压对电气设备及人身造成危害，通过雷电保护装置向大地泄放雷电流而设的接地。

五、防静电接地

防静电接地是为防止静电对易燃油、天然气贮罐和管道等的危险作用而设的接地。

第六节

漏电保护

一、漏电保护器的结构及工作原理

漏电保护器俗称漏电开关，又叫漏电断路器，是一种用于电路或电器绝缘受损、发生对地短路时防人身触电和电气火灾等的保护电器，一般安装于每户配电箱的插座回路上和全楼总配电箱的电源进线上，后者专用于防电气火灾。低压配电系统中设漏电保护器是防止人身触电事故的有效措施之一，也是防止因漏电引起电气火灾和电气设备损坏事故的技术措施。漏电保护器有电压型和电流型，电压型已基本淘汰，现以电流型漏电保护为主导地位。

1. 漏电保护器结构

电流型漏电保护器主要由检测元件（零序电流互感器）、中间环节（包括放大器、比较器、脱扣器等）、执行机构（主开关）、试验装置（实验按钮）四大部分构成（如图 2-17 所示）。

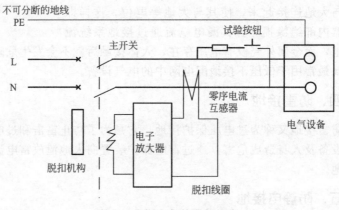

图 2-17　漏电保护器的组成

① 检测元件由零序电流互感器组成，检测漏电电流，当漏电时产生感应电动势送至中间环节进行处理，其具体过程是：被保护的相

线、中性线穿过环形铁芯，构成了互感器的一次线圈 N1，缠绕在环形铁芯上的绕组构成了互感器的二次线圈 N2。正常时，流过相线、中性线的电流相量和等于零；当发生漏电时，相线、中性线的电流相量和不等于零，此时就使 N2 上产生感应电动势，此信号就送到中间环节进行处理。

② 中间环节作用是对来自零序互感器的微弱漏电信号进行放大和处理（放大部件可采用机械装置和电子装置），并将其送至执行机构；另外当中间环节为电子式时，还要辅助电源来提供电子电路工作所需的电源。

③ 执行机构用于接收中间环节的指令信号，实施动作（主开关由闭合位置转到断开位置），从而切断电源，是被保护电路脱离电网的跳闸部件。

④ 试验装置用于对漏电保护器的定期检验，检验其是否能够正常动作。试验装置就是通过试验按钮和限流电阻的串联，模拟漏电路径，以检查装置能否正常动作。

电流型漏电保护器按保护功能和用途可分为漏电保护开关和漏电保护插座等。漏电保护开关（如图 2-18 所示）指具有对漏电流检测

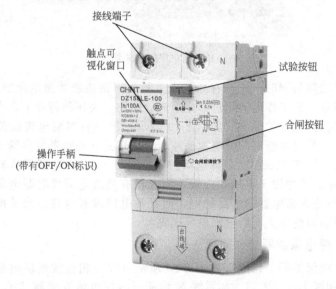

图 2-18

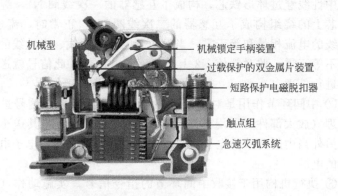

机械型

机械锁定手柄装置

过载保护的双金属片装置

短路保护电磁脱扣器

触点组

急速灭弧系统

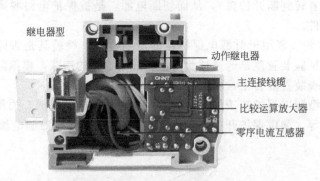

继电器型

动作继电器

主连接线缆

比较运算放大器

零序电流互感器

图 2-18　漏电保护开关结构

和判断功能的同时，还具有导通、关断主回路功能的漏电保护装置，其原理是：当工作电流超过额定电流、短路、失压等情况下，自动切断电路。漏电保护插座（如图 2-19 所示）指具有对漏电流检测和判断功能，并可切断回路的电源插座，其原理是：当电器发生漏电，漏电流大于等于 10mA 时，漏电保护器就会在 0.1s 内切断零线和火线（漏电保护器作用于零线和火线，因此没有地线也同样有漏电保护功能），防止人因电器漏电而触电，而且在电路或者电器绝缘受损发生对地短路时防止人身触电和电气火灾。

2. 漏电保护器工作原理

漏电保护器工作原理如图 2-20 所示（以三相四线制供电系统为例），相线 L1、L2、L3 和零线 N 均通过零序电流互感器 TA，作为 TA 的一次线圈，TA（由环状铁芯制成）上绕有二次侧线圈。将漏

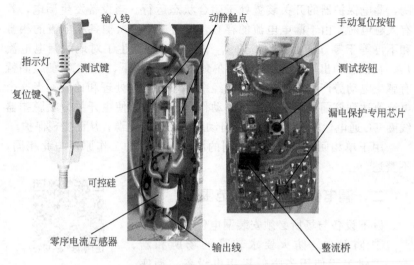

图 2-19　漏电保护插座结构

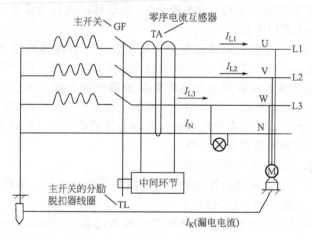

图 2-20　漏电保护器工作原理示意图

电保护器安装在线路中，一次线圈与电网的线路相连接，二次线圈与漏电保护器中的脱扣器连接，当用电设备正常运行时，线路中电流呈平衡状态，通过互感器 TA 一次侧的电流相量和等于零（即 $I_{L1}+I_{L2}+I_{L3}=0$），由于一次线圈中没有剩余电流，所以不会感应二次线圈，漏电保护器的开关装置处于闭合状态运行。当设备发生漏电，若有人触电时，由于漏电电流的存在，通过 TA 一次侧各相电流的相量和不再等于零（即通过 TA 的 $I_{L3}+I_N\neq 0$），产生了对地的漏电电流 I_K；在铁芯中出现了交变磁通，在交变磁通作用下，TL 二次侧线圈就有感应电动势产生，此漏电信号经中间环节进行处理和比较，当这个电流值达到该漏电保护器限定的动作电流值时，使主开关分励脱扣器线圈 TL 通电，驱动主开关 GF 自动跳闸，切断电源，从而实现保护。

用于单相回路及三相三线制的漏电保护器的工作原理与此相同，不赘述。

二、漏电保护器的使用范围

以下设备与场所必须安装漏电保护器。

代换漏电保护器

① 防触电、防火要求较高的场所和新、改、扩建工程使用各类低压用电设备、插座，以及建筑物内的插座回路。

② 手持式电动工具（除Ⅲ类外）、其他移动式机电设备，以及触电危险性大的用电设备。

③ 潮湿、高温、金属比较多的场所和强腐蚀性等环境恶劣场所的电气设备，以及其他导电良好的场所，必须安装漏电保护器。

④ 施工现场所有用电设备都要装设漏电保护器。因为建筑施工露天作业、潮湿环境、人员多变，再加上设备管理环节薄弱，所以用电危险性大，要求所有用电设备包括动力及照明设备、移动式和固定式设备等都要装设漏电保护器。

⑤ 暂设临时用电的电气设备。

⑥ 宾馆、饭店及招待所的客房内插座回路，机关、学校、企业、住宅等建筑物内的插座回路。

⑦ 游泳池、喷水池、浴池的水中照明设备，安装在水中的供电线路和设备。

⑧ 医院中直接接触人体的电气医用设备。

三、漏电保护器安装要求

1. 漏电保护器的选用

漏电保护器在现场主要是防止漏电伤亡事故和电气火灾事故，要依据不同的使用目的和安装场所来选用漏电保护器。所谓选用合适的漏电保护器，主要是指选择漏电保护器的额定漏电动作电流、额定漏电动作时间、极数等。

① 安装在线路末端，应选用高灵敏度、快速型漏电保护器。

② 以防止触电为目的与设备接地并用的分支线路，选用中灵敏度、快速型漏电保护器。

③ 用以防止由漏电引起的火灾和保护线路、设备为目的的干线，应选用中灵敏度、延时型漏电保护器。

④ 保护单相线路（设备）时，选用单极二线或二极式漏电保护器；保护三相线路（设备）时，选用三极式漏电保护器（如三相三线式380V电源供电的电气设备，应选用三极式）；既有三相又有单相时，选用三极四线或四极产品。在选定漏电保护器的极数时，必须与被保护线路的线数相适应（注意：不要将三极漏电保护器用于单相二/三线或四极漏电保护器用于三相三线的用电设备，更不能将三相三极漏电保护器代替三相四极漏电保护器）。

> **提示：** 保护器的极数是指内部开关触点能断开导线的根数，如三极保护器是指开关触点可以断开三根导线。而单极二线、二极三线、三极四线的保护器，均有一根直接穿过漏电检测元件而不断开的中性线，在保护器外壳接线端子标有"N"字符号，表示连接工作零线，此端子严禁与PE线连接。

⑤ 当漏电保护器做分级保护时，应满足上、下级开关动作的选择性。一般上一级漏电保护器的额定漏电电流不小于下一级漏电保护器的额定漏电电流或是所保护线路设备正常漏电电流的2倍。

⑥ 在不影响线路、设备正常运行（即不误操作）的条件下，应选用漏电电流和动作时间较小的漏电保护器。

⑦ 在爆炸危险场所，应选用防爆型漏电保护器；在潮湿、水汽较大场所，应选用密闭型漏电保护器；在粉尘浓度较高场所，应选用防尘型或密闭型漏电保护器。

⑧ 手持式电动工具、移动电器插座回路的设备应优先选用额定漏电动作电流不大于30mA、快速动作的漏电保护器。

⑨ 单台电动机设备可选用额定漏电动作电流为30mA及以上，

100mA 以下快速动作的漏电保护器。

⑩ 有多台设备的情况应选用额定漏电动作电流为 100mA 及以上快速动作的漏电保护器。

⑪ 在金属物体上工作，操作手持式电动工具或行灯时，应选用额定漏电动作电流为 10mA、快速动作的漏电保护器。

⑫ 安装在潮湿场所的电气设备应选用额定漏电动作电流为 15～30mA、快速动作的漏电保护器。

2. 漏电保护器的安装

漏电保护器的安装除应遵守常规的电气设备安装规程外，还应注意以下几点。

① 漏电保护器的安装应符合生产厂家产品说明书的要求。

② 漏电保护器标有负载侧和电源侧时，应按规定安装接线，不得接反。如果接反，会导致电子式漏电保护器的脱扣线圈无法随电源切断而断电，以致长时间通电而烧毁。

③ 安装漏电保护器不得拆除或放弃原有的安全防护措施，漏电保护器只能作为电气安全防护系统中的附加保护措施。

④ 安装漏电保护器时必须严格区分中性线和保护线，三极四线式或四极式漏电保护器的中性线应接入漏电保护器。保护线不得接入漏电保护器。经过漏电保护器的中性线不得作为保护线，不得重复接地或接设备外露可导电部分。漏电保护器负载侧的中性线不得与其他回路共用。漏电保护器在不同的系统接地形式的单相、三相三线、三相四线供电系统中安装接线应正确。

⑤ 经漏电保护器的工作零线不能重复接地、不能作为保护零线或和其他线路有任何电气连接。

⑥ 漏电保护器的保护范围应是独立回路，不能与其他线路有电气上的连接。

⑦ 当一台漏电保护器容量不够时，不能两台并联使用，应选用容量符合要求的漏电保护器。

⑧ 安装漏电保护器的电动机及其他电气设备在正常运行时的绝缘电阻值不应小于 0.5MΩ。

⑨ 漏电保护器的漏电动作特性均由生产厂家整定，在使用中不应随意调节。

⑩ 安装漏电保护器后不能撤掉低压供电线路和电气设备的接地

保护措施，但应作检查和调整。漏电保护器安装后，应操作试验按钮，检验工作特性，确认正常动作后才允许投入使用。

四、部分漏电保护器技术数据

漏电保护器的主要动作性能参数有额定漏电动作电流、额定漏电动作时间、额定漏电不动作电流，其他参数还有电源频率、额定电压、额定电流等。如图 2-21 所示为漏电保护器铭牌参数。

① 额定漏电动作电流　指在规定的条件下，能够使漏电保护器跳闸的漏电电流。例如，30mA 的保护器，当通入电流值达到 30mA 时，保护器即动作，断开电源。漏电保护器的额定漏电动作电流（mA）主要有 5、10、20、30、50、75、100、300、500、1000、3000 等几种。其中小于或等于 30mA 的属高灵敏度；大于 30mA 而小于或等于 1000mA 的属中灵敏度；大于 1000mA 的属低灵敏度。家庭生活用电所选配漏电保护器应选用额定漏电动作电流小于或等于 30mA 的高灵敏度产品。

② 额定漏电动作时间　指从突然施加额定漏电动作电流起，到保护电路被切断为止的时间。例如，30mA×0.1s 的保护器，从电流值达到 30mA 起，到主触头分离止的时间不超过 0.1s。单相漏电保护器的额定漏电动作时间，主要有小于或等于 0.1s、小于 0.15s、小于 0.2s 等几种；小于或等于 0.1s 的为快速型漏电保护器，用以防止人身触电为最主要目的的家庭用单相漏电保护器，应选用小于或等于 0.1s 的快速型产品。

③ 额定漏电不动作电流　指在规定的条件下，漏电保护器不动作的电流值，一般是额定动作电流的一半。例如，漏电动作电流 30mA 的漏电保护器，在电流值达到 15mA 以下时，保护器不应动作，否则因灵敏度太高容易误动作，影响用电设备的正常运行。

④ 其他参数　如额定频率、额定电压、额定电流等。

a. 额定电流是指漏电保护器能长期工作的最大电流。漏电保护器的额定工作电流，也要和回路中的实际电流一致，若实际工作电流大于保护器的额定电流时，会造成过载和使保护器误动作。

b. 额定电压是指漏电保护器长时间正常工作时的最佳电压，额定电压也称为标称电压。漏电保护器的工作电压要适应电网正常波动范围，若波动太大，会影响保护器正常工作，尤其是电子产品，电源

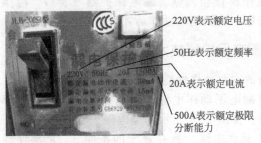

220V表示额定电压

50Hz表示额定频率

20A表示额定电流

500A表示额定极限
分断能力

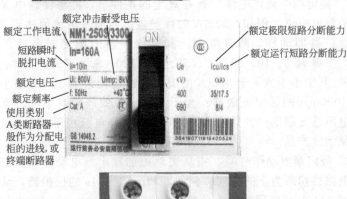

额定冲击耐受电压

额定工作电流

短路瞬时
脱扣电流

额定电压

额定频率

使用类别
A类断路器一
般作为分配电
柜的进线，或
终端断路器

额定极限短路分断能力

额定运行短路分断能力

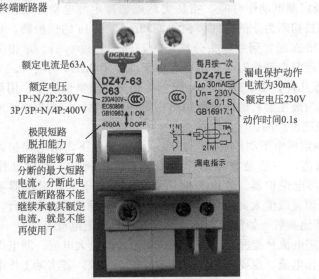

额定电流是63A

额定电压
1P+N/2P:230V
3P/3P+N/4P:400V

极限短路
脱扣能力

断路器能够可靠
分断的最大短路
电流，分断此电
流后断路器不能
继续承载其额定
电流，就是不能
再使用了

每月按一次

漏电保护动作
电流为30mA

额定电压230V

动作时间0.1s

图 2-21　漏电保护器铭牌参数

电压低于保护器额定工作电压时会拒动作。

　　c. 额定频率是指在交变电流电路中 1s 内交流电所允许而必须变

化的周期数。

提示： 有的品牌全用英文缩写表示，如 IΔn 表示额定漏电
动作电流；IΔno 表示额定漏电不动作电流；IΔm 表示瞬时脱扣
器整定电流；Icu 是额定极限短路分断能力；Ics 是额定运行短路
分断能力；In 表示额定工作电流；Ii 表示短路瞬时脱扣电流（超
过这个电流马上跳闸）；Icn 表示额定极限短路分断能力（极限短
路脱扣能力）；Icw 表示额定短时耐受电流；Ue 表示额定工作电
压；Ui 表示额定绝缘电压；Uimp 表示额定冲击耐受电压。

第七节

静电防护

一、静电产生

静电是一种处于静止状态的电荷，静电现象是一种常见的带电现象，如在干燥天气里用塑料梳子梳头，可听到"噼啪"放电声。静电就是物质电子分布不平衡的产物，失去电子带正电，电子多了带负电，接触分离、摩擦、高能辐射、高温、感应起电等都是静电产生的方式。使物体带静电的方法可以归结为以下几种，即接触起电、摩擦起电、感应起电。

① 接触起电。它又称接触分离起电，是最广泛的静电起电方式之一。接触起电是指一个不带电的物体与另一个带电体（注意：这里的不带电物体应是导体，只有导体，电荷才可以在其上自由移动）接触后分开，从而成为带电体的现象，即异质材料互相接触，由于材料的功函数不同，当两种材料之间的距离接近原子级别时，会在接触的两个表面上产生电荷，从而形成带电体的现象。例如，把带负电的橡胶棒与不带电的验电器金属球接触，验电器就带上了负电，且金属箔片会张开。

② 摩擦起电。当两种具有不同化学势的材料相互摩擦或接触时，电子从化学势高的物体向化学势低的物体转移；当分开时，总有一些

电子来不及回到它们原来的材料，从而产生了静电。摩擦实质上是大量的接触分离的过程，因此摩擦产生的静电最高，物料绝缘性越好，环境越干燥，产生的静电也越多。例如，被丝绸摩擦过的玻璃棒带正电。

③ 感应起电。一个不带电的导体靠近带电物体时，导体靠带电体的近端会显示出与带电体相反电性的电荷（而在这个金属导体的远端则显示出与带电体相同性质的电荷），由于在电场的作用下使导体出现局部带电，非导体不能产生感应带电。感应带电实质上是物体在静电场的作用下，发生了电荷重新分布的现象。例如，电视机、电脑等显示屏上的带电现象。

二、静电危害

静电的危害很多，作用力（来源于带电体的互相作用）、放电（静电火花点燃某些易燃物体而发生爆炸）和感应现象引起的危害十分严重。

① 火灾或爆炸。火灾和爆炸是静电最大的危害。静电电量虽然不大，但因其电压很高而容易发生放电，产生静电火花。又因人体静电泄放时间只有毫秒级，这样短的时间内静电泄放产生的能量足以引起部分气体和混合物（如油品装运场所、具有易燃易爆品或粉尘及爆炸性气体及蒸汽的场所等）的爆炸和燃烧。

② 电击。静电造成的电击可能发生在人体接近带静电物质的时候，也可能发生在带静电荷的人体接近接地时，由于静电放电产生的瞬间电流（高达上万伏）流过人体某一部位而引起电击。电击强度与人体存储的静电能量有关，能量越大，受电击的程度越重。带静电体的电容越大或电压越高，则电击程度越严重。在生产工艺过程中产生的静电能量很小，通常不会直接使人致命，但可能因电击使人受伤或引起恐慌，更危险的是可能引发二次事故，如生产中断、摔倒、电击坠落等。

③ 静电在工业生产中的危害。静电的产生在工业生产中是不可避免的，其造成的危害主要归结为以下两种机理：

a. 对电子产品的工作造成损害。由于人体静电泄放时间极短，瞬时脉冲高，平均功率可达到千瓦以上，引起电子设备的故障或误动作造成电磁干扰、击穿集成电路和精密的电子元件或者促使元件老化降低生产成品率。元器件的电击穿分为软击穿和硬击穿，软击穿不但会造成设备工作失误，还可能造成毫无规律的潜在性失效，使电子产品的可靠性下降。

b.其他行业的危害。静电会妨碍生产或降低产品质量。在纺织行业，静电使纤维缠结、吸附尘土，降低纺织品质量；在印刷行业，静电使纸线不齐、不能分开，影响印刷速度和印刷质量；在感光胶片行业，静电火花使胶片感光，降低胶片质量；在粉体加工行业，静电使粉体吸附于设备上，影响粉体的过滤和输送等。

三、静电防护

清除静电危害的措施大致有以下几种。

① 接地法。设备接地是消除静电危害最简单的方法。接地可以将带电物体上产生的静电通过接地装置导入大地，消除了静电荷的大量积聚，抑制了静电火花的产生。在有火灾和爆炸危险的场所，对能够产生静电的物体（如管道、容器、贮罐、设备等）都应采取接地措施，避免静电火花造成事故。静电接地装置应当连接牢靠，并有足够的机械强度，可以同其他目的接地用一套接地装置。

> 提示： 接地主要用来消除导电体上的静电，不宜用来消除绝缘体上的静电；如果是绝缘体上带有静电，将绝缘体直接接地反而容易发生火花放电。

人体是导体，并且是静电源发生地，因此，我们必须减少在接触敏感防静电元件或组件的人身上产生的静电荷，最有效的措施是让人体与大地相"连接"，即"接地"。因此，人要穿上防静电鞋、穿戴防静电服、佩戴防静电有绳手腕带等来泄放人体静电。

② 增湿法。增湿就是提高空气的湿度。在条件允许时，采用提高设备内部和设备周围空气相对湿度的办法，增加空气的导电性能，去除静电的积聚。湿度对于静电泄漏的影响很大，湿度增加使绝缘体表面电阻大大降低，导电性增强，加速静电泄漏。一般空气相对湿度保持在70％左右，可以防止静电的大量积累。

③ 加抗静电添加剂降低电阻率法。对于不导电或低导电性的物质，可加入导电的填料或抗静电添加剂，就能大大降低电阻率。抗静

电添加剂是特制的辅助剂，有的添加剂加入产生静电的绝缘材料以后，能增加材料的吸湿性或离子性，从而增强导电性能，加速静电泄漏；有的添加剂本身具有较好的导电性。

④ 采用导电材料或纸绝缘材料法。在生产操作过程中，对于易产生静电的机械零件尽可能采用导电材料或绝缘材料，尽量减少绝缘体间的摩擦、翻滚、碰撞等工艺，或降低摩擦速度或流速，以减少静电的产生。在绝缘材料制成的容器内层，衬以导电层或金属网络，并予以接地。

⑤ 空气电离法。利用静电消除器电离空气中的氧、氮原子，使空气成为导体，从而有效地消除物体表面的静电荷。

⑥ 中和法。它是消除静电危害的重要措施。静电中和法是在静电电荷密集的地方设法产生带电离子，将该处静电电荷中和掉。静电中和法可用来消除绝缘体上的静电，包括用感应中和器、外接电源中和器、高压中和器、放射线中和器（利用射线将周围空气电离）等装置消除静电危害。

⑦ 工艺控制法。工艺控制法就是尽量降低物料流速、增加含水量等，增湿就是一种从工艺上消除静电危险的措施。在工艺上，还可以采用适当措施，限制静电的产生，控制静电电荷的积累，即在设计产品生产工艺时，选择不易产生静电的材料及设备、控制工艺过程并使之不产生静电或者产生的静电不超过危险程度。例如，用齿轮传动代替传动带传动减少摩擦；降低液体、气体或粉尘物质的流速，限制静电的产生等。

第三章

电工工具与材料

第一节

通用工具

一、试电笔

试电笔也叫测电笔，简称"电笔"，是一种电工工具，用来测试电线中是否带电。电笔按测量电压的高低有高压测电笔、低压测电笔、弱电测电笔三种。

① 高压测电笔又称验电器，一般用于 10kV 及以上项目作业，为电工的日常检测用具，是用来检查高压网络变配电设备、架空线、电缆是否带电的工具，验电器外壳由 ABS 工程塑料注成，其实物结构如图 3-1 所示，主要由感应探头、自检按钮、报警闪烁灯、绝缘手柄等组成。

② 低压测电笔是用来检测低压导体和电气设备外壳是否带电的常用工具，检测电压的范围通常为 60～500V。低压验电笔的外形通常有普通接触式和多功能数显感应式两种，两种验电笔的实物结构如图 3-2 所示。

③ 弱电测电笔。用于电子产品的测试，一般测试电压为 6～24V，为了便于使用，电笔尾部常带有一根带夹子的引出导线，如图 3-3 所示。

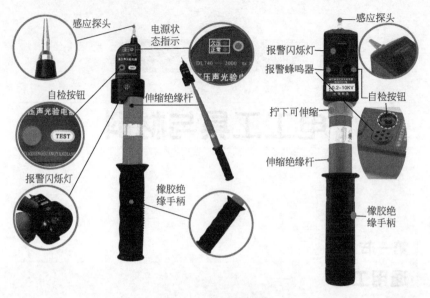

图 3-1　高压测电笔

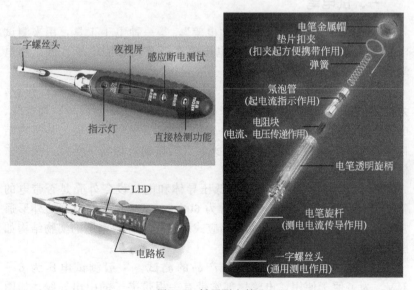

图 3-2　低压测电笔

二、钢丝钳

钢丝钳，别称老虎钳、平口钳、综合钳，是一种用于夹持、固定加工工件或者扭转、弯曲、剪断金属丝线的手工工具，它可以把坚硬的细钢丝夹断。电工常用的钢丝钳有 150mm、175mm、200mm 及 250mm 等多种规格。

钢丝钳由钳头和钳柄组成，钳头包括钳口、齿口、刀口和铡口（如图 3-4 所示）。钳口可用来夹持物件；齿口可用来紧固或拧松螺母；刀口可用来剪切电线、铁丝，也可用来剖切软电线的橡皮或塑料绝缘层；铡口可以用来切断电线、钢丝等较硬的金属线（使两个侧切口重合为一条凹槽，将钢丝放进去，合拢钳口钢丝就被切断，太粗的钢丝是无法使用侧切口的）。

图 3-3　弱电测电笔

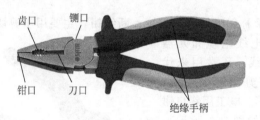

图 3-4　钢丝钳

三、尖嘴钳

尖嘴钳又叫修口钳、尖头钳，主要用来剪切线径较细的单股与多股线，以及给单股导线接头弯圈、剥塑料绝缘层等，它也是电工（尤其是内线电工）常用的工具之一。电工用尖嘴钳的钳柄上套有额定电压 500V 的绝缘套管。

尖嘴钳是由尖头（钳口）、齿口、刀口和钳柄组成（如图 3-5 所示）。尖嘴钳由于头部较尖，适用于狭小空间的操作。用尖嘴钳弯导线接头的操作方法是：先将线头向左折，然后紧靠螺杆依顺时针方向向右弯即成。一般用右手操作，使用时握住尖嘴钳的两个手柄，开始

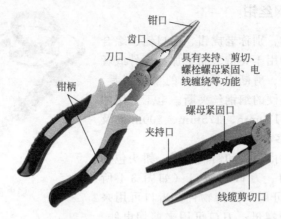

钳口
齿口
刀口
具有夹持、剪切、
螺栓螺母紧固、电
线缠绕等功能
钳柄
螺母紧固口
夹持口
线缆剪切口

图 3-5 尖嘴钳

加持或剪切工作。

四、斜口钳

斜口钳又称斜嘴钳、扁口钳、断线钳，主要用于剪切较粗的金属丝、线材及电线电缆和元器件多余的引线，还常用来代替一般剪刀剪切绝缘套管、尼龙扎线卡等。电工用斜口钳头部扁斜（如图 3-6 所示），钳柄采用绝缘柄，其耐压等级为 1000V，常用的规格有 150mm、175mm、200mm 及 250mm 等多种。斜口钳的正确使用方法有手心向下握法

钳口

图 3-6 斜口钳

和手心向上握法。手心向下握法是用右手大拇指和其他四只右手指握住斜口钳的握柄，让斜口钳的刀口向前，用力剪断目标；手心向上握法的施力方法与手心向下握法一样。

五、剥线钳

剥线钳是内线电工、电动机修理、仪器仪表电工常用的工具之

一，用来供电工剥除电线头部的表面绝缘层。剥线钳可以使得电线被切断的绝缘皮与电线分开，还可以防止触电。剥线钳的钳柄上套有额定工作电压 500V 的绝缘套管。

剥线钳由钳头和钳柄两部分组成，钳头部分由压线位、剥线位（切口）、剪线位等构成，有多个直径（0.5～3mm）剥线位，用于剥削不同规格的芯线（如图 3-7 所示）。使用方法是：根据导线直径，选用剥线钳刀片的孔径；根据缆线的粗细型号，选择相应的剥线刀口；将准备好的电缆放在剥线工具的刀刃中间，选择好要剥线的长度；握住剥线工具手柄，将电缆夹住，缓缓用力使电缆外表皮慢慢剥落；松开工具手柄，取出电缆线，这时电缆金属整齐露出外面，其余绝缘塑料完好无损。

剥线钳操作

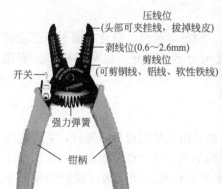

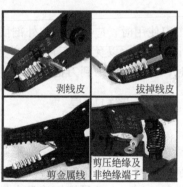

图 3-7　剥线钳

六、电工刀

电工刀是电工常用的一种切削工具，用来剖削电线线头、切削木台缺口、削制木枕等。电工刀有一用（普通式）、两用及多用（三用）三种（如图 3-8 所示），刀片用来割削电线绝缘层，锯片用来锯削电线槽板和圆垫木，钻子用来钻削木板眼孔，一字螺丝刀可用来拧螺钉。刀片根部与刀柄相铰接，其上带有刻度线及刻度标识，前端形成有螺丝刀刀头，两面加工有锉刀面区域，刀刃上具有一段内凹形弯刀口，弯刀口末端形成刀口尖，刀柄上设有防止刀片退弹的保护钮。电

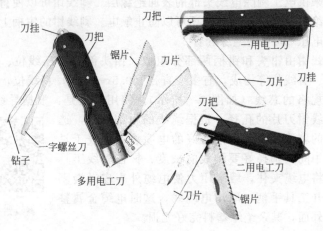

图 3-8　电工刀

工刀使用时，应将刀口朝外剖削。剖削导线时，应使刀面与导线成较小的锐角，以免割伤导线，并且用力不宜过猛，以免削破手。不用时，把刀片收缩到刀把内。

七、螺钉旋具

螺钉旋具俗称起子或改锥，主要用来紧固或拆卸螺钉，它是电工最常用的工具之一。按头部形状的不同，常用螺钉旋具有一字形和十字形两种（如图 3-9 所示），一字形螺钉旋具用来紧固或拆卸带一字槽的螺钉，十字形螺钉旋具专供紧固或拆卸十字槽的螺钉。

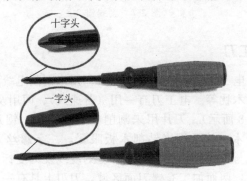

图 3-9　螺钉旋具

一字形螺钉旋具常用的规格有 50mm、100mm、150mm 和 200mm 等，电工必备的是 50mm 和 150mm；十字形螺钉旋具常用的规格有 4 种，1 号适用的螺钉直径为 2～2.5mm，2 号适用的螺钉直径为 3～5mm，3 号适用的螺钉直径为 6～8mm，4 号适用的螺钉直径为 10～12mm。

> 提示： 一般来说，电工不可使用金属杆直通柄顶的螺钉旋具，否则容易造成触电事故。

八、活扳手

活动扳手简称活扳手，其开口宽度可在一定范围内调节，是用来紧固和起松不同规格的螺栓（六角或方头）、螺钉、螺母的一种常用工具。规格以长度×最大开口宽度（单位：mm）表示。电工常用的有 150mm×19mm、200mm×24mm、250mm×30mm 和 300mm×36mm 四种规格。

活动扳手由头部和柄部构成，头部由活动扳唇、呆扳唇、扳口、蜗轮和轴销构成（如图 3-10 所示），活动扳唇可调节，转动时，支撑辅助咬合；呆扳唇与手柄一体固定不动，转动时，咬合及带动转动；旋动蜗轮可以调节扳口大小；轴销固定活动扳唇与蜗轮。活动扳手的使用方法：将扳口调节到比螺母稍大些，用右手握手柄，再用右手指

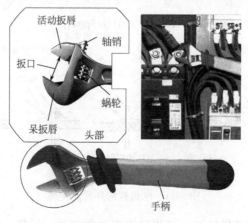

图 3-10　活扳手

旋动蜗轮使扳口紧压螺母；扳动大螺母时，因为力矩较大，手应握在手柄的尾处；扳动较小螺母时，需用力矩不大，但螺母过小易打滑，故手应握在靠近头部的地方，可随时调节蜗轮，收紧活动扳唇，防止打滑。

九、电烙铁

电烙铁是电工必备的锡焊工具，它是用来焊接元件及导线的。电烙铁由手柄、电热元件和烙铁头组成，分内热式和外热式两种（如图3-11所示）。常用电烙铁的规格有 25W、35W、45W、75W、100W及 500W 等多种。焊接弱电元件时，宜采用 25W 和 35W 两种规格；焊接强电元件时，通常使用 75W 及以上规格的电烙铁，根据自己需要选。

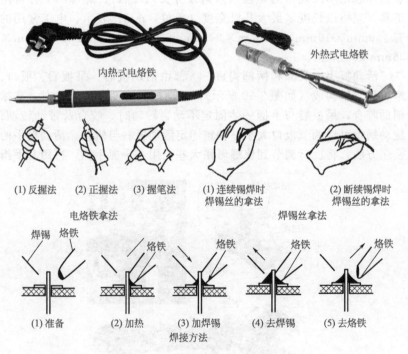

内热式电烙铁

外热式电烙铁

(1) 反握法　(2) 正握法　(3) 握笔法

电烙铁拿法

(1) 连续锡焊时　　(2) 断续锡焊时
焊锡丝的拿法　　焊锡丝的拿法

焊锡丝拿法

焊锡　烙铁　　　　烙铁　　烙铁　　　烙铁　　　烙铁

(1) 准备　　(2) 加热　　(3) 加焊锡　　(4) 去焊锡　　(5) 去烙铁

焊接方法

图 3-11　电烙铁的外形及使用

电烙铁焊接导线时，必须使用焊料和焊剂，焊料一般为丝状焊锡或纯锡，常见的助焊剂有松香、焊膏等。电烙铁焊接的基本要求是：焊点必须牢固，锡液必须充分渗透，焊点表面光滑有光泽。焊时应将焊件表面清除干净，焊件表面挂锡不能太少，避免"虚焊"的产生；另外还要避免夹生焊，烙铁温度不能过低，焊接时烙铁停留时间不能太短。

十、千分尺

螺旋测微器又称千分尺、螺旋测微仪、分厘卡，是一种精密的测量长度的工具，用它测长度可以准确到 0.01mm，测量范围为几个厘米（如图 3-12 所示）。千分尺的测微原理主要是螺旋读数机构，它包括一对精密的螺纹副件（测微螺杆和螺纹轴套）和一对读数套筒（固定套筒和微分筒）。固定套筒上刻有轴向中线，作为微分筒的基准线。同时，在轴向中线上下还刻有两排刻线，间距为 1mm，且上排与下排错开 0.5mm。上排刻有 0~25mm 整数字码，下排不刻数字。

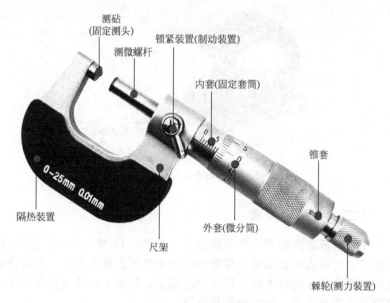

图 3-12　千分尺结构

使用时，把被测零件（如漆包线）置于测量杆与固定砧之间，然后顺时针旋转测力装置。每旋转一周，测微螺杆就前进 0.5mm，被测尺寸的最小数值就是其测量精度（一般为 0.01mm）。当旋转测力装置发出棘轮打滑声时，即可停止转动，在固定套筒上读出整数值，在微分套筒上读出小数值。

十一、钢卷尺

钢卷尺又称盒尺，它是普通的测量长度用量具，是电工常用的量具，它的构造为具有一定弹性的整条钢带，卷于金属或塑料等材料制成的尺盒或框架内（如图 3-13 所示）。按其尺带盒结构的不同，卷尺分为自卷式卷尺、制动式卷尺、摇卷盒式卷尺和摇卷架式卷尺四种。自卷式和制动式卷尺，其首端是一弯成直角的金属尺钩，用铆钉固定在尺带上，卷尺的零位在尺钩内侧；摇卷尺的首端为金属拉环，拉环用金属薄片与尺带铆接，零点线距拉环 100mm 左右，尺带拉出终点线纹距尺盒口为 250mm，制动式卷尺附有控制尺带收卷的按钮装置；摇卷盒式卷尺和摇卷架式卷尺附有将尺带收卷的摇柄装置。

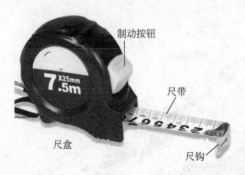

图 3-13　钢卷尺（自卷式）

十二、钳形电流表

钳形电流表也称卡表（简称钳表，如图 3-14 所示），它是由电流互感器和电流表组合而成。通常用普通电流表测量电流时，需要将电路切断停机后才能将电流表接入进行测量，但钳形电流表能在不停电的情况下测量电流，即在线测量电流。

原理：将通过被测电流的导线放入钳口中，通过被测电流的导线相当于电流互感器的一次侧，于是在二次侧就会产生感生电流，并送入整流系电流表进行测量，电流表的标度尺是按一次侧电流刻度的，

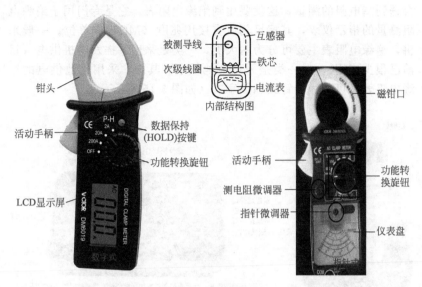

図中文字：

被测导线 — 互感器
次级线圈 — 铁芯
— 电流表
内部结构图

钳头

活动手柄
数据保持(HOLD)按键
功能转换旋钮

LCD显示屏

磁钳口

活动手柄
测电阻微调器
指针微调器
功能转换旋钮
仪表盘

图 3-14   钳形电流表

所以仪表的读数就是被测导线中的电流大小。

提示： 使用钳形电流表时应注意以下几点：①测量前应先估计被测电流的大小，选择合适的量程。若无法估计则应先用较大量程进行测量，然后根据被测电流的大小再逐步换成合适的量程。②测量时，被测载流导线应放在钳口内的中心位置，以免增大误差。③测量较小电流时，为了使读数较准确，在条件许可时，可将被测导线多绕几圈，再放进钳口中进行测量，实际电流值等于仪表的读数除以放进钳口中的导线圈数。④用钳形电流表检测电流时，一定要夹入一根被测导线（电线），夹入两根（平行线）则不能检测电流。

十三、绝缘电阻表

绝缘电阻表又称摇表（也称兆欧表、迈格表、高阻计），是用于检查测量电气设备或供电线路绝缘电阻的一种可携式仪表。在电器维修及供电线路的检修中，人们除了对中电阻、低电阻进行测量外，还会遇到高电阻的测量，这就要用到绝缘电阻表，它是专门用于绝缘电阻测量的指示仪表，其标尺刻度直接用兆欧（MΩ）作单位。一般来讲，绝缘电阻表主要可分为两大类，一类是采用手摇发电机供电（目前已很少应用），另一类是采用电池供电。其中，采用电池供电的绝缘电阻表又可分为指针式和数字式（如图 3-15 所示）。

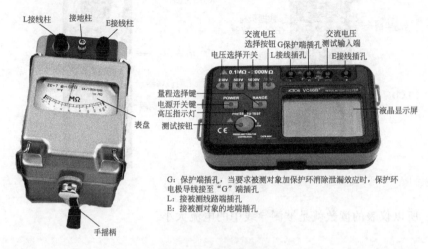

图 3-15　绝缘电阻表

　　绝缘电阻表上一般有三个接线柱，分别标有 L（线路）、E（接地）和 G（屏蔽），L 接在被测物和大地绝缘的导体部分，E 接在被测物的外壳或大地上，G 接在被测物的屏蔽环上。测量电力线路照明线路绝缘电阻时，E 端接大地，L 端接电线，所测出的是电线与大地间的绝缘电阻。测量电动机的绝缘电阻时，E 端接电动机的外壳，L 端接电动机的绕组。使用绝缘电阻表时，应先检查仪表本身是否漏电，具体方法是：检查"地线（E）""火线（L）"两端短接和开路

绝缘电阻
表检测电机

时指针是否指"0"和"∞"；测量时，均匀摇发电机手柄，一般要求每分钟 120 转左右，待稳定后读数。进行测量时，摇手柄的转速应由慢至快，应达到并稳定在每分钟 100～140 转，待表针稳定时再读数，此时读数才为正确。绝缘电阻表的使用方法如图 3-16 所示。

温馨提示：使用前应测试绝缘电阻表是否正常工作

第一步：在无接线的情况下可顺时针摇动手柄

第二步：在正常情况下，指针向右滑动最后停留在∞的位置

第一步：将L与E端两根检测棒短接起来测试

第二步：顺时针缓慢转动手柄

第三步：正常情况下，指针向左滑动，最后停留在"0"的位置

图 3-16　绝缘电阻表使用操作演示

提示：　使用绝缘电阻表时应注意以下几点：①对于额定电压在500V以下的电气设备，应选用电压等级为500V或1000V的绝缘电阻表，额定电压在500V以上的电气设备，应选用1000～2500V的绝缘电阻表；②绝缘电阻表的外接连线应选用绝缘良好的单根导线，不宜采用双股导线，也不要将外接连线绞在一起；③绝缘电阻表未停止转动之前或被测设备未放电之前，严禁用手触及。拆线时，也不要触及引线的金属部分。

十四、万用表

万用表是万用电表的简称，它是电子电工维修制作中必备的测试工具。一般的万用表可以测量直流电流、直流电压、交流电压、电阻等。有些万用表还可测量电容、电感、功率、音频电平、晶体管及其共射极直流放大系数 h_{FE} 等。

万用表按显示方式分为指针万用表和数字万用表（如图 3-17 所示），指针式万用表是以表头为核心部件的多功能测量仪表，测量值由表头指针指示读取；数字式万用表的测量值由液晶显示屏直接以数字的形式显示，读取方便，有些还带有语音提示功能。万用表是共用一个表头，集电压表、电流表和欧姆表于一体的仪表。如要测量电阻，就把拨盘拨到欧姆的位置，然后用两支表笔进行测量，测量出来的值乘上拨到挡位的单位就可以了。电流和电压都是一样的测量方法，也可以测试出其中的两个用欧姆定律来进行计算。

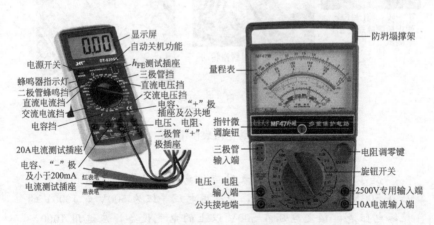

图 3-17　万用表

十五、电动系功率表

功率表大多采用电动系测量机构，电动系测量机构具有两组线圈，以它为核心组成的电动系功率能反映电压电流的有效值以及电压电流之间相位差余弦的乘积，是一种测量正弦电路功率的常用仪表。电动系功率表的结构如图 3-18 所示，它的固定部分是由两个平行对称的线圈（定线圈）组成，这两个线圈可以彼此串联或并联连接，从而可得到不同的量限。可动部分主要由转轴和装在轴上的可动线圈、指针、空气阻尼器、产生反抗力矩和将电流引入动圈的游线组成。

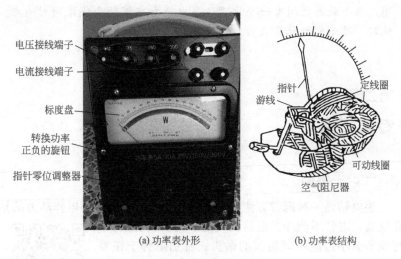

(a) 功率表外形   (b) 功率表结构

图 3-18　电动系功率表的结构

电动系功率表用于功率测量时（如图 3-19 所示），分别将固定线圈串联接入被测电路（线圈与负载串联，流过的电流就是负载电流，因此这个线圈称为电流线圈），可动线圈与附加电阻串联后再并联接入被测电路（串联后再并联至负载，流过线圈的电流与负载的电压成正比，而且差不多与其同相，因而这个线圈称为电压线圈），由于仪

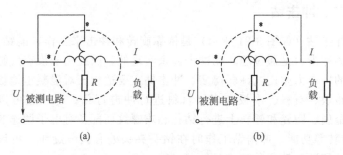

图 3-19　功率表的接线方式

表指针的偏转角度与负载电流和电压的乘积成正比，故可测量负载的功率。

> **提示：** 电动系功率表原理就是单相异步电动机，圆形铝盘就是转子，一个电压信号是一个线圈，一个电流信号是另一个线圈，两个线圈之间有一个角度，当电压和电流两个线圈同时有电流时，圆形铝盘就会旋转，电流越大，转速越高。

第二节
专用工具

一、手电钻

手电钻是一种携带方便的小型钻孔用工具，是利用电作动力的钻孔机具，能钻不能冲。电钻枪口是三块铁夹着钻头，可调节大小适应不同粗细的钻头，特别适合于在需要很小力的材料上钻孔，例如，金属、塑料、木材、砖等材料的钻孔、扩孔；如果配上专用工作头，可完成打磨、抛光、拆装螺钉等工作。手电钻由小电动机、控制开关、钻夹头和钻头等组成（如图 3-20 所示），电钻只是单靠电动机带动传动齿轮加大钻头

手电钻内部组成

转动的力气，使钻头在金属、木材等物质上做刮削形式洞穿。

二、冲击钻

冲击钻（如图 3-21 所示）是依靠旋转和冲击来工作，能钻能冲，但它的冲击力是通过静、动冲击齿来实现的，因此由于没有气缸，冲击钻的冲击力要比电锤弱得多。冲击钻主要适用于对混凝土地板、墙壁、砖块、石料、木板和多层材料进行冲击打孔；另外还可以在木材、金属、陶瓷和塑料上进行钻孔和攻螺纹而配备有电子调速装备作顺/逆转等功能。冲击钻工作时在钻头夹头处有调节旋钮，可调普通手电钻和冲击钻两种方式。

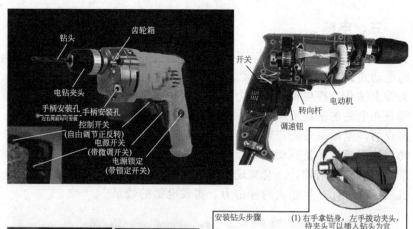

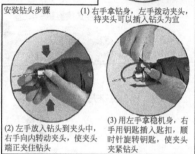

图 3-20　手电钻

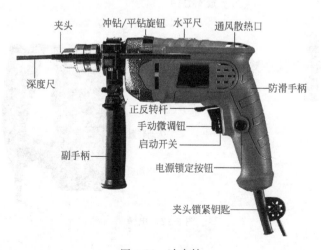

图 3-21　冲击钻

三、电锤

电锤是电钻中的一类，是带有气动锤击机构的一种带安全离合器的电动式旋转锤钻（如图 3-22 所示），主要用来在混凝土、水泥、砖头等上钻孔，提供轴向冲击力。电锤的冲击是靠气缸里面的活塞（电锤是在电钻的基础上增加了一个由电动机带动有曲轴连杆的活塞）来实现的，电动机带动齿轮，齿轮带动偏心轴运动，偏心轴通过连杆带动气缸里活塞往复运动，前面撞锤不断冲击。电锤是利用底部电动机带动两套齿轮结构，一套实现电钻，而另一套则带动活塞，犹如发动机液压冲程，产生强大的冲击力，实现电钻的效果。

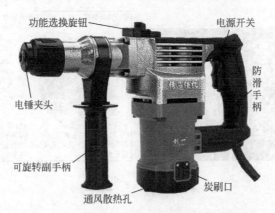

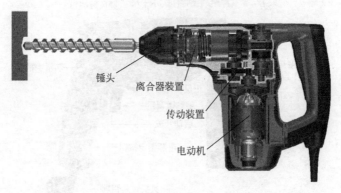

图 3-22　电锤

四、电剪刀

电剪刀是以电动机作为动力，通过传动机构驱动工作头进行剪切作业的手持式电动工具。电剪刀由电动机、金属头壳（金属头壳内有减速箱和偏心轴-连杆机构）、电源开关、不可重接插头和刀具等组成（如图 3-23 所示）。电动机采用单相串励电动机，置于塑料机壳内，

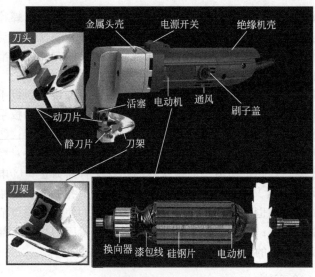

图 3-23 电剪刀

塑料机壳既是支撑电动机的结构件，又是定子附加绝缘，与转子附加绝缘构成双重绝缘结构。电源线为双芯护套软电缆，与双柱橡胶插头构成不可重接插头。电剪刀的使用原理是：电动机通过减速箱驱动偏心轴-连杆机构，使刀杆带动上刀头作往复运动，下刀头固定在刀架上不动。

五、电动扳手

电动扳手就是以电源或电池为动力的扳手，又称高强螺栓枪、电扳手、电扳子、电扳机等，是一种拧紧高强度螺栓并使用电动机为动力的电动工具，它可以用作装、拆螺栓、螺母，同时能比较准确地控制拧紧扭矩。如图 3-24 所示为电动扳手结构。

目前电动扳手主要分为冲击扳手、扭剪扳手、定扭矩扳手、转角扳手、角向扳手，各种扳手的使用效果如下：①冲击电动扳手主要是用于初紧螺栓的，使用时只要对准螺栓扳动电源开关就行；②电动扭剪扳手主要是用于终紧扭剪型高强螺栓的，它的使用就是对准螺栓扳动电源开关，直到把扭剪型高强螺栓的梅花头打断为止；③电动定扭矩扳手既可初紧又可终紧，它的使用是先调节扭矩，再紧固螺栓；④电动转角扳手也属于定扭矩扳手的一种，它的使用是先调节旋转度数，再紧固螺栓；⑤电动角向扳手是一种专门紧固钢架夹角部位螺栓的电动扳手，它的使用和电动扭剪扳手原理一样。

六、冷压钳

冷压钳就是压线钳（如图 3-25 所示），从理论上来说，冷压钳就是压制线路接头使用的工具，它使用在所有需要冷压连接的工位（如在一般的接网线或者电话线上，都需要压线钳将线压进端口）。冷压就是将端子靠物理压接和导线结合到一起，区别于发热的焊锡方法，没有借助热量。

正确的冷压连接操作方式（如图 3-26 所示）：①压线时将冷压接头放正，不允许有斜压情况发生；②正压即冷压接头的开口朝向冷压钳钳口的凸起面，背面朝向冷压钳钳口的半圆面；③不可用小钳口压大端子（容易压裂端子、损坏冷压钳），也不可用大钳口压小端（压接不牢，导致导电不良）。

冷压钳操作

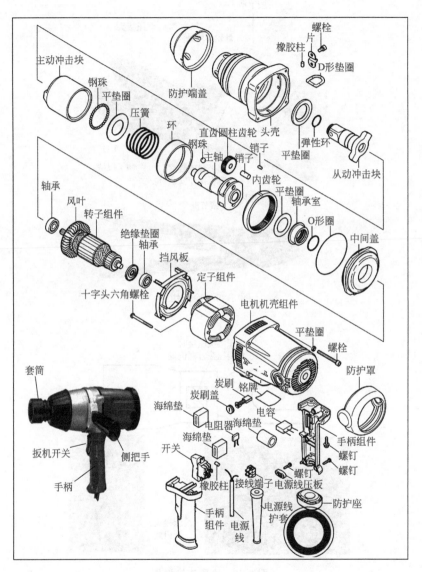

图 3-24　电动扳手结构

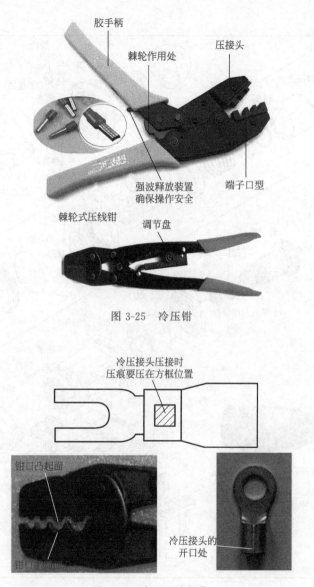

胶手柄

棘轮作用处

压接头

强波释放装置
确保操作安全

端子口型

棘轮式压线钳

调节盘

图 3-25　冷压钳

冷压接头压接时
压痕要压在方框位置

钳口凸起面

钳口凹陷面

冷压接头的
开口处

图 3-26　冷压连接操作

七、拉轴器

拉轴器又称轴承拉拔器（如图 3-27 所示），它是将内轴承从轴承座内取出的工具。拉轴器的使用方法如图 3-28 所示，使用时应尽量避免野蛮操作，请勿超出标准范围使用，使用时勾面垂直接触，使受力均匀。

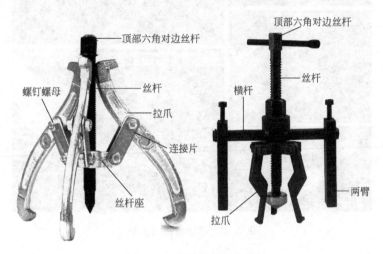

图 3-27　拉轴器外部结构

八、游标卡尺

游标卡尺是用来测量长度的高精度测量工具，可直接用来测量精度较高的工件，如工件的长度、内径、外径以及深度等。游标卡尺由主尺（一般以毫米为单位）和附在主尺上能滑动的游标（游标上则有10、20 或 50 个分格，根据分格的不同，游标卡尺可分为十分度游标卡尺、二十分度游标卡尺、五十分度游标卡尺等）等构成（如图 3-29 所示）。游标卡尺的主尺和游标上有两副活动量爪，分别是内测量爪和外测量爪，内测量爪通常用来测量内径，外测量爪通常用来测量长度和外径。

测量时，右手拿住尺身，大拇指移动游标，左手拿待测外径（或内径）的物体，使待测物位于外测量爪之间，当与量爪紧紧相贴时，即可读数。

图 3-28　拉轴器使用方法

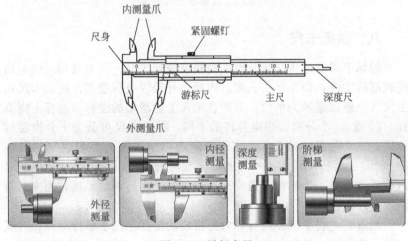

图 3-29　游标卡尺

九、绕线机

绕线机是电工行业常用的工具之一，绕线机是把线状的物体缠绕到特定的工件上的机器（如图 3-30 所示）。凡电器产品大多需要用漆包铜线（简称漆包线）绕制成电感线圈，此时需要用到绕线机完成这一道或多道加工，例如，各种电动机、空心杯电动机、转子、定子、电感、变压器、电磁阀、电阻片、点火线圈、互感器、聚焦线圈及各种电焊机等。

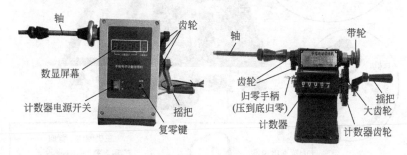

图 3-30　绕线机

绕线机工作原理是以电动机带动换向中间轮，再带动在转轴上的小轮，手转大轮一圈，轴可多转几圈，带计数器的轴上固定线框，当轴转动时经过圈数感应器显示圈数，这样就知道绕线的圈数，如果绕大线圈，可把手柄套在转轴上，手柄转一圈绕一圈可省力。自动绕线机当达到设定圈数会自动停机。

十、地埋线故障检测仪

地埋线故障检测仪主要是测量低压电力电缆的断线、混线（短路）、漏电等故障的精确位置，是缩短故障查找时间、提高工作效率、减轻线路维护人员劳动强度的得力工具（如图 3-31 所示）。

地埋线故障检测仪的检测方法如下。

① 首先在探测之前，要弄清漏电故障线路的性质，如只是绝缘胶皮破损，向大地漏电（放电）但线路不短路、不断线时，可用常规向线路送电进行探测。如果线间短路且对大地漏电或线间不短路绝缘良好，有部分断线点对大地漏电时，可将被测线路所有的线，三线或四线并接在一起，向电路单相送电进行探测。如果对地绝缘良好，内芯断线故障可针对断线单根线进行单相送电探测。

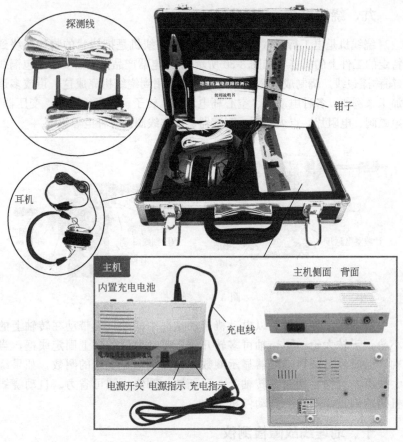

图 3-31　地埋线故障检测仪

②仪器自检，首先将耳机插头插入仪器耳机孔，按下电源开关，指示灯亮，表示机器进入工作状态（戴上耳机，用手指按住机器上面红色接线柱，应听到蜂鸣声）；然后将探测线黑、红线插入对应的黑、红插孔内，就可对有故障地埋线线路进行探测。

③在被测地埋线上方，从线路的一端向另一端探测，缓慢向前行走，在对地绝缘良好的线段，耳机基本无声，同时发光管亮起一灯或不亮；当临近故障点 C 时，声音逐渐由小到大，发光管由一灯变为二灯亮；当到故障点 A 时，声音最大，此时发光管全亮；当越过故障点 A 到达故障点 B 时，声音则由大变小至无声，发光管全亮逐

渐到全灭；然后可退回到声音最大时的地方 A，此点即为漏电故障点，如图 3-32 所示。

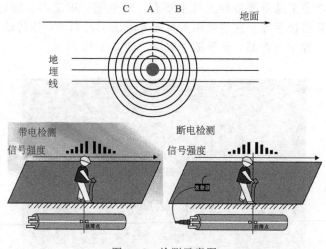

图 3-32　检测示意图

第三节

随身工具包

一、维修电工工具包

表 3-1 所示为常用工具和专用工具的选用。

表 3-1　常用工具和专用工具的选用

常用工具名称	专用工具名称
电烙铁、一字螺钉旋具（4in、6in、8in、10in）、手锤（2P、4P）、内六角扳手（一套）、手电筒、钢丝钳、斜口钳、尖嘴钳、试电笔、游标卡尺、千分卡尺、塞尺、不锈钢直尺、重型套筒扳手、轻型套筒扳手、梅花扳手（8～32in）、活动扳手（6～16in）、开口扳手（6～16in）、铁油盘、塑料油盘、扁錾、布剪刀、弹簧卡钳（内、外卡各一把）、氧焊工具（一套）、十字螺丝刀（8in、10in）、介刀、12V 行灯变压器、12V 行灯灯头、敲击扳手、紫铜棒	听诊棒、注油枪、三爪拉马、专用靠背轮拉马、拉杆、电动葫芦、手拉葫芦、钢丝绳、尼龙吊带、卸扣、轴承加热器、检修用橡胶垫、电动清洗枪、空气压缩机、移动电线盘、吸尘机、假轴、螺旋千斤顶、手电钻、烘烤灯具、枕木、帆布

注：1in＝25.4mm。

二、物业电工随身工具包

物业电工随身携带的工具主要有：验电笔、电工刀、螺钉旋具、钳子、活络扳手等。这些常用工具插入电工工具套里，用传动带系结在腰间，置于右臀部，便于随手取用，如图 3-33 所示。

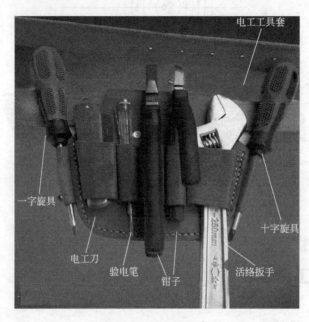

图 3-33　电工工具套

这些随身工具的选用如下所述。

① 验电笔。验电笔是用来测试低压电气设备的导电部分或外壳是否带电的工具，使用试电笔时用手指握住笔身，注意使尾部的金属体接触皮肤，但不能触及笔尖或旋凿金属杆，以免触电，同时，要使氖管小窗背光并朝向自己。

② 电工刀。电工刀是用来剖削或切割电工器材的常用工具，在使用电工刀时，应将刀口朝外进行操作，使用完毕要随即把刀身折入刀柄内，以免刀刃受损或割破皮肤。

③ 螺钉旋具。螺钉旋具是维修电工的常用工具。螺钉旋具有不同规格和形式。在使用小螺钉旋具时，一般用拇指和中指加持旋具

柄，食指顶住柄端，使用大旋具时，除拇指、食指和中指用力夹住旋具柄外，手掌还应顶住柄端。注意：在操作时，要避免触及旋具的金属杆，通常在金属杆上加装一段绝缘套管，以避免触电或引起短路。还要注意的是，电工不能使用空心旋具，以免发生触电事故。

④ 钳子。钳子的种类很多，电工常用的有钢丝钳、尖嘴钳两种。钢丝钳又称平口钳，是用来加持和剪切金属导线等电工器材的工具，钢丝钳的规格有 150mm、175mm 和 200mm 等几种，在使用时，通常选用 175mm 或 200mm 带绝缘柄的钢丝钳，此外，在平时使用过程中，钢丝钳不能作为敲打工具。尖嘴钳是用来夹持小螺钉、小零件、电子元器件引线的工具。带有刃口的尖嘴钳还可以用来剪切金属导线，尖嘴钳的规格有 160mm、180mm、200mm 等几种，电工应选用带绝缘柄的尖嘴钳。

⑤ 活络扳手。活络扳手是用来旋紧或起松六角螺栓的工具。常用的活络扳手有 200mm、250mm、300mm 三种规格，在使用时要根据螺母大小进行选择。

除以上工具外，物业电工还要随身携带常用耗材，如开关、灯头、木螺钉、熔丝、黑胶布、电阻器、电容器、晶体管、线圈等，如图 3-34 和图 3-35 所示。

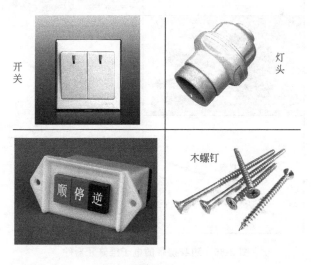

开关

灯头

顺 停 逆

木螺钉

图 3-34

图 3-34 随身携带的电工器材

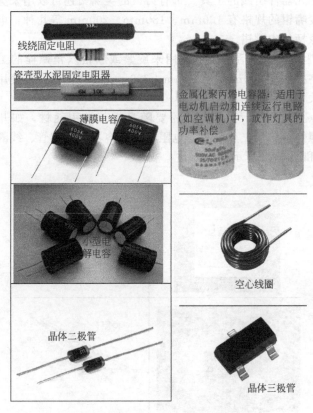

图 3-35 随身携带的电子维修元器件

这些常用材料放于电工工具包内，横跨在左侧，以便外出工作时取用。

第四节
电工材料

一、裸导线

裸导线就是没有被绝缘体包裹的导线（如图 3-36 所示），如钢绞线或是钢芯铝绞线。裸导线因为没有外皮，有利于散热，一般用于野外的高压线架设（只有在超高压的输变电线路上才可以使用，也就是 110kV 以上的线路）。

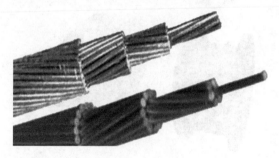

图 3-36　裸导线

配电线路常用的裸导线一般采用简单绞线、组合绞线和复绞线。简单绞线由相同材质的圆线绞制而成，如铝绞线；组合绞线由导电部分的圆线和增强部分的芯线组合绞制而成，如钢芯铝绞线；复绞线是先将多根圆线制成股线再绞制而成，如大截面铜绞线，常用的是铝绞线和钢芯铝绞线。

> 提示：　导线分为有绝缘层和无绝缘层的，有绝缘层的导线一般指的是架空线，无绝缘层的就是裸导线。裸导线因为没有绝缘外皮，使用时容易引发事故，在有条件的城市，已经逐步将架空的高压线使用绝缘线，或转入地下电缆。

二、电磁线

电磁线又称绕组线（如图 3-37 所示），是一种具有绝缘层的导电金属电线，用以绕制电工产品的线圈或绕组，其作用是通过电流产生磁场，或切割磁力线产生感应电流，实现电能和磁能的相互转换。电磁线主要用于制造电工产品（如电动机、电抗器、变压器及电工仪表等其他电气装备）中的线圈或绕组的绝缘电线。

图 3-37　电磁线

电磁线按导体材料可分为铜、铝、合金三种。按导体形状可分为圆线、扁线、异型线。按绝缘层所用材料、结构、耐热等级和用途，电磁线可以分为漆包线、绕包线、无机绝缘电磁线、特种电磁线四大类：①漆包线是以绝缘漆膜作为绝缘层（在导体外涂以相应的漆溶液，再经溶剂挥发和漆膜固化、冷却而制成）的电磁线，它是电磁线中用途最广泛的一种产品，广泛应用于电动机、电器、电工仪表、电气装置等电工产品中；②绕包线用玻璃丝、纤维材料、绝缘纸或薄膜材料等紧密绕包在导电线芯上，作为绝缘层的电磁线；③无机绝缘电磁线是以陶瓷、氧化铝或玻璃膜等无机绝缘材料作为绝缘层的电磁线；④特种电磁线有聚酰亚胺-氟 46 复合绕包圆铜线、复合薄膜绕包扁铜线、玻璃丝包薄膜绕包扁线、尼龙护套耐水绕组线等。

> 提示： 电磁线是绝缘电线，起到了绝缘的作用，但不能将电磁线和绝缘线混为一谈，因电磁线漆包线和绝缘线是有着本质区别的，它们的使用场合有着天壤之别，如绝缘线通常使用在高频场所，而漆包线却很少使用在这个领域。

三、电气设备用绝缘电线

导体直径小的叫电线。电线一般是指由单根或多根铜或铝等导体绞合而成，它在导线外围均匀而密封地包裹一层不导电的材料，如树脂、塑料、硅橡胶、PVC 等，形成绝缘层，防止导电体与外界接触造成漏电、短路、触电等事故发生的电线（如图 3-38 所示）。绝缘电线一般为家庭日常使用，比如穿线、引线等，也用作家电制造、电动机部件连接、供电设施连接等，用于传输小功率电能和信号灯。

图 3-38　绝缘电线

电线按照导体的物理形态，可分为实心导体、绞合导体、编织导体等多种类型。绝缘电线是在裸导线表面裹以不同种类的绝缘材料构成的，它的种类很多，常有的绝缘电线有以下几种：橡胶绝缘电线、聚氯乙烯绝缘电线、聚氯乙烯绝缘软线、丁腈聚氯乙烯混合物绝缘软线、农用地下直埋铝芯塑料绝缘电线、橡胶绝缘棉纱纺织软线、聚氯乙烯绝缘尼龙护套电线、电力和照明用聚氯乙烯绝缘软线等。

四、电缆

导体直径大的叫电缆。电缆是由几根或几组绝缘导线绞合而成的类似绳索的线缆，每组导线之间相互绝缘，并常围绕着一根扭成，整个外面包有高度绝缘的覆盖层（如图 3-39 所示）。通俗来讲，导线就是一个"人"，而电缆是一群"人"。

图 3-39　电缆

电缆一般用于传输、分配、输送供电线路中的强电电能或信号等，通过的电流大（几十安至几千安）、电压高（220V～35kV 及以上）。电缆按照用途，一般分为电力电缆、屏蔽电缆和控制电缆等。

> 提示：　电缆与电线一般都由芯线、绝缘包皮和保护外皮三个部分组成。电线和电缆的区别就是电线是单芯线，电缆可以是单芯的也可以是多芯的。电线是由一根或几根柔软的导线组成，外面包以轻软的护层；电缆是由一根或几根绝缘包导线组成，外面再包以金属或橡胶制的坚韧外层。

五、熔体材料

熔体材料是用来保护线路或电器免受过大电流损害的电工材料，俗称熔丝。熔体材料（熔丝）装在熔断器内，当设备短路、过载，电流超过熔断值时，经过一定时间自动熔断，保护设备；短路电流越大，熔断时间越短。熔体材料是用纯金属或合金制成（如图 3-40 所示），其形状有带状（包括变断面的形状）和丝状（包括网状）。

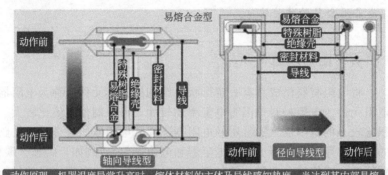

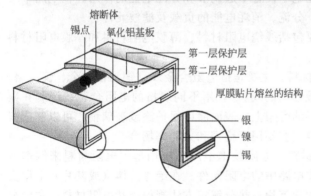

图 3-40　熔体材料结构

熔体材料分为低熔点和高熔点两类：①低熔点材料（有铅锌、铅锑合金以及铅锡合金等）其熔点低，容易熔断，由于其电阻率较大，故制成熔体的截面尺寸较大，熔断时产生的金属蒸气较多，不利于灭弧，其分断能力也受到限制，只适宜作小电流熔断器；②高熔点材料（有铜、银，近年来也有用铝的）其熔点高，不容易熔断，但由于其电阻率较低，可制成比低熔点熔体小的截面尺寸，熔断时产生的金属蒸气少，有利于灭弧，其分断能力可提高，适用于大电流熔断器。

六、电阻材料

将电阻材料做成具有一定形状、结构的实体元件，称为电阻器或电阻元件。电阻材料是因为电阻率比较大，可以制作阻值比较大、体积比较小的电阻器（如常用的电阻器、片式电阻器、混合集成电路中的薄膜和厚膜电阻器、可变电阻器和电位器等），例如，碳膜、碳棒、碳纤维、镍铬铁合金丝、铁丝等，是一类具有制造电阻能量的材料统称。电阻体材料在电子设备中起调节和分配电能的作用，在电路中常用作分压、调压、分流、消耗电能的负载及滤波元件等。

电阻材料主要包括线绕电阻材料、薄膜电阻材料和厚膜电阻材料（如图 3-41 所示）。

① 线绕电阻材料。主要是指电阻合金线（铜、银、金、镍、铬、锰、镍铬合金是最常用的线材），用不同规格的电阻合金线绕制在陶瓷或其他绝缘材料的骨架上，表面涂以保护漆或玻璃釉，可以制成线绕电阻器和电位器，主要用于精密和大功率场合。

② 薄膜电阻材料。电阻技术中广泛应用薄膜电阻材料来制造分立电阻元件及集成电路中的电阻元件。在绝缘基体（或基片）上用真空蒸发、溅射、化学沉积、热分解等方法制得膜状电阻材料，主要分为碳膜和金属膜及镍铬薄膜电阻、金属陶瓷薄膜电阻等。

碳膜电阻器是用碳有机物（或含硅有机物），在高温真空条件热解，在绝缘基体上沉积而成，用作高阻高压电阻器；金属氧化膜是利用金属氯化物（氯化锑、氯化锌、氯化锡）高温下在绝缘体水解形成金属氧化物电阻膜；镍铬薄膜电阻是用镍铬或类似的合金真空电镀技术，着膜于基体表面，经过切割调试阻值，以达到最终要求的精度阻值，应用于片式精密电阻器和混合集成电路薄膜电阻器；金属陶瓷薄膜电阻是用金属和硅等氧化物绝缘体组成薄膜。

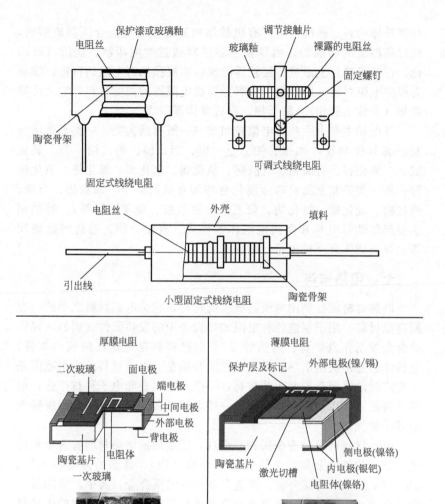

图 3-41　电阻材料的结构

③ 厚膜电阻材料。厚膜电阻主要是指采用厚膜工艺印制而成的电阻,常用在精密电阻、功率电阻的制造中。厚膜电阻材料是由不同

粒度导体粉料、玻璃粉料、有机载体和其他添加剂混合压制成型后，经过高温烧制而成的。由厚膜电阻浆料通过丝网印制、烧结（或固化）在绝缘基片上形成一层较厚的膜，这层膜具有电阻的特性，故称为厚膜电阻材料。厚膜电阻浆料是厚膜电阻器的关键材料，它又由导电相（又称功能相）、黏结相、有机载体等组成。

导电相主要由一些导电微粒组成（一般有两大类：一类是金属粉及金属氧化物粉，如银、铂、金、铜、铝、镍、钨、铝、钯、氧化钯、二氧化钌、钌酸铅、钌酸铋、氧化锡、氧化铟、氧化铬、氧化锡等；另一类是非金属及非金属化合物和有机高分子，如炭黑、石墨、硼化物、硅化物、氮化物、聚乙炔、聚苯胺、聚苯硫醚等）。黏结相主要起黏结导电相和坚固电阻体的作用，有铅、硼、铝硅酸盐玻璃等；有机载体有有机树脂与溶剂等。

七、电热材料

电热材料就是利用电流热效应的材料，它是电阻材料之中的一类耐高温材料，用于制造各种电阻加热设备中的发热元件（例如，镍铬铁合金丝制作电炉丝、电热管等）。电热材料是电热器的核心部件，它的性能直接决定电热器具有的性能与质量。电热材料的应用范围是非常广泛的，而且硬度也非常高，一般用于工业和电子科技产业；电热材料还可以用于制作电阻丝和一些电路设备，这种材料的耐腐蚀性也是非常强的。

电热材料可以分为金属和非金属：①金属的电热材料有合金和纯度比较高的单纯金属，主要包括贵金属（Pt）、高温熔点金属（W、Mo、Ta、Nb）及其合金、镍基合金和铁铝系合金，其中，应用最广泛的金属电热材料主要是镍铬合金和铁铝系合金；②非金属的电热材料主要是一些合成的纤维材料，主要有碳化硅、铬酸镧、氧化锆、二硅化钼等。其中，$MoSi_2$以其较高的熔点、极好的高温抗氧化性、优异的导电导热性和适中的密度而成为近年来研究的热点，被认为是目前最有前途的高温结构材料。

八、电触点材料

电器触点材料用于开关、继电器、仪器仪表等电气连接及电气接插元件的电接触材料，又称电触点材料，适用于电路通电或连接的导电材料。电触点是开关电器中通过机械动作对电路进行接通、分断和连续载流的元件。

触点材料常用纯金属材料、金属合金材料、金属陶瓷材料（粉末冶金材料）。纯金属材料有银、铜、金、钨等；金属合金材料有银合金、金合金、铂合金、钨合金等；金属陶瓷材料（粉末冶金材料）有银-氧化镉、银-钨、铜-钨、银-石墨、银-铁等。

按工作电流的负荷大小分为电力工业中用的强电触点材料和仪器仪表、电子装置、计算机等设备中的弱电触点材料。应用于弱电领域中的触点材料大多采用金和铂金属及其合金；在强电领域中主要有银触点材料（主要用于低压电器、家用电器等）、铜触点材料（主要用于真空断路器等）和钨触点材料（用于高压油路断路器、SF_6 断路器、复合开关等）。

九、热双金属

热双金属是指由两个（或多个）具有不同热膨胀系数的金属或合金沿整个接触面牢固复合在一起组成的，随温度变化而发生形状变化的复合材料（如图 3-42 所示）。热双金属片由两层热膨胀系数不同的金属（或合金）组成，膨胀系数大的一层为主动层，热膨胀系数小的一层称为被动层。热双金属片受热时，主动层自由膨胀的长度大于被动层，但由于两层牢固地结合在一起，使热双金属片弯曲成弧形，冷却时则相反。可作为主动层材料的合金很多，有铁镍铬、铁锰镍、锰铜镍、纯镍、纯铁、黄铜、青铜及不锈钢等（一般包括 Mn72Cu18Ni10、Ni22Cr3、Ni20Mn6、Ni18Cr11、Ni19Cr2 和 Ni25Cr8 等高膨胀合金）；被动层常采用纯镍、纯铜（紫铜、无氧铜）和锆铜等 Fe-Ni 合金材料（一般包括 Ni36Fe、Ni39Fe、Ni40Fe、Ni42Fe、Ni45Fe 和 Ni50Fe 等低膨胀合金或定膨胀合金）。

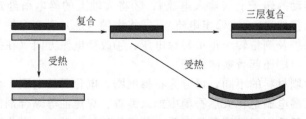

图 3-42　热双金属材料结构原理示意图

热双金属材料是镍合金的一种，还有三金属材料，它们广泛用于各类温控元器件、仪器仪表行业、过载保护器、家电保护器、电子保护器、温度调节器、温度计、恒温箱、气象仪器、电熨斗、电饭锅、电冰箱、火警报警器、日光灯启辉器、烤箱、打火机等电器行业。

十、电刷材料

炭刷也叫电刷，它是与运动件作滑动接触而形成电连接的一种导电部件（如图3-43所示）。炭刷是电动机或发电机或其他旋转机械的固定部分和转动部分之间传递能量或信号的装置，它一般是纯炭加凝固剂制成，外形一般是方块，卡在金属支架上，里面有弹簧把它紧压在转轴上，电动机转动的时候，将电能通过换向器输送给线圈，由于其主要成分是炭，称为炭刷，它是易磨损的。炭刷作为一种滑动接触件，在许多电气设备中得到广泛的应用（如用于各种交直流发电机、同步电动机、电瓶直流电动机、吊车电动机集电环、各型电焊机等）。

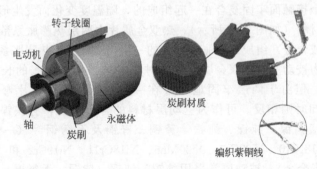

图 3-43　炭刷

炭刷作用主要有以下几种：①将外部电流（励磁电流）通过炭刷而加到转动的转子上（输入电流）；②将大轴上的静电荷经过炭刷引入大地（接地炭刷）（输出电流）；③将大轴（地）引至保护装置供转子接地保护及测量转子正负对地电压；④改变电流方向（在换向器电动机中，电刷还起着换向作用）。

按电刷材料的不同，可分为石墨电刷、电化石墨电刷、金属石墨电刷。石墨电刷是在天然石墨中加入沥青、煤焦油等黏合剂混合压制而成，一般适用于整流条件正常、负载均匀的电动机；电化石墨电刷是由炭黑、石墨和焦炭等各种碳素粉末材料组成，可用于各类型的电动机及整流条件较困难的电动机上；金属石墨炭刷是在石墨中掺入铜及少量锡、铅等金属粉末混合而制成，特别适合交流线绕转子的异步电动机和有刷直流电动机；纯金属电刷是用薄的金属片制成，常用于微型小电动机。

十一、绝缘油

绝缘油是人工合成的液体绝缘材料，简称合成油。绝缘油是一种润滑油，通常由深度精制的润滑油基础油加入抗氧剂调制而成。电器绝缘油也称电器用油，包括变压器油、油开关油、电容器油和电缆油四类油品，起绝缘和冷却的作用，在断路器内还起消灭电路切断时所产生的电弧（火花）的作用。

十二、绝缘漆

绝缘漆是成膜物质在溶剂中的胶体溶液的总称，绝缘漆是漆类中的特种漆，它又叫绝缘涂料（三防漆、防潮漆、敏通三防涂料），是一种具有优良电绝缘性的涂料，主要用于电动机、电器等。绝缘漆是以高分子聚合物为基础，能在一定的条件下固化成绝缘膜或绝缘整体的重要绝缘材料。

绝缘漆由基料、阻燃剂、固化剂、颜填料和溶剂等组成。基料是由聚酯树脂、聚酯酰亚胺树脂、聚氨酯、环氧树脂、双马来酰亚胺树脂、有机硅树脂等组成；阻燃剂分为反应型阻燃剂和添加型阻燃剂；颜填料是改进涂料的性能并配制成要求的颜色（常用的颜填料有钛白、氧铁红、炭黑、铬黄、云母粉、滑石粉、硫酸钡、碳酸钙和二氧化硅等）；固化剂（或引发剂）是在环氧树脂为基料的阻燃涂料中加入胺加成物、酸酐衍生物和合成树脂等固化剂，在烯类树脂为基料的阻燃涂料中，加入适量的过氧化物作引发剂；助剂是固化促进剂，它对基料形成涂膜的过程与耐久性起着重要的作用（常用的固化促进剂有路易斯酸、路易斯碱和羧酸盐类）；溶剂作为制造涂料的媒介物，可以调节涂料的施工黏度，满足施工性能。

十三、绝缘胶

绝缘胶是以沥青、天然树脂或合成树脂为主体材料制成，它是具有良好电绝缘性能的多组分复合胶，其特点是不含挥发性溶剂，可用作电器表面保护。常温下具有很高的黏度，使用时加热以提高流动性，使之便于灌注、浸渍、涂覆；冷却后可以固化，也可以不固化。

绝缘胶可以分成热塑性胶和热固性胶。热塑性胶用于工作温度不高、机械强度较小的场合，如用于浇注电缆接头。热固性胶一般由树脂、固化剂、增韧剂、稀释剂、填料（或无填料）等配制而成，热固性胶按其固化方式分为热固型（加热固化）、晾固型（常温下经一定时间后固化）、光固型和触变型等。

热固型和晾固型绝缘胶可用于各种电动机、电器及高电压大容量发电机绕组的浸渍，或作为复合绝缘的黏合剂；触变型绝缘胶与工件接触后，可立即黏附而形成一层不流动的均匀覆盖层，主要用作小型电器、电工及电子部件的表面护层；光固型绝缘胶主要有不饱和聚酯型和丙烯酸型两类，它们能在光作用下快速固化，能透明粘接和低温粘接，在粘接电工、电子产品、光学部件等方面的应用也日益广泛。

十四、绝缘胶带

电工胶带全名为聚氯乙烯电气绝缘胶黏带，也称电工绝缘胶带、绝缘胶带、绝缘胶布、胶布带，它是以软质聚氯乙烯（PVC）薄膜为基材，涂橡胶型压敏胶制造而成，胶带用于防止漏电、起绝缘作用，具有良好的绝缘、耐燃、耐电压、耐寒等特性，适用于各种电阻零件的绝缘，如电线缠绕、变压器、电动机、电容器、稳压器等各类电动机、电子零件的绝缘保护。

一般电工绝缘胶布有三种（如图3-44所示）：布类（绝缘黑胶布）、PVC类（PVC电气阻燃胶带）、橡胶类（高压自粘带）。布类只有绝缘功能，不阻燃也不防水，现在已经逐渐淘汰了，只有在一些民用建筑电气上还有人在用；PVC类电工胶带是现在使用最多的，它是以PVC（聚氯乙烯）薄膜为基材，涂以橡胶型压敏胶制造，具有绝缘、耐压性、耐候性，适用于电器、变压器、稳压器内接线及重要部件的保护；橡胶类一般用在等级较高的电压上，由于它的延展性好，在防水方面要比PVC类更出色，故把它应用在低压领域（适用于正常温度不超过80℃，作1kV及以下橡塑电缆终端和中间连接的绝缘保护及通信电缆接头的绝缘密封），但由于它的强度不如PVC类，通常这两种配合使用。

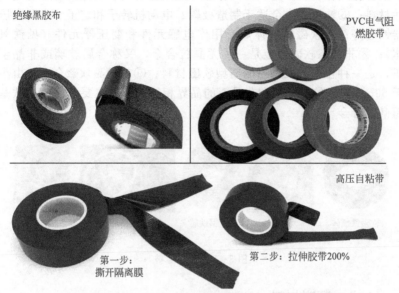

绝缘黑胶布

PVC电气阻燃胶带

高压自粘带

第一步：撕开隔离膜

第二步：拉伸胶带200%

使用方法：将自粘带拉伸200%左右，以半搭式绕包于需要绝缘或防水密封保护的物体，在其外层再绕一层PVC胶粘带作保护层。

图 3-44　电工绝缘胶布

十五、软磁材料

软磁材料是指那些矫顽力小、容易磁化和退磁的铁磁和亚铁磁材料，如铁硅合金（硅钢片）、纯铁以及各种软磁铁氧体等。软磁材料能够迅速响应外磁场的变化，且能低耗损地获得高磁感应强度的材料，其特点是易磁化、易去磁且磁滞回线较窄，广泛用于电工设备和电子设备中（如用来制作电动机、变压器、继电器、电磁铁等电器的磁芯、磁棒）。

软磁材料可分为以下几种（如图 3-45 所示）：①纯铁和低碳钢，适于静态下使用，如制造电磁铁芯、极靴、继电器和扬声器磁导体、磁屏蔽罩等；②铁硅系合金，一般制成薄板使用，俗称硅钢片，应用到交流领域，制造电动机、变压器、继电器、互感器等的铁芯；③铁铝系合金主要用于制造小型变压器、磁放大器、继电器等的铁芯和磁头、超声换能器等；④铁硅铝系合金主要用于音频和视频磁头；⑤镍铁系合金又称坡莫合金，可用作脉冲变压器材料、电感铁芯和功能磁性材料；⑥铁钴系合金适于制造极靴、电动机转子和定子、小型变压器铁芯等；⑦软磁铁氧体广泛用作电感元件和变压器元件（见铁氧体）；⑧非晶态软磁合金是一种无晶粒合金，又称金属玻璃或非晶金属，是一种正在开发利用的新型软磁材料；⑨超微晶软磁合金，由小于 50nm 左右的结晶相和非晶态的晶界相组成，现主要研究的是铁基超微晶合金。

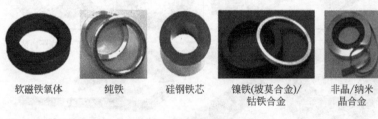

软磁铁氧体　　纯铁　　　硅钢铁芯　　　镍铁(坡莫合金)/　　非晶/纳米
　　　　　　　　　　　　　　　　　　　　钴铁合金　　　　晶合金

图 3-45　软磁材料

十六、硬磁材料

硬磁材料又称永磁材料、恒磁材料（磁铁），是指那些难以磁化，磁化后又不易退磁，而且能长期保留比较高的磁性材料，常用来制作各种永久磁铁、扬声器的磁钢和电子电路中的记忆元件等。

硬磁材料主要有以下几种（如图 3-46 所示）：①铝镍钴硬磁合金，是由金属铝、镍、钴、铁和其他微量金属元素构成的合金磁体；②稀土硬磁材料，是由稀土金属和过渡族金属形成的合金材料；③可加工硬磁合金，是指力学性能较好，具有良好加工性能的永磁合金；④永磁铁氧体（硬磁铁氧体），又叫铁氧体永磁材料，是目前应用非常广泛的材料。

十七、线管、电杆及低压瓷件

（1）线管　线管全称"绝缘电工套管"，是用来接电线、保护用电设施的一种重要的建筑材料，建筑方面都将其称作"建筑用绝缘电工套管"。通俗地讲是一种白色的硬质 PVC 胶管，具有防腐蚀、防漏电等特点，是用电方面的绝佳材料。

线管分为金属管类、塑料管类、陶瓷管类（如图 3-47 所示）。金

铸造铝镍钴合金　　　　　烧结铝镍钴合金

铝镍钴硬磁合金

可加工硬磁合金

非常坚硬　　　　　一次成型可直接
可以切割钻孔　　　　做成各种形状

稀土硬磁材料　　　　　永磁铁氧体

图 3-46　硬磁材料

图 3-47　线管

属管类分为普通碳素钢电线套管（电线管）、金属蛇皮管（镀锌蛇皮管、包塑金属蛇皮管、不锈钢蛇皮管）；塑料管类分为 PVC（PVC-U）塑料电线管（硬管）、PE 穿线管（成卷软管）、塑料波纹管（阻燃波纹管、线束套管、高密度波纹管、耐高温护套管等）；陶瓷管类分为穿线瓷套管、玻璃纤维编织绝缘套管。

（2）电杆　电杆是电的桥梁，是架空线路最基本的元件之一，其作用主要是支撑导线、横担、绝缘子和金具等，使导线对地面及其他设施（如建筑物、桥梁、管道及其他线路等）之间能够保持应有的安全距离（常称限距）。电杆按其材质分为木电杆、钢筋混凝土电杆和金属电杆三种。

（3）低压瓷件　低压瓷件也称为低压悬式瓷瓶，简称绝缘子（如图 3-48 所示），用于低压和超低压交、直流输电线路中绝缘和悬挂导线。它是由铁帽、钢化玻璃件（瓷件或硅橡胶）和钢脚组成，并用水泥胶合剂胶合为一体。

图 3-48　低压瓷件

十八、钎料、助钎剂和清洗剂

（1）钎料　钎料是钎焊时的填充材料（如图 3-49 所示），即为实现两种材料（或零件）的结合，在其间隙内或间隙旁所加的填充物。不同材料的焊件，所需的钎料也不同，电气工程中常用的钎料有锡铅钎料、铜基钎料和银基钎料等。

钎料按熔点高低分为软钎料（熔点低于 450℃的钎料）、硬钎料（熔点高于 450℃的钎料）、高温钎料（熔点高于 950℃的钎料）。硬钎料有铝基、银基、铜基、镍基等钎料；软钎料可分为铋基、铟基、锡

图 3-49　钎料

基、铅基、镉基、锌基等钎料。

（2）助钎剂　钎剂是钎焊过程中的熔剂，与钎料配合使用，属于焊接材料的一种，对于大多数钎焊方法，钎剂是不可缺少的。钎剂的作用主要有三种：①去膜作用，去除母材钎料表面的氧化物，为液态钎料在母材上铺展填缝创造必要条件；②保护作用，以液体薄层覆盖母材和钎料表面，隔绝空气而防止氧化；③活化作用，促进界面活化，改善液态钎料对母材表面的润湿能力。

常用助钎剂有锡钎焊助钎剂、铜基和银基钎料用助钎剂。锡钎焊助钎剂主要是指用锡铅钎料焊接铜、铜合金、钢、镀锌铁皮等材料时所用的助钎剂。

（3）清洗剂　使用清洗剂的目的是在焊前除去被焊件上的油污以利施焊，或在焊后清除残留物。常用清洗剂有无水酒精、汽油及三氟三氯乙烷等。当用松香酒精助钎剂与锡铅钎料焊接工件时，应先用酒精清洗工件，然后再用汽油清洗。三氟三氯乙烷主要用于清洗高档仪器仪表。

第四章

电工测量与元器件检测

第一节

电工测量

一、电工测量方法和测量误差

1. 常用电工测量方法

① 直接测量法。直接测量法是指用直接指示的仪器仪表读取被测量数值，而无需度量器直接参与的测量方法。如用电压表测电压，用欧姆表测电阻等都属于直接测量法。直接测量简便、读数迅速，但准确度较低。

② 比较测量法。比较测量法是指在测量过程中需要度量器的直接参与，并通过比较仪表来确定被测量数值的一种方法。比较测量法的准确度和灵敏度都比较高，适用于精密测量，但设备复杂，操作麻烦。

③ 间接测量法。如测量不便于直接测定，或直接测量该被测量的仪器不够准确，那么就可以利用被测量与某种中间量之间的函数关系，先测出中间量，然后通过计算公式，算出被测量的值，这种方式称为间接测量。如用"伏安法"测量电阻，先测量电阻两端的电压及电阻中的电流，然后再根据欧姆定律算出被测的电阻值；又如测长、宽求面积等。间接测量法的误差较大，但在准确度要求不高的一些特

殊场合应用十分方便。

2. 测量误差

在测量过程中，由于受到测量方法、测量设备、试验条件及观测经验等诸因素的影响，测量结果不可能是被测量的真实值，而只是它的近似值，即任何测量的结果，与被测量的真实值之间总是存在着差异，称这种差异为测量误差。

根据产生测量误差的原因，可以将测量误差分为系统误差、偶然误差和流失误差三大类。仪表误差和测量方法误差也常合称为系统误差（仪表误差是因标准度量器或仪器、仪表本身具有误差，测量方法误差是因测量方法不够完善、测量仪表安装或配线不当及外界环境变化以及测量人员操作技能和经验不足等）；偶然误差又称随机误差，是一种大小和正负都不确定的误差，它是因周围环境的偶发原因引起的（如温度、磁场、电源频率等偶然变化）；疏失误差是一种歪曲测量结果的误差，是粗心和疏忽所造成的（如读数错误、记录错误等）。

二、电流的测量

测电流之前，先判断电流的性质（交流和直流）、电流大小范围；然后选择恰当的测量工具和测量挡位。很小的电流可以直接将万用表串联接入电路中在路测量；在电流较大的线路中，一般都是采用钳形电流表测量，比较安全。

1. 用电流表检测电流

电流表检测电流时，应将电流表串接到待测电路中进行测量，其方法如下。

① 电流表直接测量法（图4-1）。该方法通常是在被测电流的通路中串入适当量程的电流表，让被测电流的全部或一部分流过电流表，从电流表上直接读取被测电流值或被测电流分流值。

② 测量交流低压线路上的电流。为了选择合适的挡位，首先估计被测量线路中的电流最大值，然后把电流表串接

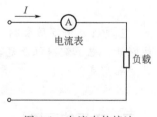

图4-1 电流表的接法

在需要测量的电路中进行检测。但检测直流电流时要注意正负极性不

能接错，以防烧坏电表。

③ 测量交流高压线路上的电流。当被测电流较大时，则采用加接电流互感器来实现（电流互感器俗称 CT，它能将高压和低压隔离开，在低压大电流中能将大电流变成小电流来测量），从而保证工作人员和设备的安全。电流表经电流互感器接入时，若电流互感器的变化 I_1/I_2 为 K，则所测得的电流应为电流表的读数乘以 K。

④ 直流电流的测量。测量小电流可直接把电流表串接在线路中；若测量直流大电流时，则要扩大电流表的量程，此时可在电流表上并联一个低值电阻 R_A（这只电阻叫作分流器），分流器在电路中与负载串联，使通过电流表的电流只是负载电流的一部分，大部分电流从分流器中通过（见图 4-2）。

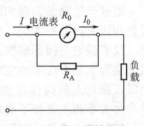

图 4-2　分流器的接法

⑤ 用钳形电流表测量交流电流。钳形电流表也称卡表（简称钳表），测量交流电流时，不需要切断电路，将电表串联在电路上，只需要选择好相应的挡位，将钳表的钳口夹住需要测量的电线，电表上的读数就是流过该电线上的交流电流。

2. 用万用表检测电流

首先将万用表的两表笔正确插入测量插孔，然后将旋钮旋到合适的挡位（若能估算出大概电流值，就将旋钮转到比所估值大一级的挡位，若不能估算电流值，则先要将旋钮选在最大电流挡，以后再根据情况调整），在断开电源的情况下，将其串联在待测电流的回路中，接通电源即可读到电流值。

> **提示：** 用万用表测电流比较麻烦，需要断开电路；比如火线断开，电源侧接红表笔，负载侧接黑表笔。其实测电流最好还是用钳形表。

三、电压的测量

直流、交流电压的测量见图 4-3。测量直流电压要使用直流电压表或万用表的直流电压挡，接线要与被测负载并联。测量交流电压要使用交流电压表或万用表的交流电压挡，同样是并联即可。若要扩大电压表的量程，可在测量机构上串联一个倍压电阻 R_V。

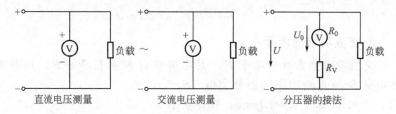

图 4-3 直流、交流电压测量电路

直流电压的测量：电压表在使用时应将被测电压高电位端接电压表的"＋"接线端钮，低电位端接"－"接线端钮。电压表量程的选择应根据被测量电压的大小而定。如事先估计不出被测电压大小的范围，则应先使用量程较大的电压表测试，然后再换一个合适量程的电压表。

交流电压的测量：当被测交流电压不是很大时，可把交流电压表与被测负载并联直接测量，交流电压表的接线不必考虑极性问题。当被测交流电压较大时，则需通过电压互感器进行测量。所测电压为电压表读数乘以互感器变比。

四、功率的测量

根据功率计算公式 $P = UI$，只要测量出线路电压和电流就能测量出功率。功率测量分为直流功率的测量和交流功率的测量。

1. 直流功率的测量

如图 4-4 所示为直流功率测量电路。将电压表和电流表分别接入电路，从表的读数可间接计算出负载消耗的功率。

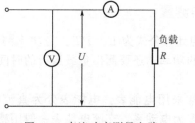

图 4-4 直流功率测量电路

2. 交流功率的测量

交流功率分为有功功率 P、无功功率 Q 和视在功率 S。其中视在功率 S 与直流功率的测量类似，$S=UI$，$P=UI\cos\varphi$，$Q=UI\sin\varphi$。视在功率 S 的单位为 V·A（伏·安）或 kV·A（千伏·安）。φ 为电流与电压之间的初始相位角。$\cos\varphi$ 为功率因数，$\sin\varphi$ 为相位角的正弦值。也就是说，UI 要乘以一个系数才能得到有功功率和无功功率。因为交流电的电流和电压存在相位差，不像直流电那样，电流和电压没有相位差。P、Q、S 三者的关系是：

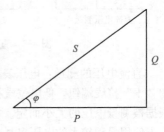

图 4-5 S、P、Q 三者存在直角三角形的关系

$S^2=P^2+Q^2$，也就是说 S、P、Q 三者存在直角三角形的关系（如图 4-5 所示），两直角边（P、Q）的平方和等于斜边（S）的平方。

五、电能的测量

电能（E）的计算公式为 $E=PT$。与功率测量不同的是电能测量既要测出负载的功率，还要测出负载运行的时间，并将功率和时间进行累计。

电能测量通常采用电能表。电能表分为直流电能表和交流电能表，直流电能表多为电动系，交流电能表一般用感应系和静止式电子电能表，也可采用间接法测量电能。

目前电能表大多采用智能远程费控电能表（如图 4-6 所示，又称载波智能费控电度表）。这种电度表集计量、费控、监控、报警、显示、冻结、RS485 通信、红外通信功能于一身，实现单个居民用户的用电计量和用电信息采集存储。可远程控制电表的通断，能实现远程欠费断电和交费复电，通过电力载波网络控制电度表的数据传输和通断控制。

图 4-6　智能远程费控电能表

普通电能表的接线方法很简单，在接线盒盖上有接线标记（如图 4-7 所示），按接线标记进行接线即可。

三相费控电能表（如图 4-8 所示）比单相的复杂些，表上有有功和无功显示，有功表示实际用掉的电量，无功是用电过程中损失的电量（由用户所带感容性负载引起），收取电费大部分地区只收有功电量，无功超过规定值要罚款。也有些地区无功也收费，价格较低。

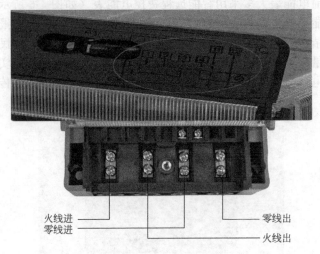

火线进
零线进
零线出
火线出

图 4-7　线盒盖上有接线标记

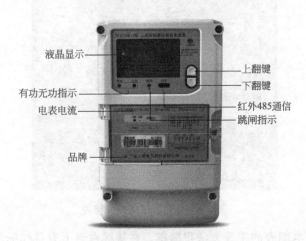

液晶显示
有功无功指示
电表电流
品牌

上翻键
下翻键
红外485通信
跳闸指示

图 4-8　三相费控电能表

　　对于直接式的三相电能表（接线方式如图 4-9 所示），可通过显示屏显示的数字直接读出用电量，对于通过电流互感器连接方式连接的三相电表，电表的接线有 10 根（如图 4-10 所示），要观察连接的电流互感器的电流比，电流互感器的铭牌上有电流比，都是一个数字比 5 标出的，例如，100/5、150/5 等，电能表上读数一定要乘以电

流比（也就是倍数）才是计量的电量，也就是有功电量。如 3×1.5
（6）A 的互感式电表的电量读数为 5kW，那么实际电量应该为 5×
100/5＝100（kW），也就是说实际电量是电表读数的 20 倍。有些地
区还要加上变损和线损。

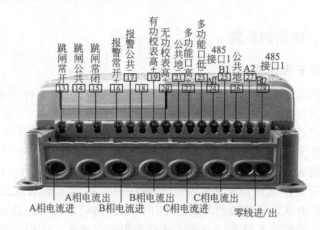

图 4-9　直接式的三相电能表接线

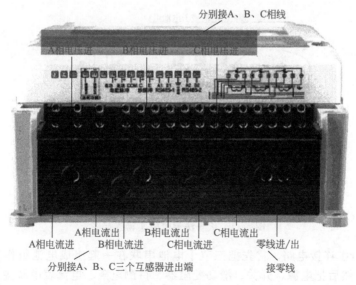

图 4-10　互感器连接方式接线

六、电阻的测量

1. 伏安表法测电阻

电压表也叫伏特表，电流表也叫安培表，所以这种用电压表、电流表测电阻的方法叫伏安法测电阻（如图 4-11 所示），它是一种较为普遍的测量电阻的方法，通过利用欧姆定律 $R=U/I$ 来测出电阻值。伏安法测电阻大致分为内接法和外接法两种，采用内接法时，电流表的示数为通过待测电阻的电流，电压表的示数为电流表和待测电阻两端的总电压；采用外接法时，电流表的示数为待测电阻两端的电压，电流表的示数为电压表和待测电阻两端的总电流。滑动变阻器的接法有两种：分压式接法和限流式接法。伏安法测电阻操作步骤如下。

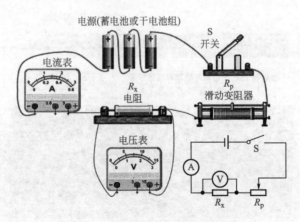

图 4-11　伏安法测电阻实物连接图

① 连接电路。首先把三节干电池串联在一起组成电池组作为电源，然后把电源、开关、滑动变阻器、待测电阻、电流表串联接入电路，电压表并联在待测电阻两端（注意滑动变阻器接法：四个接线柱

接一上一下两个接线柱);选择适当量程的电表即滑动变阻器;选择分压或限流电路;确定内接法还是外接法;连接电路。

② 操作。闭合开关,调节滑动变阻器,使电流为某一适当值,从电压表和电流表上分别读出 U、I 值,把实验数据记录在表格中。注意:闭合开关前,滑动变阻器的滑片应移到电阻最大位置。

③ 处理数据。调节滑动变阻器的滑片,改变待测电阻的电流和两端的电压值,再重做两次,把实验数据填在表格中,算出电阻的平均值。处理数据有两种方式:方式一,通过数字计算,求出各个电阻再进行平均值的计算,得到电阻值大小;方式二,将读取的 I 与 U 分别记录在坐标纸上,建立 U-I 坐标轴,通过斜率的计算求解电阻值。

2. 电桥法测量电阻

电桥(如图 4-12 所示)是用比较法测量物理量的电磁学基本测量仪器,电桥测电阻是利用电桥两头的电势相同,桥上无电流通过得出来的,因为此时两边电阻比值相等。

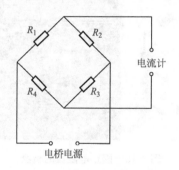

图 4-12　电桥

电桥测量原理如图 4-12 所示,当电桥平衡时,即图中电流计中的电流为零,$R_1/R_2=R_3/R_4$,此时,只要知道四个电阻中三个的阻值,就可求出剩下的那一个电阻的阻值。

> 提示:　利用电桥法测电阻,结果是否精准,取决于已知电阻和电流表的精确度,与电源的电动势没有关系,因此在要求精确测电阻时采用此方法。

通用元器件检测

一、电阻器的检测

1. 固定电阻器的检测

首先将万用表进行欧姆调零，然后根据被测电阻标称的大小选择量程，将两表笔（不分正负）分别接电阻器的两端引脚即可测出实际电阻值，然后根据被测电阻器允许误差进行比较，若超出误差范围，则说明该电阻器已变值，如图 4-13 所示。

图 4-13　固定电阻器的检测

提示：①测试时应将被测电阻器从电路上焊下来，至少要焊开一个头，以免电路中的其他元件对测试产生影响；②测试几十千欧以上阻值的电阻器时，手不要触及表笔和电阻器的导电部分，否则会造成误差；③测量电阻之前和每更换一次测量挡位时都要进行欧姆调零，若没有进行欧姆调零，则测量电阻时，读取的数值会有较大的误差（欧姆调零的方法：将红、黑表笔短接，旋转指针调零旋钮使指针指示在最右边"0"刻度处）。

2. 水泥电阻器的检测

水泥电阻器实际上是固定电阻器的一种，只是结构较普通固定电阻复杂。其检测方法是：首先将挡位旋钮置于电阻挡（Ω挡），然后按被测电阻标称的大小选择量程，再将万用表两支表笔分别和电阻器的引脚两端相接，表针应指在相应的阻值刻度上，如果表针不动和指示不稳定或指示值与电阻器上的标示值相差很大，则说明该电阻器已变值。图 4-14 所示为水泥电阻器的检测示意图。

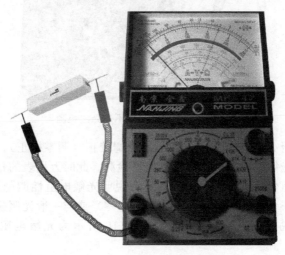

图 4-14　水泥电阻器的检测

3. 光敏电阻器的检测

光敏电阻器具有电阻值随入射光线的强弱发生变化的特性，因此在使用万用表对光敏电阻器进行检测时，要进行遮光与不遮光测试，其方法如下。

① 不遮光法（即把光敏电阻器放在一般光照条件下进行检测）。首先将万用表调至 $R \times 1k$ 挡，然后进行零欧姆校正（调零校正），把两表笔分别接在光敏电阻器两端引脚上进行检测。若万用表的指针可以读出一个固定电阻值，说明该电阻器工作正常；若测得的电阻值趋于零或无穷大，说明该电阻器损坏。图 4-15 所示为光敏电阻器不遮光法检测。

② 遮光法。将光敏电阻盖住（使其处于完全黑暗的状态下），将

图 4-15　光敏电阻器不遮光法检测

万用表调至 $R \times 1k$ 挡，然后进行零欧姆校正（调零校正），把两表笔分别接在光敏电阻器两端引脚上进行检测。此时万用表的指针基本保持不动，阻值接近无穷大（此值越大说明光敏电阻性能越好），说明该电阻器正常；若此值很小（或接近为零）或与一般光照条件下的阻值相近，说明该电阻器已损坏。图 4-16 所示为光敏电阻器遮光法检测。

图 4-16　光敏电阻器遮光法检测

4. 电位器的检测

① 经验检测法。经验检测法就是通过对电位器外表的观察和手动试验的感觉来进行判断。正常的电位器其外表应无变形、变色等异常现象，用手转动旋柄应感到平滑自如、开关灵活，并可听到开关通、断时发出清脆的响声。否则，说明电位器不正常。

② 万用表测试法。用万用表测试时，应根据被测电位器阻值的大小，选择好适当的电阻挡位，主要进行两个方面的检测：

a. 电阻值的检测。用万用表的欧姆挡测量电位器"1""2"两端的电阻值，正常的电位器其读数应为电位器的标称值，如万用表的指针不动或阻值相差很大，则说明该电位器已损坏，不能使用。

b. 电位器活动臂与电阻片接触是否良好的检测。用万用表的欧姆挡测电位器"1""2"（或"2""3"）两端的电阻值，测量时，逆时针方向转动电位器的转轴，再顺时针转动电位器的转轴，并观察万用表的指针。正常的电位器，当逆时针转动转轴时，电阻值应逐步变小，而顺时针转动转轴时，其阻值应逐步变大，否则，说明该电位器不正常。如果在转动转轴时，万用表指针出现停止或跳动现象，则说明该电位器活动触点有接触不良的故障。

二、电容器的检测

1. 固定电容器的检测

① 10pF 以下小电容的检测。由于 10pF 以下的小电容容量太小，只能选用万用表的 $R \times 10$ 挡，测量电容器是否存在漏电，内部是否存在短路或击穿现象。测量时，将万用表两表笔分别接电容器的任意两个引脚，阻值应为无穷大。如图 4-17 所示，若实测得阻值为零或指针向右摆动，则说明电容器已被击穿或存在漏电故障，该电容器已经不能使用了。

② 10pF～0.01μF 电容器的检测。对于 10pF～0.01μF 电容器质量的好坏，主要是根据其充放电能力来进行判断。检测时，可选用一只硅三极管组合的复合管，将万用表置 $R \times 1k$ 挡。用万用表的红表笔和黑表笔分别与复合管的发射极 e 和集电极 c 相接。由于复合三极管的放大作用，把被测电容的充放电过程予以放大，使万用表指针的摆动幅度加大，从而便于观察。若万用表指针摆动不明显，可反复调

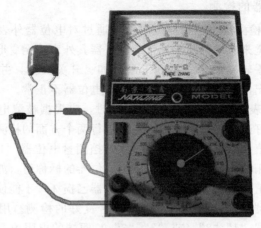

图 4-17　小电容的检测

换被测电容器的两引脚接触点，使万用表指针的摆动量增大，以便于观察。

③ $0.01\mu F$ 以上电容器的检测。对于 $0.01\mu F$ 以上电容器检测，可用万用表直接测量其充电情况及内部有无短路或漏电。检测时，将万用表拨至 $R\times10k$ 挡，观察其表针向右摆动的幅度大小来判断电容器的容量。向右摆动的幅度越大，电容器的容量就越大。

2. 电解电容器的检测

电解电容器的容量较一般固定电容大得多，在检测时应针对不同的容量选用合适的量程进行，一般情况下 $1\sim47\mu F$ 间的电容，可用 $R\times1k$ 挡测量，大于 $47\mu F$ 的电容可用 $R\times100$ 挡测，其检测方法如下。

① 电解电容器质量的检测。电解电容器质量一般用电容量的误差、介质损耗的大小和漏电流三个指标来衡量。这三项指标采用专用仪器可以很方便地判断，在没有专用仪器的情况下，也可以用万用表进行检测。检测时，将万用表拨至 $R\times1k$ 挡，红表笔接电解电容器的负极，黑表笔接其正极，若电容器正常，表针将向右即"0"的方向摆动，表示电容器充电，然后表针又向左即无穷大方向慢慢回落，并稳定下来，这时表针指示数值为电容器的正向漏电阻。电解电容器的正向漏电阻值越大，相应的漏电流则越小，正常的电容器其正向漏

电阻应在几十千欧或几百千欧以上，如图 4-18 所示。

图 4-18　电解电容器质量的检测

② 电解电容器好坏的检测。不但要根据它的正向漏电阻的大小，还要根据检测时表针的摆动幅度来判断。如果电阻值虽然有几百千欧，但指针根本不摆动，说明该电容器的电解液已干涸失效，已经不能使用了。如果在测试时，表针一直拨至"0"处不返回，则说明该电容器内部击穿或短路。使用万用表电阻挡，采用给电解电容器进行正、反向充电的方法，根据指针向右摆动幅度的大小，可估算出电解电容器的容量。

3. 可变电容器的检测

可变电容由一组定片和一组动片组成，随着动片的旋转，使电容量发生变化。当怀疑某一可变电容器是否正常时，可采用以下方法进行检测。

① 手感检测法。用手轻轻旋动转轴，正常的电容器应感觉平滑自如，若手感时紧时松甚至有卡滞现象，则说明该电容器不正常；用手转轴向前、后、左、右、上、下各个方向推动，正常时应无松动或阻卡感觉，若某一方向松动，则说明该电容器不正常；用手旋动转轴，另一只手接触动片边缘，若感觉到转轴与动片之间有接触不良现

象，则该电容器不能继续使用了；可变电容器的转轴只能转动 180°，如果能转过 360°，说明该电容器的定位脚已损坏。

②万用表检测法。将万用表置于 $R \times 10k$ 挡，用左手将两表笔分别接可变电容器的动片和定片的引出端，右手缓慢旋动电容器的转轴，若表指针在无穷大位置不动，则说明该电容器正常；若在旋动转轴的过程中，表的指针指向零，则说明该电容器的动片和定片之间存在短路；若当转轴旋转到某一角度时，万用表读数不为无穷大而是出现一定阻值，则说明该电容器的动片与定片之间出现漏电现象，如图 4-19 所示。

图 4-19　万用表检测法

③耳机监听法。用一节（1.5V）电池和一只耳机，把电池、耳机和电容器组成串联回路，当第一次接触电池时，听到的"喀喀"声很响，随后"喀喀"声逐渐减弱，则表示该电容器基本上正常。如果当接触电池时耳机无声，或每次接触电池时，耳机发出的声音不变，则说明该电容器已经不能继续使用了。

三、二极管的检测

1. 稳压管的检测

将万用表置于 $R \times 1k$ 挡（注意：万用表的电池电压不能大于

被测管的稳压值），红、黑表笔分别与稳压二极管的两电极相碰，记住此时万用表指针指示的位置，交换表笔后再去碰两电极，比较两次测试的结果，正向电阻值越小而反向电阻值越大，则说明此稳压二极管性能良好。如果正、反向电阻值均很大或很小，则表明此稳压二极管开路或已击穿短路，不可使用；若是正、反向电阻值比较接近，则说明该稳压二极管已经失效，也是不能使用的。

另外，用在路通电的方法也可以大致判别稳压管的好坏，具体方法是：用万用表直流电压挡测量稳压管两端的直流电压，若接近该稳压管的稳压值，说明该稳压晶体二极管基本完好；若电压偏离标称稳压值太多或不稳定，则说明该二极管的性能不稳定。

2. 发光二极管的检测

用万用表 $R \times 10k$ 挡测量发光二极管的正、反向电阻值，正常时，晶体二极管正向电阻值为几十至几百千欧、反向电阻为无穷大。较高灵敏度的发光二极管在测量正向电阻值时，管内会发微光。若测得正向电阻值为零或为无穷大，反向电阻值很小或为零，则说明被测二极管已损坏。

3. 光敏二极管的检测

光敏二极管又称光电二极管，是一种光接收器件。检测时，将万用表置于 $R \times 1k$ 挡，测量光电二极管的正、反向电阻值。正常时，正向电阻值（黑表笔所接引脚为正极）为 $3 \sim 10k\Omega$，反向电阻值为 $500k\Omega$ 以上。若测得其正、反向电阻值均为 0 或均为无穷大，则说明该二极管内部击穿或开路损坏。

4. 变容二极管的检测

如图 4-20 所示，将万用表置于 $R \times 10k$ 挡，红、黑表笔分别接在变容二极管两引脚上，测正、反向电阻值。正常的变容二极管，无论是如何交换表笔进行测量，其正、反向电阻值均为 ∞（无穷大）。如果在测量中，发现万用表指针向右有轻微摆动或阻值为零，说明被测变容二极管漏电或已被击穿损坏。对于变容二极管容量消失或内部的开路性故障，用万用表是无法检测判别的。必要时，可用替换法进行检查判断。

图 4-20　变容二极管的检测

四、三极管的检测

1. 普通三极管的检测

普通三极管好坏的判断方法很多，首先应该正确辨认三极管的类型（是 NPN 管，还是 PNP 管）和表笔的极性（防止测试时出错），然后再用指针式万用表置于"$R \times 100$"或"$R \times 1k$"欧姆挡进行判断，判断方法如下（现以 NPN 极性三极管为例）：将万用表拨到 $R \times 1k$ 挡，黑笔接在三极管基极上，红笔分别接三极管的集电极和发射极，基极与集电极之间的电阻这两种情况下的电阻值均为千欧级（若三极管为锗管，阻值为 $1k\Omega$ 左右；若为硅管，阻值为 $7k\Omega$ 左右）。再将红笔接在基极上，将黑笔先后接在集电极和发射极上，如果两次测得的电阻值均为无穷大，则说明三极管是好的，否则说明此三极管是坏的。下面可进一步判断三极管的好坏，将万用表打到 $R \times 10k$ 挡，用红黑表笔测量三极管发射极和集电极之间的电阻，然后对调一下表笔再测一次，这两次所测得的电阻有一次应为无穷大，另一次为几百到几千千欧，由以上即可判定此三极管为好的。如果两次测得三极管发射极和集电极之间的电阻都为零或都为无穷大，则说明三极管发射极和集电极之间短路或开路，此三极管已不再可用。

对于 PNP 型三极管，用上面的方法判断时将万用表的红黑表笔对调一下即可。

2. 普通达林顿管的检测

普通达林顿管内部由两只或多只晶体管的集电极连接在一起复合而成，其基极 B 与发射极 E 之间包含多个发射结。普通达林顿管性能好坏的检查方法与普通三极管基本相同，其方法如下。

①将万用表置于 $R \times 10k$（或 $R \times 1k$）挡，测量达林顿管各电极之间的正、反向电阻值。②测基极 b 与发射极 e 之间的正、反向电阻值时，万用表表笔与基极、发射极的连接方法为：测 NPN 管时，黑表笔接基极 b；测 PNP 管时，黑表笔接发射极 e。它们之间正常时的电阻值是：正向电阻一般为 5～30kΩ，反向电阻值为无穷大。③测基极与集电极之间的正、反向电阻值时，万用表表笔与基极、集电极的连接方法为：测 NPN 管时，黑表笔接基极 b；测 PNP 管时，黑表笔接集电极 c。它们之间正常时的电阻值是：一般正向阻值为 3～10kΩ，反向阻值为无穷大。④集电极与发射极之间的阻值一般接近为无穷大。

在上述的测量过程中如果 b、e 极间正反向电阻值，b、c 间的正反向电阻、c、e 间的电阻值均接近 0 时，说明该管子已击穿损坏。若测得 b、e 极间或 b、c 极间的正向阻值为无穷大，则说明该管子开路损坏。

3. 大功率达林顿管的检测

检测大功率达林顿管与检测普通型达林顿管基本相同，但由于大功率达林顿管在普通达林顿管的基础上增加了由续流二极管和泄放电阻组成的保护电路，在测量时应注意这些元器件对测量数据的影响。其检测方法如下：

① 将万用表置于 $R \times 1k$（或 $R \times 10k$）挡，测量达林顿管集电极 c 与基极 b 之间的正、反向电阻值。正常时，正向电阻值（NPN 管的基极接黑表笔时）应较小（为 1～10kΩ），反向电阻值应接近无穷大。若测得集电结的正、反向电阻值均很小或均为无穷大，则说明该管已击穿短路或开路损坏。

② 将万用表置于 $R \times 100$ 挡，测量达林顿管发射极 e 与基极 b 之间的正、反向电阻值。正常值均为几百欧至几千欧。若测得阻值为 0 或无穷大，则说明被测管已损坏。

③ 将万用表置于 $R \times 1k$（或 $R \times 10k$）挡（测 NPN 管时，黑表笔接发射极 e，红表笔接集电极 c；测 PNP 管时，黑表笔接集电极 c，红表笔接发射极 e），测量达林顿管发射极 e 与集电极 c 之间的正、反向电阻值。正常时，正向电阻值应为 $5 \sim 15k\Omega$，反向电阻值应为无穷大；若阻值与正常值相差较大，则说明该管的 c、e 极（或晶体二极管）击穿或开路损坏。

4. 带阻晶体三极管的检测

带阻晶体管内部含有 1 只或 2 只电阻器，故检测的方法与普通晶体管略有不同。带阻晶体三极管的检测方法如下。

① 将万用表置 $R \times 1k$ 挡（如图 4-21 所示），测带阻晶体管各电极之间的电阻值。

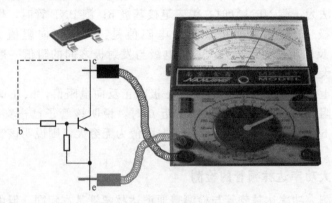

图 4-21　万用表检测带阻晶体三极管

② 测集电极 c、基极 e 之间的正向电阻值，万用表表笔与集电极、基极的连接方法是：测 NPN 型管，黑表笔接 c 极、红表笔接 e 极；对于 PNP 型管，黑表笔接 e 极、红表笔接 c 极。正常时，c、e 极之间的正向电阻值应为无穷大。然后用导线短接被测管的 b、c 极，此时阻值应变小，表明被测管是好的。如果短接后所测阻值没有变化，说明该晶体管不良。

③ 测量 b-c 和 b-e 极间电阻时，红、黑表笔分别接 b、c 和 b、e 极测出一组数字，然后对调表笔测出第二组数字，其数值均较大时，则表明该管正常。具体电阻值大小受管内电阻影响而不完全相同。

5. 带阻尼晶体三极管的检测

带阻尼晶体三极管是其内部集成了阻尼晶体二极管的晶体三极管。带阻尼行输出管的好坏，可以通过检测其各极间电阻值的方法来进行判断。检测时，将万用表置于 $R \times 1$ 挡，测量带阻尼行输出晶体三极管各电极之间的电阻值。具体测试方式及步骤如下。

① 如图 4-22 所示，将红表笔接 e、黑表笔接 b，测发射结（基极 b 与发射极 e 之间）的正、反向电阻值（此时相当于测量大功率管 b-e 结的正向电阻值与保护电阻 R 并联后的阻值），正常时，行输出管发射结的正、反向电阻值均较小（为 $20 \sim 50\Omega$）。将红、黑表笔对调（此时则相当于测量大功率管 b-e 结的反向电阻值与保护电阻 R 的并联阻值），正、反向电阻值仍然较小。

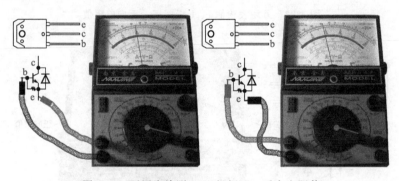

图 4-22　万用表检测 e、b 极间正、反向电阻值

② 如图 4-23 所示，将红表笔接 c 极、黑表笔接 b 极，测集电结（基极 b 与集电极 c 之间）的正、反向电阻值。正常时，正向电阻值为 $3 \sim 10\text{k}\Omega$，反向电阻值为无穷大。若测得正、反向电阻值均为 0 或均为无穷大，则说明该管的集电结已击穿损坏或开路损坏。

③ 如图 4-24 所示，将黑表笔接 e、红表笔接 c，测量行输出管 c、e 极内部阻尼晶体二极管的正向电阻，测得的阻值一般都较小（约几欧至几十欧）；将红、黑表笔对调，测得行输出管 c、e 内部阻尼晶体二极管的反向电阻，测得的阻值一般较大（约在 $300\text{k}\Omega$ 以上）。若测得 c、e 极之间的正反向电阻值均很小，则是行输出管 c、e 极之间短路或阻尼晶体二极管击穿损坏；若测得 c、e 极之间的正、反向电阻值均为无穷大，则是阻尼晶体二极管开路损坏。

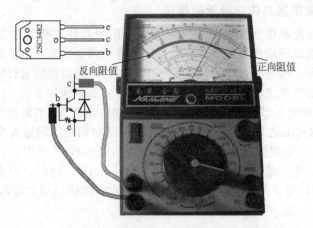

图 4-23　万用表检测 c、b 极间正、反向电阻值

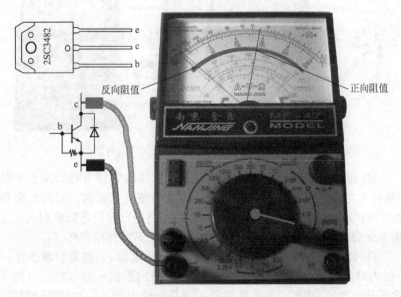

图 4-24　万用表检测 c、e 极间正、反向电阻值

　　按上述方法测出被测管的各极间电阻值，若阻值读数符合上述规律，即可大致判断它的好坏。这种方法也可用来识别行管中是否带有内置阻尼晶体二极管和保护电阻。

6. 光电三极管的检测

用一块黑布遮住光电三极管外壳上的透明窗口，将万用表置于 $R×1k$ 挡，两表笔任意接两引脚检测光电三极管的正反向电阻值，如图 4-25 所示。正常时，正、反向电阻值均为无穷大。交换万用表表笔再测量一次，阻值也应为无穷大。若测出一定阻值或阻值接近 0，则说明该三极管已漏电或已击穿短路。

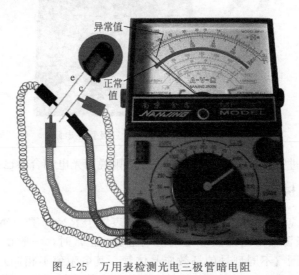

图 4-25　万用表检测光电三极管暗电阻

如图 4-26 所示，将万用表置于 $R×1k$ 挡，红表笔接发射极 e，黑表接集电极 c，然后使受光窗口朝向某一光源（如白炽灯泡），同时注意观察万用表指针的指示情况，正常时，指针向右偏转至 $15～35kΩ$（一般来说，偏转角度越大，则说明其灵敏度越高）。如果受光后，光电三极管的阻值较大，即万用表指针向右摆动的幅度很小，则说明其灵敏度低或已经损坏。

五、光耦合器的检测

光耦合器又称光电耦合器，它是由发光源和受光器两部分组成。光电耦合器好坏的判断，可通过检测光电耦合器内部二极管和三极管的正反向电阻来确定，其方法是：拆下可疑光电耦合器，用万用表测量其内部二极管、三极管的正反向电阻值，然后与正常的光电耦合器

图 4-26　万用表检测光电三极管亮电阻

所测的值进行比较，若阻值相差较大，则说明光电耦合器已损坏。

六、场效应管的检测

场效应管的检测方法如下：将万用表置于 $R \times 10$ 挡（或 $R \times 100$ 挡），测量源极 S 与漏极 D 之间的电阻值。正常时，一般在几十欧到几千欧范围（不同型号的场效应晶体管，其电阻值不相同）。若测得阻值比正常值大，则说明该场效应晶体管内部接触不良；若测得阻值为无穷大，则该场效应晶体管可能内部断极。然后把万用表置于 $R \times 10k$ 挡，再测栅极 G1 与 G2 之间、栅极与源极、栅极与漏极之间的电阻值。正常时，各极间的电阻值均为无穷大，则说明该场效应晶体管是正常的。如果测得上述各阻值太小或为通路，则说明该场效应晶体管损坏。

七、晶闸管的检测

1. 单向晶闸管的检测

将万用表置于 $R \times 10$ 挡，黑表笔接 A 端，红表笔接 K 端，此时万用表指针应不动，如有偏转，说明晶闸管已被击穿。用导线瞬间短接阳极（A）和控制极（G），若万用表指针向右偏转，阻值读数为 10Ω 左右，说明晶闸管性能良好。

2. 双向晶闸管的检测

① 使用万用表 $R\times 1$ 挡，将红表笔接 T1，黑表笔接 T2，此时万用表指针不动。用导线将晶闸管 G 端与 T2 短接一下，若万用表指针偏转，则说明此晶闸管性能良好。

② 使用万用表 $R\times 1$ 挡，将红表笔接 T2，黑表笔接 T1，用导线将 T2 与 G 短接一下，若万用表指针发生偏转，则说明此双向晶闸管双向控制性能完好，如果只有某一方向良好，则说明该晶闸管只具有单向控制性能，而另一方向的控制性能已失效，如图 4-27 所示。

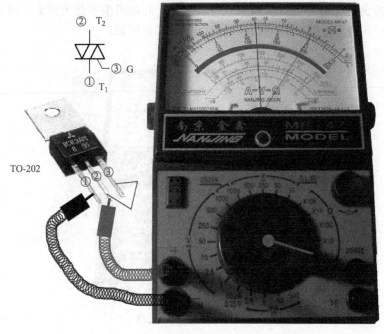

图 4-27　判别双向晶闸管的质量

八、电感器的检测

1. 普通电感器的检测

电感器的电感量通常是用电感电容表或具有电感测量功能的专用万用表来测量，普通万用表无法测出电感的电感量。普通的指针式万用表不具备专门测试电感器的挡位，只能大致测量电感器的好坏，其方法如下。

（1）指针式万用表检测

① 如图 4-28 所示，首先将指针式万用表调到欧姆挡的"$R \times 1$"挡，然后将万用表黑红两表笔分别与电感器的两引脚相接（测量电感器两端的正、反向电阻值），正常时，表针应有一定的电阻值（即应接近 0Ω）指示，如果表针不动，说明该电感器内部断路；如果表针指示不稳定，说明电感器内部接触不良；如果表针阻值很大或为无穷大，则表明该电感器已开路。对于具有金属外壳的电感器，如果检测得振荡线圈的外壳（屏蔽罩）与各引脚之间的阻值不是无穷大，而是有一定电阻值或为零，则说明该电感器存在问题。

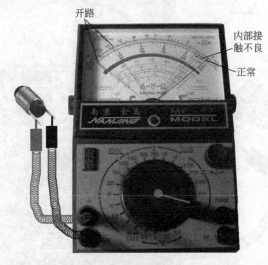

图 4-28　电感器的检测

② 将万用表置于"$R \times 10k$"挡，检测电感器的绝缘情况，测量线圈引线与铁芯或金属屏蔽之间的电阻，均应为无穷大，反之，该电感器绝缘不良。

③ 查看电感器的结构，好的电感器线圈绕线应不松散、不会变形，引出端应固定牢固，磁芯既可灵活转动，又不会松动等，反之，电感器可能损坏。

（2）数字式万用表检测　采用具有电感挡的数字万用表来检测电

感器是很方便的，将数字万用表量程开关拨至合适的电感挡，然后将电感器两个引脚与两个表笔相连即可从显示屏上显示出该电感器的电感量。若显示的电感量与标称电感量相近，则说明该电感器正常；若显示的电感量与标称值相差很多，则说明该电感器有问题。

> 提示： 在检测电感器时，数字万用表的量程选择很重要，最好选择接近标称电感量的量程去测量，反之，测试的结果将会与实际值有很大的误差。

2. 色码电感器的检测

色码电感器是具有固定电感量的电感器，其电感量标志方法同电阻一样以色环来标记，检测时，可按以下方法进行：如图 4-29 所示，首先将万用表置于 $R \times 1$ 挡，然后将万用表黑红两表笔分别与电感器的两引脚相接。正常时，指针应向右摆动。若指针指示电阻值为零，说明其内部有短路性故障。一般色码电感器直流电阻值的大小与绕制电感器线圈所用的漆包线径、绕制圈数有直接关系，只要能测出色码电感器的电阻值，则可认为被测色码电感器是正常的。

图 4-29　色码电感器的检测

九、集成电路的检测

1. 普通集成电路的检测

（1）不在路检测　不在路检测就是在集成电路未接电路之前，将万用表置于电阻挡（如 $R \times 1k$ 或 $R \times 100$ 挡），红、黑表笔分别接集成电路的接地脚，然后用另一表笔检测集成电路各引脚对应于接地引脚之间的正、反向电阻值（如图 4-30 所示），并将检测到数据与正常值对照，若所测值与正常值相差不多，则说明被测集成电路是好的，反之说明集成电路性能不良或损坏。

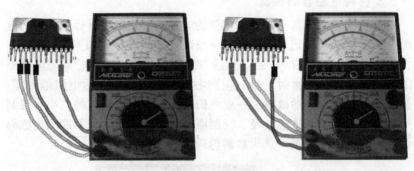

图 4-30　不在路检测集成电路

（2）在路检测　在路检测就是使用万用表直接测量集成电路在印制电路板上各引脚的直流电阻、对地交直流电压是否正常来判断该集成电路是否损坏。常用的几种测量方法如下。

① 直流电阻检测法。采用万用表在路检测集成电路的直流电阻时应注意以下三点：第一点是测量前必须断开电源，以免测试时造成电表和组件损坏；第二点是使用的万用表电阻挡的内部电压不得大于 6V，选用 $R \times 100$ 或 $R \times 1k$ 挡；第三点当测得某一引脚的直流电阻不正常时，应注意考虑外部因素，如被测机构与集成电路相关的电位器滑动臂位置是否正常，相关的外围组件是否损坏等。

② 交流工作电压检测方法。采用带有 dB 插孔的万用表，将万用表拨至交流电压挡，正表笔插入 dB 插孔；若使用无 dB 插孔的万用表，可在正表笔中接一只电容（0.5μF 左右），对集成电路的交流工作电压进行检测。但由于不同的集成电路其频率和波形均不同，所以

测得数据为近似值，只能作为掌握集成电路交流信号变化情况的参考。

（3）代换法　代换法是用已知完好（有的还要写入数据）的同型号、同规格集成电路来代换被测集成电路，可以判断出该集成电路是否损坏。

2. 微处理器集成电路的检测

微处理器集成电路的关键测试点主要是电源（V_{CC}/V_{DD}）端、RESET 复位端、X_{IN} 晶振信号输入端、X_{OUT} 晶振信号输出端及其他线路输入、输出端。可在路进行检测，其方法是：将万用表置于电阻挡（如图 4-31 所示）或电压挡（如图 4-32 所示），红、黑表笔分别接集成电路的接地脚，然后用另一表笔检测上述关键点的对地电阻值和电压值，然后与正常值对照，即可判断该集成电路是否正常。

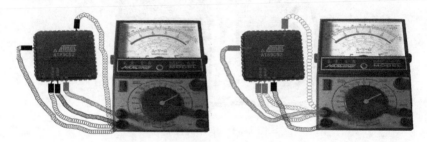

图 4-31　微处理器关键点电阻检测

图 4-32　微处理器关键点电压检测

3. 单片机的检测

单片机的关键测试脚主要是电源、时钟、复位及其输入与输出端。检测时将万用表置于 $R \times 1k$ 挡,红表笔接地,黑表笔分别接各引脚测其对地电阻值(如图 4-33 所示),然后将所测的值与正常值对照,即可判断该集成电路是否正常。

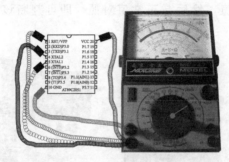

图 4-33 单片机检测

十、电源变压器的检测

① 外观的检测 检查变压器外观否有明显异常现象,如线圈引线是否断裂、脱焊,绝缘材料是否有烧焦痕迹,铁芯紧固螺杆是否有松动、硅钢片有无锈蚀、绕组线圈是否有外露等。

② 绝缘性测试 用万用表 $R \times 10k$ 挡分别测量铁芯与初级、初级与各次级、铁芯与各次级、静电屏蔽层与次级、次级各绕组间的电阻值,万用表指针均应指在无穷大位置不动。否则,说明变压器绝缘性能不良。

③ 线圈通断的检测

a. 开路性故障的检测。将万用表置于 $R \times 1$ 挡,测量各绕组的电阻值,若某个绕组的电阻值为无穷大,则说明此绕组存在开路性故障。

b. 短路性故障的检测。电源变压器发生短路故障后会出现发热严重和次级输出电压失常以及空载电流过大的现象，可采用手感法和万用表检测法进行判断；将变压器次级负载断开，通电运行，用万用表测其空载电流（测量方法前面已介绍），若空载电流大于满载电流10％以上，则说明存在短路故障。对于短路严重的变压器，空载加电后几十秒便会迅速发热，如果用于触摸铁芯出现烫手的感觉，此时不需测量空载电流便可断定变压器有短路性故障。

④ 空载电流的检测　变压器的空载电流是指初级接额定电压，次级完全空载测得的初级电流。可采取以下方法进行检测。

a. 直接测量法。将次级所有绕组全部开路，把万用表置于交流电流挡（500mA），串入一次绕组。当一次绕组的插头插入220V交流市电时，万用表所指示的便是空载电流值。此值不应大于变压器满载电流的10％～20％。一般常见电子设备电源变压器的正常空载电流应在100mA左右。若实测得的空载电流过高，则说明变压器有短路性故障。

b. 间接测量法。在变压器的一次绕组中串联一个10Ω/5W的电阻，将变压器的次级全部断开，把万用表拨至交流电压挡。加电后，用两表笔测出电阻 R 两端的电压降 U，然后用欧姆定律算出空载电流 $I_空$，即 $I_空 = U/R$。

第三节

专用元器件检测

一、漏电保护器的检测

检测时，将万用表置于 $R \times 1\Omega$ 挡，表笔同时接触输入线圈和输出线圈。测量出的电阻值若小于等于 4Ω，则可判定出漏电保护器能够正常使用；反之，则此漏电保护器存在安全隐患。

二、启动器的检测

电动机启动器是用于辅助电动机启动的设备，使电动机启动平稳，对电网的冲击小，还能实现对电动机的软停车、制动、过载和缺相保护等。启动器采用晶闸管，串接于三相电源与电动机的定子回路中，利用晶闸管移相控制原理，通过微处理器的控制来改变晶闸管的开通程度，由此来改变电动机输入电压和输入电流的大小，以达到控制电动机的启动特性。启动器的检测方法如下。

① 用万用表测量主回路 3 个输入端对外壳和相间的电阻值，正常为无穷大，测量每相输入端与输出端之间的电阻值大于 $100\text{M}\Omega$ 正常，然后上电，显示屏没有故障报警即可。

② 用万用表或摇表检测启动器中的双向晶闸管的好坏。可以用外加直流电源的方法检测，外加直流 6V 左右，在电源回路串联保护电阻，在阴极与控制极之间加正向电压，能触发导通说明晶闸管正常；反之，则说明晶闸管损坏。

三、换向器的检测

换向器是直流电动机上为了能够让电动机持续转动下去的一个部件。换向器在有刷电动机里面，具有相互绝缘的条状金属表面，随电动机转子转动时，条状金属交替接触电刷的正负极，实现电动机线圈电流方向的正负交替变化，完成有刷电动机线圈的换向。换向器是电动机的关键部件，且容易发生故障，可用以下方法进行检查：

① 外观检查。在正常换向运行时，换向器表面是平滑、光泽的，无任何磨损、印迹和斑点。当换向不良时，换向器表面会出现异常烧伤现象。

② 测量换向器的跳动量。换向器跳动量反映了换向器圆度和对电枢轴同轴度的综合偏差。检查工作在电动机组装完成后进行，测量时，将百分表顶针垂直压在刷握的一个压指或电刷上，手动缓慢转动转子，转动一圈后，百分表数值的变化量即为换向器工作面的跳动量。中修要求跳动量不大于 0.08mm。

③ 磨耗量检查。把钢直尺平行压在换向片表面，用塞尺检查换向片与直尺间的缝隙，即为磨耗量。中修要求磨耗量不大于 0.2mm。

四、霍尔器件的检测

霍尔元件是应用霍尔效应的半导体，是用来检测电动机转速的传感器。一般是霍尔传感器固定安装，而在电动机的旋转部位安装一个导磁性好的磁钢，旋转过程中，磁钢每接近霍尔传感器一次，霍尔传感器认为电动机旋转了一圈，以此计算电动机转速。霍尔元件有线性和开关型两种。

（1）线性霍尔元件的检测　检测线性霍尔元件的工具主要有：磁铁、电压表（指针式或者数字式）或者万用表，检测示意图如图4-34所示。

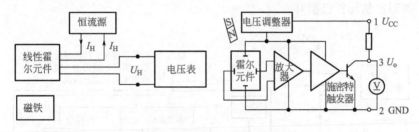

图 4-34　线性霍尔元件检测示意图

① 利用磁场大小的改变来检测（该元件具有根据接触磁场的大小不同而输出不同的电压的特性）：将电阻 R_L 换接于 2、3 脚之间，并将 12V 直流电源正极接于线性霍尔传感器的 1 脚、负极接于线性霍尔传感器的 2 脚。将万用表置于直流 50V 挡，红表笔接 3 脚，黑表笔接 2 脚，观察万用表的指针变化，当磁铁从远到近逐渐靠近线性霍尔元件，若输出电压能从小到大变化，说明线性霍尔元件是好的；若输出电压没有变化而保持一个电压不变，则说明该线性霍尔元件损坏。

② 利用电流变化来检测（该元件另一个特性是根据电流的变化输出不同的电压）：磁铁保持不动（也就是采用一个固定磁场），调整给霍尔元件的恒流源，让恒流源的电流从零逐渐向线性霍尔元件的额定电流变化，观察电压表，若霍尔的输出电压是随着电流的变化而变化，说明线性霍尔元件正常；若输出电压无变化，则说明线性霍尔元件损坏。但要注意：采用这种方式输入的恒流源不要超过霍尔元件本身的额定电流，否则可能引起线性霍尔元件损坏。

（2）开关型霍尔元件的检测　开关型霍尔元件的检测比较简单，因为开关型霍尔元件一般的工作原理是磁场靠近输出低电平，磁场离开输出高电平。检测如图 4-35 所示，首先找一只 2kΩ 的电阻 R_L 接于 1、3 脚之间，并将 12V 直流电源的正极接于开关型霍尔元件的 1 脚，负极接霍尔元件的 2 脚，将万用表置于直流 50V 挡，红表笔接 3 脚、黑表笔接 2 脚，观察电压表或万用表指针的变化，当将磁铁靠近霍尔元件或者霍尔元件靠近磁铁时输出的电压为低电平，磁铁远离后为高电平，此种电压变化则可以说明霍尔是好的；若不管霍尔元件靠近磁场还是远离磁场，霍尔元件的输出电平都保持不变，则说明该开关型霍尔元件已损坏。

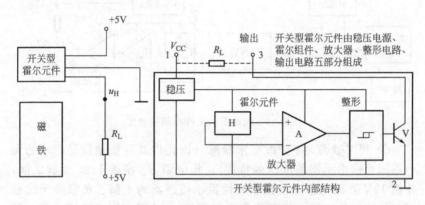

图 4-35　开关型霍尔元件的检测示意图

五、交流接触器的检测

交流接触器（如图 4-36 所示）是用来频繁接通和断开电路的自动转换电器，主要控制对象是电动机。检测时，将交流接触器从控制线路中拆下，然后根据标识判断好接线端子的分组后，将万用表调至 $R \times 100$ 欧姆挡，对接触器线圈的阻值进行检测。将红、黑表笔搭在与线圈连接的接线端子上测其阻值是否正常（正常值一般为 1400Ω），若测得阻值为无穷大或为 0，说明该接触器已损坏。

根据接触器标识可知，该接触器的主触点和辅助触点都为常开触点，将红、黑表笔搭在任意触点的接线端子上，测得的阻值为无穷大；当用手按下测试杆时，触点便闭合，红黑表笔位置不动，测阻值变为 0。若检测结果正常，但接触器依然存在故障，则应对交流接触器的连接线缆进行检查，对不良的线缆进行更换。

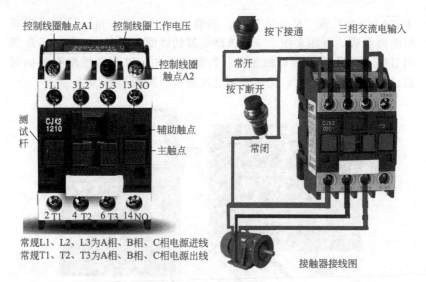

控制线圈触点A1　控制线圈工作电压

按下接通　　　　三相交流电输入

控制线圈触点A2

常开

按下断开

1L1　3L2　5L3　13 NO

测试杆

CJK2 1210

辅助触点

主触点

常闭

2 T1　4 T2　6 T3　14 NO

常规L1、L2、L3为A相、B相、C相电源进线
常规T1、T2、T3为A相、B相、C相电源出线

接触器接线图

图 4-36　交流接触器

六、继电器的检测

继电器是一种常用的控制器件，它可以用较小的电流来控制较大的电流，用低电压来控制高电压，用直流电来控制交流电等，并且可实现控制电路与被控电路之间的隔离，广泛应用于电动机控制和电力系统保护等方面。继电器的种类很多，常用的主要有电磁式继电器、干簧继电器、固态继电器、时间继电器、热保护继电器等。

1. 继电器通用检测步骤

继电器的常见故障是不吸合与触点粘连。继电器出现故障，可按如下方法检测：①首先检查继电器线圈电压是否正常；②如果线圈电压正常，则查看继电器能否吸合；③如果继电器不能吸合，则说明继电器线圈损坏；④如果继电器能吸合，则用万用表测量各个触点是否能正常通断；⑤如果各个触点能正常通断，则说明该继电器正常；⑥如果任意触点不能通断，则该继电器触点损坏。

2. 电磁式继电器的检测方法

① 线圈的检测（如图 4-37 所示）。将万用表置

电磁式继电器检测

于"$R \times 100$"或"$R \times 1k$"挡,两表笔(不分正、负)接继电器线圈的两引脚,万用表指示应与该继电器的线圈电阻基本相符。若阻值明显偏小,说明线圈局部短路;若阻值为 0,说明两线圈引脚间短路;若阻值为无穷大,说明线圈已断路或引脚脱焊。

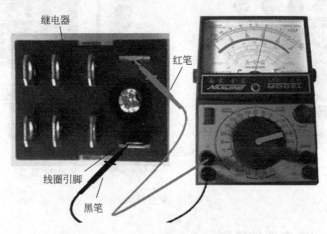

图 4-37　电磁式继电器线圈检测方法示意图

② 接点的检测。使用万用表检测电磁式继电器接点方法如图 4-38 所示,具体操作步骤如下:首先给继电器线圈加上规定的工

图 4-38　电磁式继电器接点检测方法示意图

作电压，用万用表"$R×1k$"挡检测接点的通断情况；未加电时，常开接点不通，常闭接点导通；加电时，应能听到继电器吸合声，这时，常开接点导通，常闭接点不通，转换接点应随之转换，否则说明该继电器损坏；对于多组接点继电器，如果部分接点损坏，其余接点动作正常，则仍可使用。

3.干簧式继电器的检测方法

干簧式继电器由干簧管和线圈组成，具有 1 对线圈引脚和若干对干簧管引脚，在其外壳上均有相应标志。干簧式继电器同样可以用万用表对其线圈和接点进行检测，检测方法与电磁式继电器相同，如图4-39 所示。

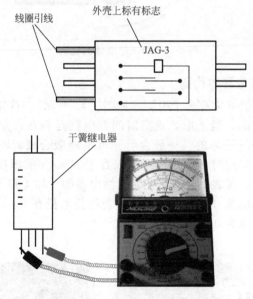

图 4-39　干簧式继电器的检测

4.固态继电器的检测方法

固态继电器输入端可以用万用表检测，具体操作步骤如下（如图4-40 所示）：将万用表置于"$R×10k$"挡，黑表笔（即表内电池正极）接 SSR 输入端的正极，红表笔（即表内电池负极）接 SSR 输入端的负极，表针应偏转过半；将两表笔对调后再测，表针应不动；如果无论正向接入，还是反向接入，表针都偏转到头或都不动，则该固态继电器已损坏。

图 4-40　固态继电器的检测

5. 时间继电器的检测

时间继电器通常有多个引脚（如图 4-41 所示）。首先设置好时间继电器动作时间，通上电，观察时间继电器是否在设定时间内有动作，如果没有就是坏的（一般会听到继电器吸合或者断开的声音）。用万用表进行检测时，首先将万用表置于 $R \times 1k$ 欧姆挡，进行零欧校正后，将红、黑表笔任意搭在时间继电器的 1 和 4 脚上，万用表测得两引脚间阻值为 0，然后将红、黑表笔任意搭在 5、8 脚上，测得两引脚间阻值也为 0。

时间继电器通常有多个脚，在未工作状态下，1脚和4脚、5脚和8脚为接通状态；此外，2脚和7脚为控制电压的输入端，2脚为负极，7脚为正极

图 4-41　时间继电器

在未通电状态下，1 和 4 脚、5 和 8 脚是闭合状态，而在通电动作后，延迟一定的时间后，1 和 3 脚、6 和 8 脚是闭合状态。闭合引脚间阻值应为零，而未接通引脚间阻值应为无穷大。

6. 热保护继电器的检测

热保护继电器上有三组相线接端子，其中 L 一侧为输入端，T 一侧为输出端（如图 4-42 所示）。检测时，可将万用表置于 $R \times 1$ 欧姆挡，测量常闭触点与动点电阻，其阻值应为 0；而常开触点与动点的阻值就为无穷大。用手拨动测试杆，模拟过载环境，将红、黑表笔搭在继电器的常闭触点接触端子上，此时测得的阻值为无穷大；继续用手拨动测试杆，模拟过载环境，然后将红、黑表笔搭在继电器的常开触点接触端子上，测得的阻值为 0。

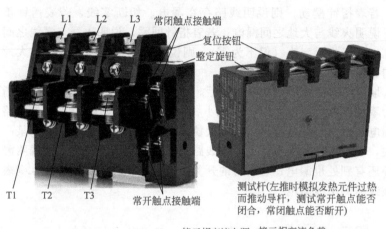

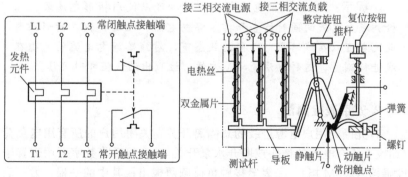

图 4-42　热保护器继电器

第四节

电工线路检测

一、线路漏电——仪表检测法

1. 电流表检测法

电气线路使用年限较长，会引起绝缘老化、绝缘层受潮或磨损等情况，从而引起线路上产生漏电现象。检查时，首先将电流表接在总刀闸上，然后取下负载，并接通负载开关，观察电流表指针的指示值。若表指针摆动，则说明线路存在漏电。切断零线，若表指针不变，说明火线与大地之间漏电；若表指针回零，说明火线与零线之间漏电；若表指示变小（但不为零），则说明火线与零线、火线与大地间均有漏电。

取下分路熔断器或拉开刀闸后，表指示不变说明总线漏电；表指示为零说明分路漏电；表指示变小（但不为零），则说明总线与分路都漏电。确定好漏电分路后，依次拉断该线路的开关。当拉断到某一开关，电流表指示为零，说明该线路漏电；若变小，说明除该线路漏电外还有别处也漏电；若所有的开关都拉断，电流表指示不变，则表明该线路的干线漏电。

> **提示：** 当低压配电线路漏电时，可以使用钳形电流表，在检测漏电电流的同时检查和排除漏电电流产生的部位。钳形漏电电流表可以在线路带电运行的状态下，对线路漏电电流的大小在线进行测量，这种方法简单、方便，检测出的数值即时可读。

2. 万用表检测法

首先断开用户电源进线的总隔离开关，关闭用户的所有用电负荷（如拔下所有电器的插头或断开水泵开关等）；然后将数字万用表置于欧姆挡（200M挡），一表笔接触负荷侧两根出线其中的一根，另一表笔碰触墙壁（最好是接地线或临时接地线），读出主线路的绝缘电阻数值；若万用表上指示的绝缘电阻值小于 0.5MΩ，说明主线路有问题；若表指示的绝缘电阻值在 0.5MΩ 以上，则排除主线路出问题的可能。

用同样的办法测量另外一根导线，也查看数值，检查是否主线路出了问题。查看分路及各用电器的绝缘电阻值，也是用同样的方法逐个检测，直到找到故障点为止。

二、线路漏电——分路排查法

① 一合闸，漏电开关就跳闸，一般是火线漏电所引起的，其检查方法如下。

a.检查漏电保护开关本身是否损坏，可将漏电保护开关断开，拆掉漏电保护开关下端的负载线，然后合闸，如跳闸说明该漏保已损坏，需更换漏保。

b.把总闸和分漏电保护开关全断开，合上总闸，逐一合上分开关，若合到哪个分开关漏保就跳闸，说明该路存在漏电。

c.把负载（电器）的插头全部拔下，然后分别逐一插上电器插头，当插到哪个电器漏保就出现跳闸说明问题就出现在此电器上。

d.将灯全部关闭，然后逐一开灯，若开到哪个灯漏保跳闸，说明问题就出在该灯（或线路）。

② 零线漏电时的表现是合闸后不会马上跳闸，但要等一段时间后漏电保护器才跳闸，且跳闸时间不一致，其检查方法如下。

a.首先检查是否因漏保小而过载引起跳闸，此时可换大一号的漏电保护器。

b.检查时可将所有电器的插头拔下，若还出现跳闸，说明问题出在线路上；此时首先确定不是负载用电器的问题，属于线路问题。检查时，首先拆开主零线，然后断开所有分开关，用绝缘电阻表逐一检查每条线路零线对地绝缘阻值（阻值很小或者为零）；当找到问题线路后，再检查该条问题线路所接的电器（比如电灯或空调等）有哪些直接接在该线路上面；若电器无问题，则说明问题出在线路上，此时只有更换线。

三、线路漏电——电磁检查法

线路漏电会产生强大的电磁感线，可以用一个有磁性的针放在纸上，放到被测试部位，若指针方向发生偏转，说明测试部位漏电。

四、线路通断的检测

1. 万用表测量线路通断

判断一根表皮完好的电线里面的线芯是否通断时，可用万用表进行测量，其方法如下（如图 4-43 所示）：将万用表量程调到蜂鸣挡，若线路是通的，万用表会发出持续的蜂鸣声；若线路是断的，无蜂鸣声，屏幕显示 1，表示电阻无穷大。

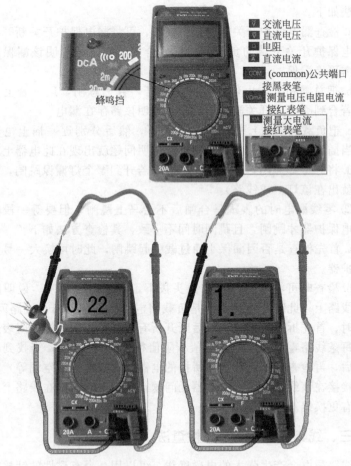

图 4-43　万用表检测线路通断

2. 钳形电流表检测线路通断

钳形电流表检测线路通断的方法如下（如图 4-44 所示）：将电流表旋钮转到标有蜂鸣标志的挡位；把黑、红表笔金属部分相接，此时表会发出持续的蜂鸣声，电流表正常；将要测量的导线两头剥皮，使其漏出金属部分，用两支表笔金属部分分别接触被测导线两头，此时会听到蜂鸣声，说明导线正常；若无"嘀"声，说明导线开路，需更换导线。

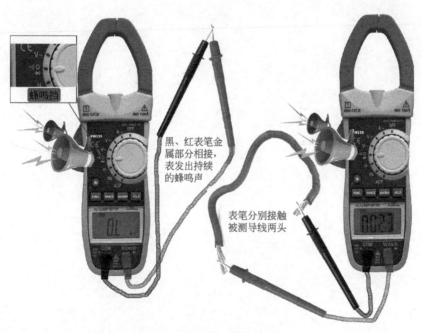

黑、红表笔金属部分相接，表发出持续的蜂鸣声

表笔分别接触被测导线两头

图 4-44 钳形表检测线路通断

提示：　使用钳形电流表应防止短路故障，用钳形电流表测量裸导线电流时，如果导线之间或导线与地之间距离太小，用钳形电流表进行测量时，应防止相与线之间短路。最好的办法是在钳形电流表的钳夹头上套上绝缘套，或者移到绝缘导线的回路中进行测量。

第五章

常用电工电路图

第一节

多控开关接线图

多控开关是相对单控开关（如图5-1所示）来说的。多控开关接线是指用多个开关控制一个用电器（在家装灯控中经常见到），是由一开双控开关（又称双控开关、多联开关，如图5-2所示为双控开关接线图，如图5-3所示为实物接线图，单控和双控开关接线板的区别如图5-4所示）发展而来，多控开关（实际有一开三控、一开四控等

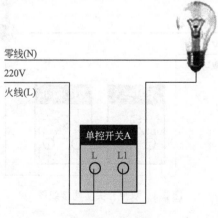

零线(N)

220V

火线(L)

单控开关A

L   L1

图 5-1 单控开关

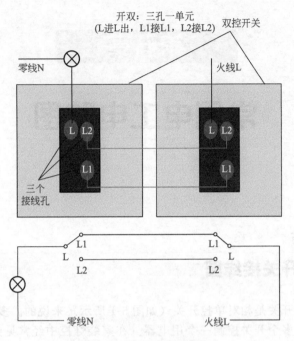

图 5-2　双控开关接线图

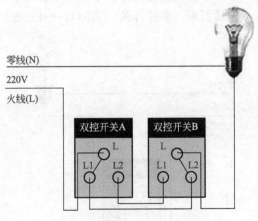

图 5-3　双控开关实物接线图

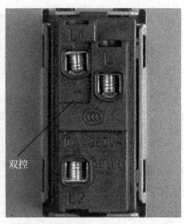

单控

双控

图 5-4 单控和双控开关接线板的区别

都是同一种多控开关，统称为多控开关、多联开关）有六个接线柱，三个一组（如图 5-5 所示），相应实现平行和交叉接通。*N* 个多控开关用导线连接起来，不过两端还是一开双控开关，就可以实现多个开关控制同一个用电器的目的。图 5-6 所示是多控开关接线，它是由首尾两个多联开关和中间多个多控开关组成。

三个一组

三个一组

图 5-5 一开多控开关接线板

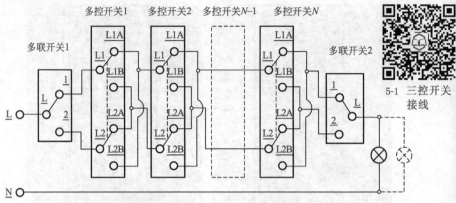

注：有的实物接线端子A、B分别用1、2代替。如L1A与
L1₁是一样的，L1B与L1₂是一样的。

图 5-6　多控开关接线

提示：　开关背板后面的接线端子附近均有相应的字符标识，
严格按字符标识接线。如图 5-7 所示为常见的接线端子字符标识。

接线 标识	L	N	⏚	A	V	IN	OUT	LOAD
	火线	零线	地线	额定电流	额定电压	进线	出线	负载输出线

图 5-7　常见的接线端子字符标识

第二节

路灯控制电气图

　　一般的小功率路灯可直接用一个定时器直接控制（如图 5-8 所示）。时控开关设置方式分别如图 5-9～图 5-12 所示。

　　大功率的路灯控制（含三相电）则应配合交流接触器进行控制（如图 5-13 所示）。图中辅助触点是用来互锁控制的，在路灯控制中作用不大，主要用在电动机控制电路。

　　还有一种最新式的路灯控制电路，就是路灯光控控制器（如图

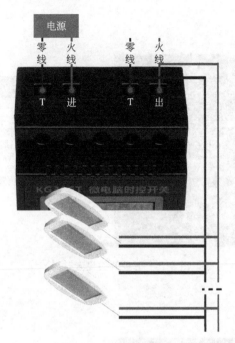

图 5-8　定时器直接控制

① **调整时间(24小时制)**

按住"时钟"键不放，然后按"校时"键可调整时钟，按"校分"键可调整分钟，按"校星期"键可调整星期

图 5-9　时控开关设置（一）

5-14 所示）。与时控不同的是多了一个光控探头。既可实现天暗开、天亮关的控制，又可定时开关路灯。

定时设置(开) ②

按一下"定时"键，显示屏左下方出现"1开"字样(表示第一组开启时间)。再分别按"星期""时""分"键，按到所需开启的时间。支持多种星期模式，按"星期"调到所需的即可。如果需要每天循环让星期全部显示即可

图 5-10 时控开关设置（二）

定时设置(关) ③

再按一下"定时"键，显示屏左下方出现"1关"字样(表示第一组关闭时间)。再分别按"星期""时""分"键，按到所需开启的时间。设置完毕后，按"时钟"键返回到北京时间

图 5-11 时控开关设置（三）

④ 运行设定好的程序

程序设置完成后，按"自动/手动"键
按到屏幕显示"关"字样，然后再按
一下"自动/手动"键，屏幕上显示为
"自动"字样，表示按照所设置好的
时间程序，自动运行开关

"自动"模式表示按设定程序运行
"开"模式表示强制通电
"关"模式表示强制断电

图 5-12　时控开关设置（四）

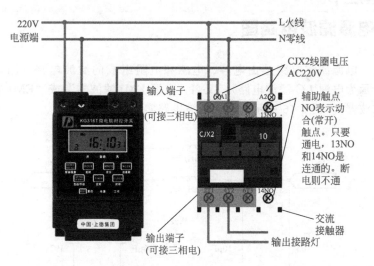

图 5-13　大功率的路灯控制（含三相电）电气接线图

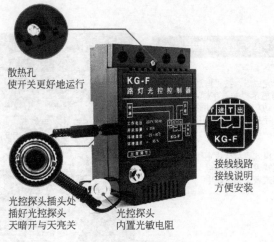

散热孔
使开关更好地运行

接线线路
接线说明
方便安装

光控探头插头处
插好光控探头
天暗开与天亮关

光控探头
内置光敏电阻

图 5-14　路灯光控控制器

电源滤波电路图

电源滤波电路是由电容、电感和电阻组成的滤波电路（图 5-15 所示为电源 LC 滤波电路），又名"电源 EMI 滤波器"或"EMI 电源滤波器"。图 5-16 所示为电源滤波电路实物图。

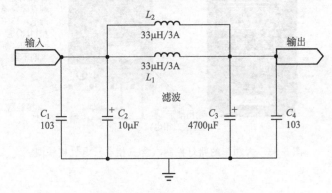

图 5-15　电源 LC 滤波电路

图 5-16　电源滤波电路实物图

整流电路图

整流电路就是一种将交流电能转化为直流电能的变换器。在电子电工电路中整流电路有多种，有单相整流电路（如图 5-17 所示）、三相整流电路（如图 5-18 所示）和多相整流电路（如图 5-19 所示）

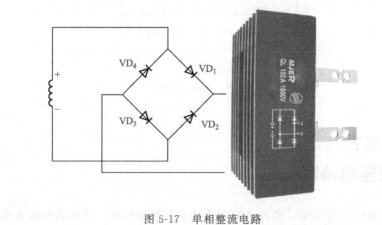

图 5-17　单相整流电路

等。单相整流电路主要用于小功率场合，三相和多相整流电路主要用于大功率场合。在电工电路中主要使用单相和三相整流电路。

图 5-18　三相整流电路

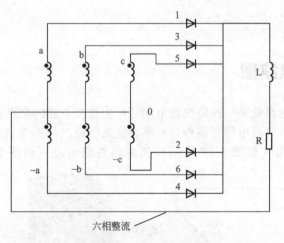

图 5-19　多相整流电路

第五节

变压电路图

在电工技术中，变压主要是通过变压器来实现，变压器是电力电路中的静止器件，是在电力系统中非常常见的器件。其主要作用是变换交流电压（也有变换交流电流和阻抗的作用）。当变压器一次侧施加交流电压时，流过一次绕组的电流在铁芯中会产生交变磁通，使一次绕组和二次绕组发生电磁感应。根据电磁感应原理，交变磁通穿过这两个绕组就会感应出电动势，其大小与绕组匝数以及主磁通的最大值成正比，绕组匝数多的一侧电压高，绕组匝数少的一侧电压低，但一次级与二次级频率保持一致，从而实现了电压的变化。图 5-20 所示为三相电力变压电路原理图。

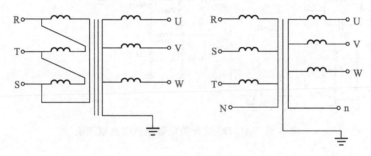

图 5-20　三相电力变压电路原理图

第六节

稳压电路图

稳压电路是指在输入电压、负载、环境温度、电路参数等发生变化时仍能保持输出恒定电压的电路。这种电路能提供稳定的直流电源，主要用在电工控制电路中，为控制电器提供稳定的自身工作电压。常用的稳压电路有开关稳压电路和 DC-DC 稳压电路。开关稳压电路是指 AC-DC 的开关电源稳压电路（如图 5-21 所示为其电路原理图，如图 5-22 所示为其实物图），DC-DC 是指直流到直流的稳压电路（如图 5-23 所示为其原理图，如图 5-24 所示为其实物图），其稳压原理跟 AC-DC 稳压原理类似。

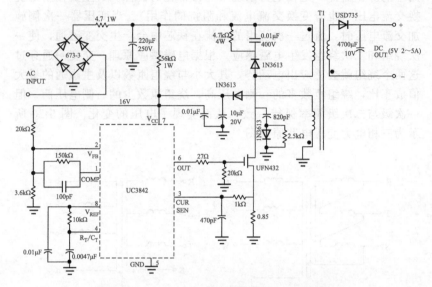

图 5-21 AC-DC 的开关电源稳压电路原理图

图 5-22 AC-DC 的开关电源稳压电路实物图

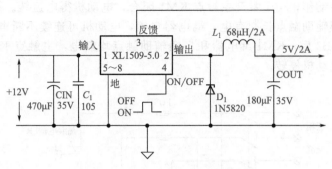

图 5-23　DC-DC 稳压电路原理图

图 5-24　DC-DC 稳压电路实物图

电动机控制电气图

　　电动机控制方式有很多，控制电路也多种多样。以下介绍几种典型的电动机控制电路。对于电动机控制电路的接线方法，一般是先接主回路，再根据控制回路把相关的按钮部分接好，再由按钮向外展开接线，向外展开时，先接主通道，再接并联回路，最后接电源。

1. 最基本的电动机控制电气图

　　最基本的电动机控制电气图如图 5-25 所示，就是按下启动开关 SB1 后，KM1 继电器和 KM1 自锁辅助触点同时得电，KM1 继电器得电后动作，三个常开主触点 KM1 闭合，电动机得电运转。同时由于自锁辅助触点长期有电，继电器自锁，电动机可连续不断电运转。按下 SB2 后，KM1 继电器和自锁辅助触点均断电，主触点 KM1 断开，电动机停转。

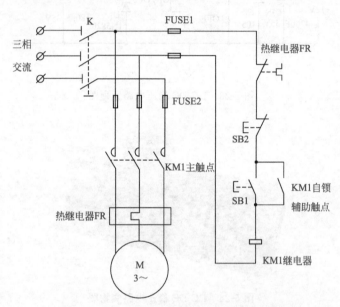

图 5-25　最基本的电动机连续运转控制电气图

2. 电动机 Y-△（星形-三角形）降压启动电路

电动机 Y-△（星形-三角形）降压启动电路如图 5-26 所示。Y-△降压启动是指电动机启动时，把定子绕组接成星形，以降低启动电压，减少启动电流；待电动机启动后，再把定子绕组改接成三角形，使电动机全压运行。按下启动按钮 SB2，KM1、KM3 线圈（KM3 通过时间继电器 KT 常闭触点通电，因 KT 为时间继电器，具有延时作用，KT 常闭触点未到时间还未断开）和 KT 均得电，KM1 和 KM3 三相常开触点吸合，电动机星形启动，KT 时间继电器经延时后常闭触点打开，常开触点闭合，使得 KM3 断电，KM2 常开触点闭合，KM2 闭合并自锁（即依靠接触器自身的辅助触点而使其线圈保持通电的现象称为自锁，因 KT 中有 KM2 的辅助触点而具有自锁功能），电动机由星形接法转换成三角形接法并正常长时间运行。图中 FR 为热继电器，具有过热保护作用。若要停机，则按下 SB1，SB1 为常闭开关，按下 SB1 后，KM1 继电器失电，断开总电源，KM1 主触点断开，电动机停机。

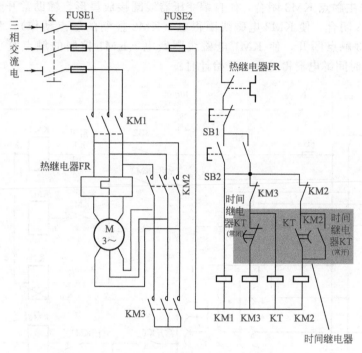

图 5-26　电动机 Y-△（星形-三角形）降压启动电路

> **提示：** Y-△启动只能用于正常运行时为三角形接法的电动机。自锁是自我锁定，当这个开关一动作，那么它就会一直保持这个状态。互锁是两个开关相互锁定，这个开关动的话，另一个开关就肯定动不了。

3. 电动机自耦降压启动电路

电动机自耦降压启动电路就是利用自耦变压器降压来启动电动机的一种电路，如图 5-27 所示。L1、L2、L3、N 为三相四线制动力电源。K 为漏电保护开关，FU 为熔丝，FR 为过热保护器（热继电器，过热过载时断电保护）。按下启动开关 SB2，通过 KT 常闭触点，交流接触器 KM3 线圈得电，KM3 线圈得电后，KM3 电磁线圈控制（图中虚线箭头所指触点）原来常开的触点闭合，常闭的触点断开，原来主触点 KM3 闭合，使自耦变压器线圈接成星形，辅助常开触点 KM3 闭合，使 KM2 电磁线圈得电（KM2 控制的触点动作），常闭 KM3 触点断开，使 KM1 电磁线圈断电（KM1 控制的触点复位）。KT 时间继电器得电后，开始计时。

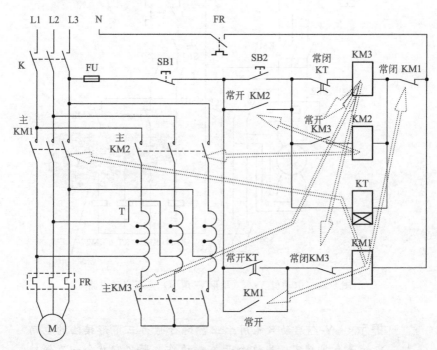

图 5-27　电动机自耦降压启动电路

　　KM2 控制的触点动作是指主 KM2 触点和常开 KM2 触点闭合，主 KM2 闭合，自耦变压器初级得电，次级送出相应的低压电（约 65%）到电动机，使电动机在星形连接模式下低压启动。电动机由自耦变压器低压端供电并低压启动。KM2 触点闭合后，KT、KM2、KM3 继电器线圈持续得电。

KM1 控制的触点复位是指 KM1 常开主触点断开，切断电动机的主供电，改为自耦变压器供电，KM1 常闭触点闭合，使相线 L3 与零线 N 形成闭合回路。常开 KM1 恢复断开。

当 KT 时间继电器计时结束（延时到点，不同的 KT 继电器设置的时间不一样）后，KT 继圈控制的触点动作。常闭 KT 触点断开（KM3 继电器失电，主 KM3 断开，自耦变压器星形连接断开）。常开 KM3 断开（KM2 电磁线圈失电，主 KM2 和常开 KM2 触点均断开，自耦变压器失电，KT、KM2、KM2 线圈均失电）。常开 KT 触点闭合，KM1 线圈得电，KM1 线圈控制的触点相应动作。主 KM1 触点闭合，电源通过主 KM1 触点送到电动机，常开 KM1 闭合，KM1 线圈持续得电自锁，常闭 KM1 触点断开，供电回路转换。电动机完成从自耦变压器低压启动到主电源全压运行的过程。

按下 SB1，继电器 KM1 线圈失电，主 KM1 断开，电动机失电停止运行，常开 KM1 触点断开，常闭 KM1 闭合，各触点均恢复初始状态，为下次启动做准备。

> 提示： 以上分析是分步进行说明，实际上控制过程（除 KT 延时外）是一次性完成的，图中虚线箭头为继电器线圈与被控制触点的一一对应关系。

第八节

家装强电配电图

家装强电线路配电可以按电器类型分回路，也可以按房间分回路。住宅内所有电器（包括照明回路、插座回路、大功率电器等）的安装容量应进行用电负荷的估算。如图 5-28 所示是典型的家装强电配电布置示意图。

家装强电插座回路的配电原则是插座靠近用电设备。布置插座时需要根据平面布置图的电器位置布置插座，避免插座的位置与家具设施冲突。如图 5-29 所示是典型的二室二厅一卫插座布置图。

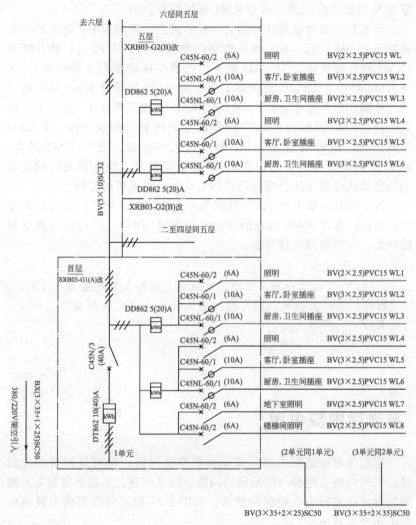

图 5-28　强电配电示意图

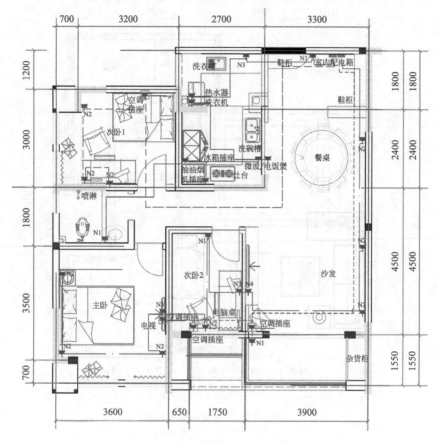

图 5-29　插座配电示意图

　　家装照明强电配电回路如图 5-30 所示，该图是典型的二室二厅一卫照明配电示意图。

　　家装强电配电时均应根据回路选择不同的配电箱（如图 5-31 所示）集中控制。图 5-32 所示为实际已装好配电箱的强电接线。

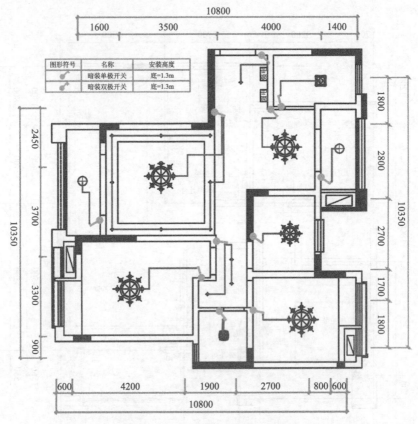

图形符号	名称	安装高度
	暗装单极开关	底=1.3m
	暗装双极开关	底=1.3m

图 5-30 家装照明强电配电示意图

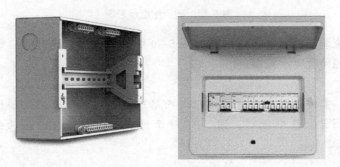

图 5-31 家装强电配电箱

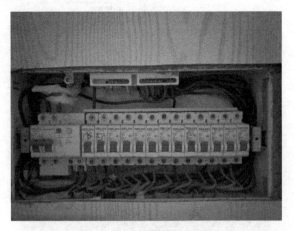

图 5-32　配电箱强电接线

第九节

家装弱电接线图

　　家装弱电主要是指家庭的宽带网、电话线、音频线、同轴电缆、安防网络等电气线路。它的核心部位是弱电箱，弱电箱内有有源弱电，也有无源弱电，弱电箱里的有源设备有宽带路由器、电话交换机、有线电视信号放大器等。图 5-33 所示为家装弱电箱及其接线。

　　在弱电接线中，最复杂的是网线的接线，弱电电工应熟知网线的接法。图 5-34 所示为 T568A 和 T568B 网线接线。

　　提示： 在网线连接中，不要在电缆一端用 T568A，另一端用 T568B，通常使用比较多的是 T568B 接线方法。网线的一端按 T568A，另一端按 T568B 连接，是两端互为 HUB 的跨接方法，只有要求两个网卡互为 HUB 的情况下才这样连接，例如，两台 PC 之间的双网卡平行连接，就是采用这种连接。

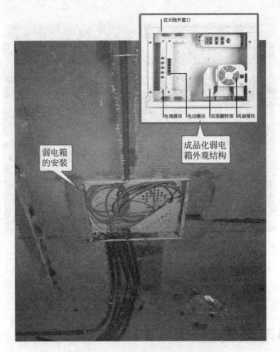

图 5-33　弱电箱及其接线

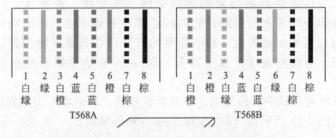

图 5-34　T568A 和 T568B 网线接线

第十节

水位控制电气图

水位控制分为电容式、电子式、电极式、光电式、浮球式、音叉式等几种控制电路，可联动控制相关设备启动或关闭（如水泵、液位开关、缺水保护）。信号电压常采用 12V 或 24V 安全电压。图 5-35 所示为浮球式水位控制器接线。

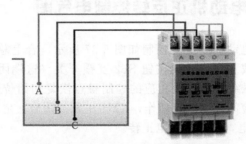

A(红线)为上水池(水塔)上限水位控制点，水位上升达到A点水位，水与探头接触，水位控制器自动关泵

B(蓝线)为上水池(水塔)下限水位控制点，水位下降到B点水位以下，水与探头脱离接触，水位控制器自动开泵，水池充水

C(黑线)为水池(水塔)地线，放在水池的最低点与水池底部接触

D(绿线)、E(黄线)点并接到C线

图 5-35　浮球式水位控制器接线

图 5-36 所示为电极式全自动液位控制器接线。

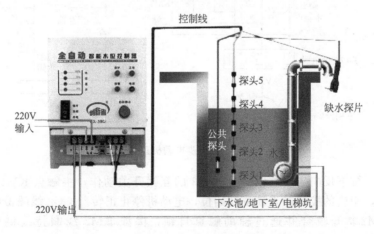

图 5-36　电极式全自动液位控制器接线

第十一节

三相异步电动机正反转控制电气图

三相异步电动机正反转控制如图 5-37 所示，合上总开关 K，三相电源接通，按下正向启动按钮 SB2 互锁开关（这端闭合，那端断开），KM2 电磁线圈断电，相应的控制触点恢复初始位，KM1 电磁线圈得电，相应的控制触点动作，KM1 主触点闭合，电动机 U、V、W 三相正向供电，电动机得电正转。

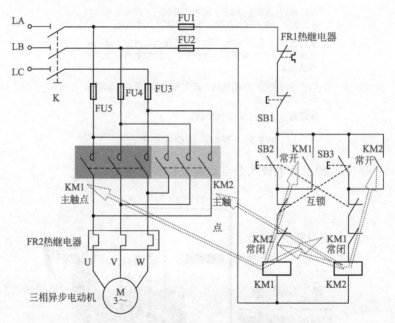

图 5-37　三相异步电动机正反转控制

按下反向启动按钮 SB3，SB3 的互锁开关动作，主触点 KM1 断电，相应的控制触点恢复初始位，电动机停止正转。KM2 线圈得电，KM2 常开吸合并通过辅助触点自锁，保证 KM2 线圈持续供电。KM2 主触点闭合，U、V、W 三相反相供电，电动机反转。同时 KM2 常闭触点断开，KM1 线圈无电，以防电磁线圈误动作烧坏电动机。

按下 SB1 常闭按钮，KM1、KM2 线圈均失电，KM1 和 KM2 主触点全部断开，电动机停止运转。所有触点恢复初始位。

直流电动机调速电气图

直流电动机调速原理实际上就是调节直流电动机的电流（可通过改变电枢回路总电阻）、电压和励磁，因为直流供电电压一般是低电压比较多，所以最有效的方法是用占空比进行调节，低压的直流调节一般用场效应管进行驱动，高压的（220V 以上）则用晶闸管进行调节。也有通过调节电枢电压和励磁来调节电动机速度的，调节电压的常用方法是用三相全桥晶闸管整流调节，调节励磁的则一般是作为升速调节使用，且调节范围小，常作为辅助调速使用。

如图 5-38 所示为电位器与晶闸管组成的直流电动机变压调速电路。

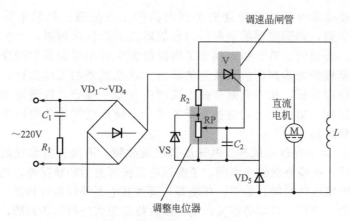

图 5-38　直流电动机变压调速电路

第六章

电工检修思路与方法

第一节

通用维修思路

1. 电工检修的维修思路

要排除电器的故障就要了解电器的工作原理，熟悉电器的结构、电路，知道电器的某部件出现故障会引起什么后果，产生什么现象。通过问、看、听、摸来了解故障发生后出现的异常现象，根据故障现象初步判断故障发生的部位，联系机器的工作原理，通过逻辑推理分析，初步判断故障大致产生在哪一部分，以便逐步缩小检查目标，集中精力检查被怀疑的部分。检修电气设备时应掌握以下检修思路。

① 善于观察和调查。电气设备出现故障，不能盲目地立刻将设备拆开，在检修前除应询问、了解该电器损坏前后的情况外，还要搞清故障发生的时间、地点、环境等；观察其电器外观是否异常，若存在变色、变形、冒烟等情况，则可以对故障原因进行初步判断，判断是否为容易发生烧伤的部件发生了损坏，如线圈、电气回路等，可以采用完好的元件对可能已发生损坏的元件进行替换，如果替换后电气设备恢复了工作能力，则可以判定就是由于被替换掉的元件的问题导致设备故障。通过观察的方法可以减少盲目的设备拆卸、线路排查等繁杂的过程，可以大幅度节约排除故障的时间，提高工作效率，因此

可以把观察作为电工维修工作的第一步，避免盲动，提高效率。

② 嗅一嗅设备的气味。电气设备细微的损坏是无法从表面上观察到的，此时不应急着对故障设备进行拆卸，要嗅一嗅设备的气味，看某些位置是否散发出了烧焦的味道，从而对设备发生故障的原因进行进一步的判断。通过嗅气味可以缩小维修范围，大大降低了由于排查线路、拆卸设备等工作造成的额外工作时间。

③ 线路排查。在观察、嗅气味、询问之后，如果依然不能判断故障发生的原因，无法确定引起故障发生的元件类型和位置，则要进行电气设备的拆卸和线路的排查。电工维修人员要借助于专门的工具，依据设备中电路的原理，并结合过去的维修经验为进一步判断故障提供思路，按照从主要到次要的顺序，对线路进行排查。先检查电源，再检查线路和负载；先检查公共回路，再检查各分支回路；先检查主电路，再检查控制电路；先检查容易检测的部分（如各控制柜），再检查不易检测的部分（如某一设备的控制器件）。如在电气保护线路中，如果检查发现热继电器动作，不但要使热继电器触点复位，而且要查出过载的原因，对于熔体熔断，不但要换新的熔体，而且要查明熔体熔断的原因并处理，应向有关人员说明应注意的问题等。

④ 排除故障。对不同故障情况的部位采取正确的方法修复故障。如需要更换新的电气元件，必须选择相同规格、型号，甚至是品牌的产品，为了不必要的麻烦，安装前应检查元件的性能是否完好。

⑤ 通电试运行。排除故障后，应先检查一下机械设备，查看是否有漏装的零件或不安全的因素，然后再试通电运行，检查生产机械的各项操作是否符合技术要求。

2. 电工检修的基本原则

电工检修时应掌握以下原则。

① 作为一名电工，要时刻遵守电力工作人员的相关规章制度，恪尽职守，才能减少故障的发生，确保电力系统的安全运行。要具有扎实的专业知识，不但要有电工学方面扎实的理论知识，还要有理论联系实践的经验，对电气设备和线路的相关原理、操作方法等都有充分了解。

② 作业时应遵守安全第一原则。工作之前要首先检查各种工具是否有绝缘层损坏的情况，并穿戴专业的工作服帽，穿戴具有绝

缘作用的手套和鞋套。作业时要先进行彻底断电，后进行检修；作业时要有同伴从旁监护，并在显著位置挂标志牌，提醒相关人等注意安全；接设备时，先接设备后接电源；拆设备时，先拆电源，后拆设备；接线路时，先接零线，后接火线；拆线路时，先拆火线，后拆零线。

③ 先调查后熟悉。对于有故障的电气设备，不应急于动手拆卸，首先要了解该电气设备产生故障的现象、经过、范围、原因，熟悉该设备及电气系统的基本工作原理，分析各个具体电路工作过程和结构特点，遵守相应规则。拆卸前要充分熟悉每个电气部件的功能、位置、连接方式以及与四周其他器件的关系，一定要先看图纸，在没有组装图的情况下，应一边拆卸，一边画草图，并记上标记。

④ 先外部后内部。对于故障机，应先检查电气设备外壳或密封件外部的一些开关、旋钮位置是否得当，外部的引线、插座有无断路、短路现象等。当确认外部件正常时，再检查内部（是指在电气设备外壳或密封件内部的印制电路板、元器件及各种连接导线）。

⑤ 先机械后电气。电气设备都以电气-机械原理为基础，特别是机电一体化的先进设备，机械和电子在功能上有机配合，是一个整体的两个部分。往往机械部件出现故障，影响电气系统，许多电气部件的功能就失效。因此先检修机械系统所产生的故障，再排除电气部分的故障，往往会收到事半功倍的效果。

⑥ 先静态后动态。静态检查就是在设备未通电之前检查（如判定电气设备按钮、接触器、热继电器以及熔芯的好坏，从而判定故障的所在）。当确认静态检查无误时，再通电进行动态检查，听其声、测参数、判定故障，最后进行维修。如在电动机缺相时，若测量三相电压值无法判别时，就应该听其声，单独测每相对地电压，方可判定哪一相缺损。

⑦ 先清洁后维修。首先检查电气设备是否清洁，如发现按钮、接线点、接触点、走线之间有尘土、污垢等异物，应先加以清除，再进行检修。许多故障都是由脏污及导电尘块引起的，一经清洁，故障往往就会自动消失。

⑧ 先电源后设备。电源是机器的心脏，如果电源不正常，就不可能保证其他部分的正常工作，也就无从检查别的故障。根据经验，

电源部分的故障率在整机中占的比例最高，许多故障往往就是由电源引起的，所以先检修电源常能收到事半功倍的效果。

⑨ 先通病后特殊。根据机器的共同特点，先排除带有普遍性和规律性的常见故障（如因装配质量或其他元件因素而引起的故障，一般占常见故障的 50％左右），然后再去检查特殊的电路，以便逐步缩小故障范围。电气设备多为软故障，要靠经验和仪表来测量和维修。

⑩ 先外围后内部。先不要急于更换损坏的电气部件，在确认外围设备电路正常时，再考虑更换损坏的电气部件。例如，在检查集成电路时，应先检查其外围电路，在确认外围电路正常时，再考虑更换集成电路；如果确定是集成电路内部问题，也应先考虑能否通过外围电路进行修复；从维修实践可知，集成电路外围电路的故障率远高于其内部电路。

⑪ 先直流后交流。这里的直流和交流是指电路各级的直流回路和交流回路。这两个回路是相辅相成的，只有在直流回路正常的前提下，交流回路才能正常工作。检修时，必须先检查直流回路静态工作点，再检查交流回路动态工作点。

⑫ 先简单后复杂。此技巧包含两层含义：一是检修故障时，要先用最简单易行、检修人员自己最拿手的方法去处理，然后再用复杂、精确的或是自己不熟悉的方法；二是排除故障时，先排除直观、显而易见、简单常见的故障，后排除难度较高、没有处理过的疑难故障。简言之：先易后难。

⑬ 先故障后调试。对于调试和故障并存的电气设备，应先排除故障，再进行调试，因为调试必须在电气设备正常运行的前提下进行。当然有些故障是由于调试不当而造成的，这时只需直接调试即可恢复正常。

3. 电工检修的方法

（1）直观检查

直观检查通过问、看、听、闻、摸等来发现异常情况，从而找出故障电路和故障所在部位。维修电工就像是医生，分析电气系统的故障就像是医生给病人看病一样，为了能够迅速及时地找出发生故障的位置和发生故障的电路，应该熟练地掌握"问、看、听、闻、摸"，但在实施过程应坚持先简单后复杂、先外面后里面的原则。

①问　向现场操作人员了解故障发生前后的情况。如故障发生前是否过载、频繁启动和停止；故障发生时是否有异常声音和振动、有没有冒烟、冒火等现象。另外，还要向一些熟练的操作工作人员咨询电气系统设备的相关性能和电气系统故障相关的一些外因，如故障是属于偶然故障，还是常见故障；是突然出现，还是逐渐形成的；能够承担的负荷的轻重、外界温度的高低、电气系统提供电源的质量怎么样、工作人员进行的操作程序是否得当、一些构件运行是否正常等。

②看　观察线路、元件等的外观变化情况，如触点是否烧熔、氧化，线圈的发热、腐蚀，电气系统设备构件的变形和变色，熔丝的熔断，熔断器熔体熔断指示器是否跳出，热继电器是否脱扣，导线和线圈是否烧焦，热继电器整定值是否合适，瞬时动作整定电流是否符合要求等。

③听　当电器发生故障时，听声音有无差异，如听电动机启动时是否只"嗡嗡"响而不转，继电器吸合的声音、接触器线圈得电后是否噪声很大，电感、变压器、接触器有无啸叫声等。

④摸　当电器发生故障后，先断开电源，然后轻轻推拉导线及用手触摸电器的某些部位来判断是否有异常变化，如摸电动机、变压器和电磁线路表面，感觉湿度是否过高；摸 IC、MOS 管、变压器是否过热；轻拉导线，看连接是否松动；轻推电器活动机构，看移动是否灵活等。

⑤闻　当故障出现后，先断开电源，然后将鼻子靠近电动机、变压器、继电器、接触器、绝缘导线等处闻闻是否有焦味，若有焦味，则表明电器绝缘层已被烧坏，其原因可能是过载、短路或三相电流严重不平衡等。

（2）替代检查　替代检查就是当怀疑某个器件或电路板有故障，但不能确定，可用性能良好的器件或电路板进行替换，以确定或缩小故障范围。如高压火花弱，怀疑是电容器故障时，可换用良好的电容器进行试火，若火花变强，说明原电容器损坏，否则应继续查找。

电阻检测

（3）电阻检测　电阻检测是一种常用的测量方法，通常是指利用万用表的电阻挡，测量电动机、线路、触点等是否符合使用标称值，以及是否通断。有时也用万用表或电桥测量线圈的阻值是否符合标称值，用绝缘电阻表测量相与相、相与地之间的绝缘电阻等。测量时，注意选择所使用的量程与校对表的准确性，一般使用电阻法测量时通用做法是先选用低挡，同时要注意被测线路是否有回路，并严禁带电测量。

（4）电压检测　电压检测是指利用万用表相应的电压挡，测量电路中电压值的一种方法，有时测量负载的电压，有时测量开路电压，以判定线路是否正常。测量时应注意表的挡位，选择合适的量程，一般测量未知交流或开路电压时通常选用电压的最高挡，以确保不至于在高电压低量程下进行操作，以免把表损坏；同时，测量直流时，要注意正负极性。

（5）电流检测　电流检测是通过测量线路中的电流是否符合正常值，以判定故障原因的一种方法。对于弱电回路，常采用将电流表或万用表电流挡串接在电路中进行测量；对于强电回路，常利用钳形电流表检测。

钳形表检测
强电电流

（6）短路检查　在电气故障的检查中，短路检查是较为高效的方法之一，对于有可能出现问题的电气元件进行短接处理，就是把电器的某处短路或某一中间环节用导线跨接，即用一根绝缘良好的导线或螺丝刀，将所怀疑的断路部位短路接起来，如短接到某处，电路工作恢复正常，说明该处断路。短接法适用于低电压、小电流回路中，将电流适中的点用粗导线短接进行试验。

（7）逐步开路检查　多支路并联且控制较复杂的电路短路或接地时，一般有明显的外部表现，如冒烟、有火花等。电动机内部或带有护罩的电路短路、接地时，除熔断器熔断外，不易发现其他外部现象。这种情况可采用逐步开路（或接入）法检查。

逐步开路检查是遇到难以检查的短路或接地故障，可重新更换熔体，把多支路交联电路，一路一路地逐步从电路中断开，然后通电试验。若接入那一路，熔断器熔断，说明故障就在此电路上。然后再将这条支路分成几段，逐段地接入电路；若当接入某段电路时熔断器又熔断，说明故障就在这段电路及某电气元件上。这种方法简单，但容易把损坏不严重的电气元件彻底烧毁。

逐步接入法：电路出现短路或接地故障时，换上新熔断器逐步或重点地将各支路一条一条地接入电源，重新试验。当接到某段时熔断器又熔断，故障就在刚刚接入的这条电路及其所包含的电气元件上。

(8) 仪器测试检查　仪器测试检查是电工维修检测工作中最准确的定位故障的一种方法，它就是借助各种仪器仪表（万用表、示波器、电流表、欧姆表等）测量电气设备中各种参数，然后根据仪表测量电参数的大小，与正常数据对比后，来确定故障原因和部位。例如，用钳形电流表或万用表交流挡测量主回路电流及有关控制回路的工作电流，如所测电流值与设计电流值不符超过 10％ 以上，则该相电路是故障之处；用钳形电流表检查三相异步电动机各相的电流是多少，是否对称，是电工检查电动机出力状况、运行状况，以及对异常现象分析的重要依据。

(9) 逻辑分析检查　逻辑分析检查是根据电气设备的工作原理、控制原理、控制环节的动作程序以及它们之间的逻辑关系，通过追踪与故障相关联的信号，结合初步感官诊断故障现象和特征，进行分析判断找出故障点，并查出故障原因。分析时要先从主回路入手，再分析各个控制回路，然后分析信号回路及辅助回路，分析时要善于用逻辑推理法。

(10) 温度检测　温度检测是利用仪表测试电器或元器件的工作温度来判断电器或元器件是否正常的一种测试方法。在没有温度计的情况下，也可以用手探试，根据温度的变化情况判断电器的相关部件是否存在故障。

温度检测分升温法和降温法，如有的设备刚开机时正常，过一定时间后，某些元器件太热而造成工作不正常，此时适用降温法。具体方法：用吹风机或无水乙醇棉团给可疑元器件降温，以确认故障。如设备刚开机时不正常，过一定时间后正常了，则可试用升温法。

(11) 对比检查　对比检查就是把故障设备检测的有关参数或运行工况和正常设备进行比较来判断故障。对无资料又无平时记录的电器，可与同型号的完好电器相比较。电路中的电器元件属于同样控制性质或多个元件共同控制同一设备时，可以利用其他相似的或同一电源的元件动作情况来判断故障。例如，异步电动机正反转控制电路，若正转接触器 KM1 不吸合，可操纵反转，看接触器 KM2 是否吸合；若吸合，则说明 KM1 电路本身有故障。

（12）干扰检查　干扰检查就是人为干扰运行中的电气设备，观察电气设备运行工况的变化，捕捉故障发生的现象。电气设备的某些故障并不是永久性的，而是短时期内偶然出现的随机性故障，诊断起来比较困难，为了观察故障发生的瞬间现象，通常采用人为因素对运行中的电气设备加以扰动。例如，突然升压或降压、增加或减少负荷、外加干扰信号等。

（13）信号注入检查　信号注入检查是用信号发生器或其他正常的视、音频或射频信号逐级对电气设备注入不同信号到可能存在故障的有关电路中，然后再利用示波器和电压表等测出数据或波形，从而判断各级电路是否正常。在使用信号进行设备检测时，要注意一般信号产生的强度是由前向后，量级逐步增强的。

> 提示：　按照属性的不同信号大致可以分为以下几种：电、力、光、热、磁。电类信号划分种类很多，包括开路、短路、电压、电流、电阻、脉冲等，属于较为常用的电力设备测试信号。

（14）强迫闭合检查　强迫闭合检查就是用一绝缘棒将有关元器件（如继电器、接触器、电磁铁等）用外力强行按下，使其常开触点闭合，然后观察电器部分或机械部分出现的各种现象，如电动机从不转到转动，设备相应的部分从不动到正常运行等。此方法是检修电气设备故障时，经过直观检查后没有找到故障点，且没有仪表进行测量时所采用的一种简便方法。

第二节

电工元器件的拆装和焊接

一、电子元器件的焊接

在电气设备中，元器件的连接处需要焊接，焊接的质量对制作的质量影响极大，故掌握焊接技术是相当重要的。

1.焊接工具

焊接常用的工具和材料有：电烙铁、焊料（最常用的一般是锡丝）、助焊剂（使用最多的是松香）、吸锡器、尖嘴钳、镊子、剪刀等。

2.焊前处理

① 元器件引线成型（如图 6-1 所示）。所有元器件引线均不能从根部弯曲，一般应留 1.5mm 以上。弯曲可使用尖嘴钳和镊子，也可借助圆棒；弯曲不能弯成死角，圆弧半径应大于引线直径的 1～2 倍；要尽量将元器件的符号标志面置于容易观察的位置；弯曲后的两根引线要与元件本体垂直。在焊接前，还要对电子元器件引线进行处理，若引线比较长，当焊接到电路板上时要将引线剪短，但也不要剪得过短，至少要保留 5mm 左右。

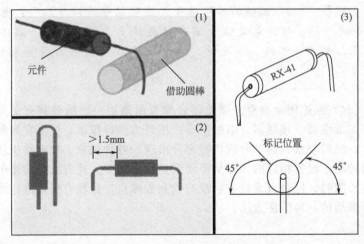

图 6-1　元器件引线成型

② 焊接前还应对元件引脚或电路板的焊接部位进行处理（清除焊接部位的氧化层和给元件镀锡），具体操作步骤如下（如图 6-2 所示）：首先用焊锡刀（或断锯条制成小刀）刮去金属引线表面的氧化层，使引脚露出金属光泽；然后将印制电路板用细砂纸将铜箔打光后，涂上一层松香酒精溶液；再在刮净的引线上镀锡（可将引线蘸一

下松香酒精溶液后，将带锡的热烙铁头压在引线上，并转动引线，即可使引线均匀地镀上一层很薄的锡层）。

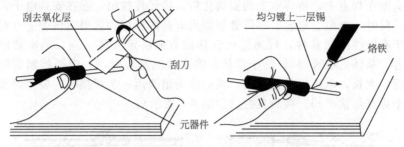

图 6-2　焊前刮氧化层与上锡处理

3. 焊接方法

焊接时有五个步骤（如图 6-3 所示）：①准备施焊，左手拿焊丝，右手握烙铁，进入备焊状态，此时注意烙铁头部要保持干净，即可沾上焊锡（俗称吃锡）；②加热焊件，将烙铁头接触焊接点，加热整个焊件全体，时间约为 1～2s（对于在线路板上焊接元器件来说，要注意使烙铁头同时接触焊盘和元器件的引线）；③送入焊丝，当焊件加热到能熔化焊锡的温度后将焊锡丝置于焊点，焊料开始熔化并润滑焊点（注意不要把焊锡丝送到烙铁头上）；④移焊丝，当焊丝熔化一定量后，立即向左上 45°方向移开焊丝；⑤移开烙铁，当焊锡完全润湿焊点后，向右上 45°方向移开烙铁，结束焊接。

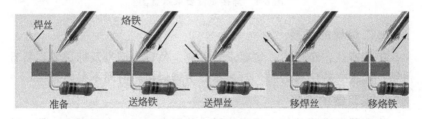

图 6-3　焊接步骤

4. 拆焊的基本原则

拆焊应掌握以下原则：①在拆焊过程中，应尽量避免拆动其他元器件或变动其他元器件的位置，如确实需要应做好复原工作；②拆焊时，不可损坏印制电路板上的焊盘与印制导线；③不损坏待拆除的元器件、导线及周围的元器件；④从电路板上拆卸元件时，可将电烙铁头贴在焊点上，待焊点上的锡熔化后，将元件拔出；⑤在安装电子元器件时，电阻、电容、晶体管和集成电路的标记和色码应该朝上（对于有极性的元器件，可通过极性标记方向决定安装方向，如电解电容、晶体二极管等），易于辨认；⑥焊接电路板时，一定要控制好时间，太长，电路板将被烧焦，或造成铜箔脱落；⑦焊接时，要保证每个焊点焊接牢固、接触良好（如图 6-4 所示）。

合格的焊点应是锡点光亮、圆滑而无毛刺，锡量适中；
锡和被焊物熔合牢固，不应有虚焊和假焊

(a) 合格焊点

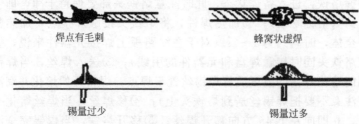

焊点有毛刺　　　　　　　　　　　　蜂窝状虚焊

锡量过少　　　　　　　　　　　　　锡量过多

(b) 不合格焊点

图 6-4　焊接质量要求示意图

5. 二极管的焊接

正确辨认正负极后，按要求装入规定位置，型号及标记要容易看得见。焊接立式二极管时，对最短的引脚焊接，时间不要超过 2s。

6. 电阻器的焊接

将电阻器准确地装入规定位置，并要求标记向上，字向一致。装完一种规格再装另一种规格，尽量使电阻器的高低一致。焊接后将露在 PCB 板表面上多余的引脚齐根剪去。

7. 电容器的焊接

将电容器装入规定位置，并注意有极性的电容器其"＋"与

"—"极不能接错。电容器上的标记方向要容易看得见。先装玻璃釉电容器、金属膜电容器、瓷介电容器，最后装电解电容器。

8.三极管的焊接

按要求将 e、b、c 三根引脚装入规定位置，焊接时间应尽可能地短些，焊接时，用镊子夹住引脚，以帮助散热。焊接大功率三极管时，先把大功率管引脚弯曲成如图 6-5 所示，然后把管子金属面朝上，将管脚插入焊接孔，在功率管的金属面上涂一点导热硅脂，再覆盖一层硅胶片作绝缘；若需要加装散热片，应将接触面平整、光滑后再紧固。

引脚弯成这样　　　　涂点导热硅脂，再覆盖一层硅胶片

图 6-5　大功率管的焊接

9.集成模块的焊接

集成电路的安装焊接有两种方式：一种是将集成电路直接与印制电路板焊接；另一种是通过专用插座（IC插座）在印制电路板上焊接，然后将集成电路插入。集成电路在焊接前，检查集成电路的型号、引脚位置是否符合要求；焊接时，先焊集成电路边沿的两只引脚，以使其定位，然后再从左到右或从上至下逐个进行焊接；焊接时，烙铁一次蘸取锡量为焊接 2～3 只引脚的量，烙铁头先接触印制电路的铜箔，待焊锡进入集成电路引脚底部时，烙铁头再接触引脚，接触时间以不超过 3s 为宜，而且要使焊锡均匀包住引脚；

焊接完毕后要查一下是否有漏焊、碰焊、虚焊之处，并清理焊点处的焊料。

二、导线拆焊

1.导线的种类

常用的导线有单股线、多股线、屏蔽线等（如图 6-6 所示）。单股导线的绝缘皮内只有一根导线（也称硬线），多用于不经常移动的元器件的连接（如配电柜中接触器、继电器的连接用线）；多股导线的绝缘皮内有多根导线，由于弯折自如，移动性好，又称为软线，多用于可移动的元器件及印制电路板的连接；屏蔽线（具有屏蔽信号的作用）是在绝缘的芯线之外有一层网状的导线，多用于信号传送。

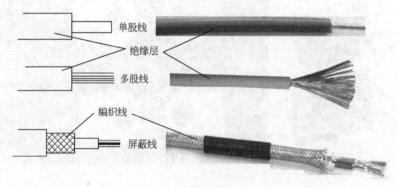

图 6-6　导线的种类

2.导线的切剥

导线焊接前要将绝缘导线的两端去掉一段绝缘层而露出芯线，剥削线芯绝缘常用工具有电工刀、剥线钳、烙铁等。

导线焊接前要除去末端绝缘层。拔出绝缘层可用普通工具或专用工具。用剥线钳剥头注意要根据导线的线径选用不同位置，以达到既能剥掉绝缘层又不损坏芯线的目的；用电工刀轻轻削掉线材端头的表面绝缘层，此方法容易损伤芯线，使用时应十分小心；用烙铁剥头时，用烧烫的烙铁头尖端部分绕绝缘层 360°，然后用手拿掉所剥部分绝缘层。用剥线钳或普通偏口钳剥线时，要注意对单股线不应伤及导线，多股线及屏蔽线不断线，否则将影响接头质量。对多股线剥除绝缘层时注意将线芯拧成螺旋状，一般采用边拽边拧的方式。

3. 预焊

预焊是导线焊接的关键步骤。导线的预焊又称为挂锡，但注意导线挂锡时要边上锡边旋转，旋转方向与拧合方向一致，多股导线挂锡要注意"烛心效应"，即焊锡浸入绝缘层内，造成软线变硬，容易导致接头故障。

4. 导线的焊接

导线同接线端子的连接有绕焊、钩焊、搭焊三种基本形式（如图 6-7 所示）。绕焊是把经过镀锡的导线端头在接线端子上缠绕一圈，然后用钳子拉紧缠牢后进行焊接，缠绕时，导线一定紧贴端子表面，绝缘层不要接触端子；钩焊是将导线弯成钩形，钩在接线端子上，然后用钳子夹紧后再焊接；搭焊是把经过镀锡的导线搭到接线端子上进行焊接，此方法简便，但可靠性差，只用于临时焊接或不便于缠、钩的地方以及某些接插件上。

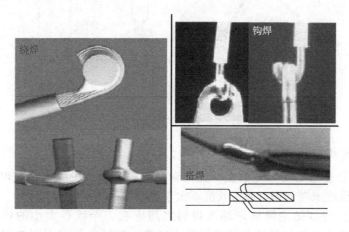

图 6-7　导线的三种焊接方式

根据需要可采用不同的焊接方式。

① 导线与导线的焊接主要是以绕焊为主（如图 6-8 所示），其具体的方法是：先在导线上去掉一定长度的绝缘皮，然后在导线端头上

锡，并穿上合适的套管，再将两根导线绞合，施焊，最后趁热套上套管，冷却后套管固定在接头处。

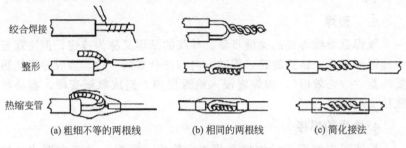

图 6-8　导线与导线的焊接

② 杯形焊件焊接方法（图 6-9）：剥线、镀锡（导线的剥头长度比孔的深度长约 1mm）；杯孔内加助焊剂；将锡熔化浸满内孔；导线垂直插孔底，移开烙铁并保持到完全凝固，套上套管。

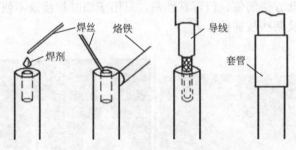

图 6-9　杯形焊件焊接方法

5.焊接注意事项

① 多股线均匀地敷上一层薄薄的焊料，导线股线易于辨识，接近绝缘皮末端上锡的股线长度不大于 1 个线径。

② 导线的绝缘皮末端与焊料之间应有 1 个线径大小的绝缘间隙；焊点焊料与导线的绝缘层最小间隙应保证绝缘层不可被焊料埋没、包围、熔化、烧焦、烫缩小；焊点焊料与导线的绝缘层最大间隙应为导线直径的两倍或 1.6mm（取较大值），不能造成相邻电体的短路。

③ 导线/引线与接线柱界面之间应有 100% 的焊料填充。

④ 焊接时导线与端子不可相互移动，焊料凝固时，导线不应因受回弹力的作用而在焊接部位产生残余应力。

⑤ 导线、引线在端子上缠绕最少为 0.5~1 圈，对于直径小于 0.3mm 的导线最多可缠 3 圈。

⑥ 焊料润滑导线/引线和接线柱，形成一个可辨识的填充，呈羽毛状外延出一个平滑的边缘。

⑦ 焊接连接内导线/引线的轮廓可清楚辨识。焊料不应掩盖导线轮廓，对槽形接线端焊料可以充满焊槽。

⑧ 每个接线端子一般不应有三个以上焊点。

三、导线与导线的连接

1. 单股铜芯导线的直线连接

单股铜芯导线的直线连接方法如图 6-10 所示，具体操作步骤如下：①先将两导线芯线线头成 X 形相交；②互相绞合 2~3 圈后扳直两线头；③将每个线头在另一芯线上紧贴并绕 6 圈，用钢丝钳切去余下的芯线，并钳平芯线末端。

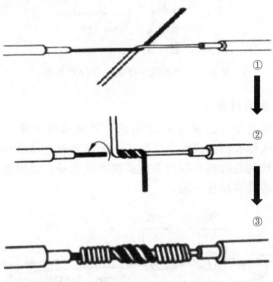

图 6-10　单股铜芯导线的直线连接

2. 单股铜芯导线的 T 字形连接

单股铜芯导线的 T 字形连接方法如图 6-11 所示，具体操作步骤如下：①首先将支路芯线的线头与干线芯线十字相交，并在支路芯线根部留出 5mm；②顺时针方向缠绕 6～8 圈后，用钢丝钳切去余下的芯线，并钳平芯线末端；③如果是小截面的芯线可以不打结。

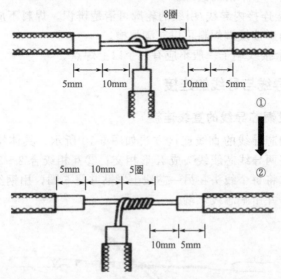

图 6-11　单股铜芯导线的 T 字形连接

3. 双股线的对接

双股线的对接方法如图 6-12 所示，具体操作步骤如下：①首先将两根双芯线线头剖削成图示的形式；②连接时，将两根待连接的线头中颜色一致的芯线按小截面直线连接方式连接；③用相同的方法将另一颜色的芯线连接在一起。

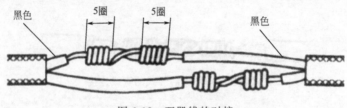

图 6-12　双股线的对接

4. 多股铜芯导线的直线连接

以 7 股铜芯线为例，多股铜芯导线的直线连接方法如图 6-13 所

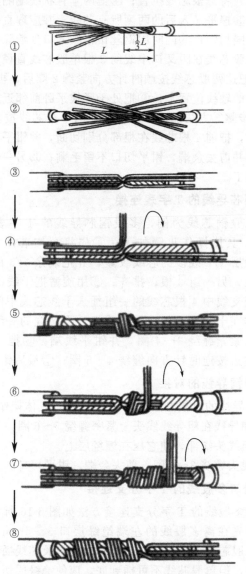

图 6-13　多股铜芯导线的直线连接

示，具体操作步骤如下：①先将剥去绝缘层的芯线头散开并拉直；②把靠近绝缘层 1/3 线段的芯线绞紧；③把余下的 2/3 芯线头按图示分散成伞状，并将每根芯线拉直；④把两伞骨状线端隔根对叉，必须相对插到底；⑤捏平叉入后的两侧所有芯线，并应理直每股芯线和使每股芯线的间隔均匀；⑥同时用钢丝钳钳紧叉口处消除空隙；⑦先在一端把邻近两股芯线在距叉口中线约 3 根单股芯线直径宽度折起，并形成 90°；⑧把这两股芯线按顺时针方向紧缠 2 圈后，再折回 90°，并平卧在折起前的轴线位置上；⑨把处于紧挨平卧前邻近的 2 根芯线折成 90°，并按步骤⑧方法加工；⑩把余下的 3 根芯线按步骤⑧方法缠绕至第 2 圈时，把前 4 根芯线在根部分别切断，并钳平；⑪把 3 根芯线缠足 3 圈，并剪去余端，钳平切口不留毛刺；⑫另一侧按步骤⑦～⑪方法进行加工。

5. 多股铜芯导线的 T 字表连接

同样以 7 股铜芯线为例，多股铜芯导线的 T 字表连接方法如图 6-14 所示，具体操作步骤如下：①先将分支芯线散开并拉直；②把紧靠绝缘层 1/8 线段的芯线绞紧，并把剩余 7/8 的芯线分成两组，一组 4 根，另一组 3 根，排齐；③用旋凿把干线的芯线撬开分为两组；④把支线中 4 根芯线的一组插入干线芯线中间，而把 3 根芯线的一组放在干线芯线的前面；⑤把 3 根芯线的一组在干线右边按顺时针方向紧紧缠绕 3～4 圈，并钳平线端；⑥把 4 根芯线的一组在干线的左边按逆时针方向缠绕 4～5 圈；⑦最后钳平线端即可。

6. 不等径铜导线的对接

不等径铜导线的对接方法如图 6-15 所示，具体操作步骤如下。
① 先把细导线在粗导线线头上紧密缠绕 5～6 圈。
② 弯折粗线头端部，使它压在缠绕层上。
③ 把细线头缠绕 3～4 圈，剪去余端，钳平切口。

7. 单股线与多股线的 T 字分支连接

单股线与多股线的 T 字分支连接方法如图 6-16 所示，具体操作步骤如下：①先在离多股线的左端绝缘层口 3～5mm 处的芯线上，用螺丝刀把多股芯线分成均匀的两组；②把单股芯线插入多股芯线的同组芯线中间，但单股芯线不可插到底，应使绝缘层切口离多股芯线约 3mm；③用钢丝钳把多股芯线的插缝钳平钳紧；④把单股芯线按

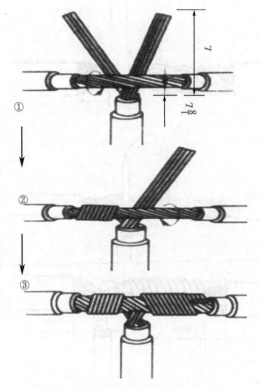

图 6-14　多股铜芯导线的 T 字表连接

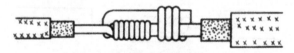

图 6-15　不等径铜导线的对接

顺时针方向紧缠在多股芯线上，应使圈圈紧挨密排，绕足 10 圈；
⑤最后切断余端，钳平切口毛刺即可。

8. 软线与单股硬导线的连接

软线与单股硬导线的连接方法如图 6-17 所示，具体操作步骤如下：①先将软线拧成单股导线；②在单股导线上缠绕 7～8 圈；③最后将单股硬导线向后弯曲，以防止脱落。

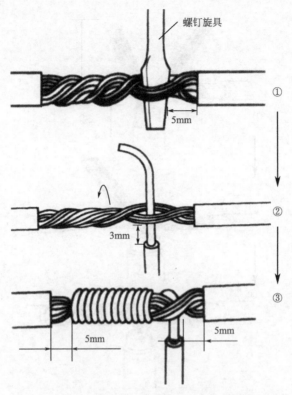

螺钉旋具

5mm

①

3mm

②

5mm   5mm

③

图 6-16　单股线与多股线的 T 字分支连接

图 6-17　软线与单股硬导线的连接

四、线头与接线柱的连接

电气设备接线柱有针孔式、螺钉式（平压式）、瓦形式三种。

1. 线头与针孔接线柱的连接

在针孔式接线柱上接线时，如果是单股芯线接线柱插线孔大小适宜，只要把芯线插入针孔，旋紧螺钉即可。如果单股芯线较细，可把线芯线头折成双根，然后把芯线双根插入针孔，旋紧螺钉；若选一根直径大小相宜的铝导线作绑扎线，在已绞紧的线头上紧密缠绕一层，线头与针孔合适后再进行压接。如果是多根细丝的软线芯线，必须先绞紧线芯，再插入针孔，切不可有细丝露在外面，以免发生短路事故；若线头过大，插不进针孔，可将线头散开，适量减去中间几股，然后绞紧线头，进行压接。线头与针孔接线柱的连接如图 6-18 所示。

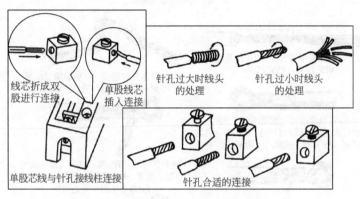

图 6-18　线头与针孔接线柱的连接

2. 线头与螺钉平压式接线柱头的连接

在螺钉平压式接线柱上接线时，对于较小截面单股芯线，先把线头弯成压接圈（俗称羊眼圈），弯曲的方向应与螺钉拧紧的方向一致；对于较大截面单股芯线连接时线头须装上接头（接线耳），由接线耳与接线柱连接；单股芯线与螺钉平压式接线柱的连接，是利用半圆头、圆柱头或六角头螺钉加垫圈将线头压紧完成的；多股芯线与螺钉平压式接线柱连接时，压接圈的弯法如图 6-19 所示。

3. 线头与瓦形（或桥形）连接柱的连接

压接前，首先将已去除氧化层和污物的线头弯成 U 形，然后将其卡入瓦形接线柱内进行压接。如果需要把两个线头接入一个瓦形接线柱内，则应使两个弯成 U 形的线头重合，然后将其卡入瓦形垫圈下方进行压接，如图 6-20 所示。

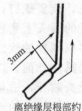

离绝缘层根部约 | 按略大于螺钉 | 剪去芯线余端 | 修正圆圈成圆
3mm处向外侧折角 | 直径弯曲圆弧

(a) 单股芯线羊眼圈弯法

首先把离绝缘层根部约1/2长的芯线
重新绞紧，越紧越好

将绞紧部分的芯线，在离绝缘层根部
1/3处向左外折角，然后弯曲圆弧

当圆弧弯曲得将成圆圈(剩下1/4)时，
应将余下的芯线向右外折角，然后使其
成圆，捏平余下线端，使两端芯线平行

把散开的芯线按2根、2根、3根分成
三组，将第一组2根芯线扳起，垂直于
芯线(要留出垫圈边宽)

按七股芯线直线对接的自缠法加工

缠成后的七股芯线压接圈

(b) 多股芯线压接圈弯法

图 6-19　线头与螺钉平压式接线柱头的连接

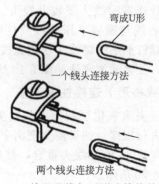

弯成U形

一个线头连接方法

两个线头连接方法

图 6-20　单股芯线与瓦形连接柱的连接

第七章

电气照明线路及维修

电气照明基础知识

一、照明技术的相关概念

1. 光线和辐射

光是电磁波辐射到人的眼睛，经视觉神经转换为光线，即能被肉眼看见的那部分光谱；这类射线的波长范围在 380～780nm 之间，仅仅是电磁波辐射的一部分。

2. 光束（光通量）

光源每秒所发出的光量之总和，即光通量。单位为流明（lm），符号为 Φ。

3. 光强

光的强度，发光体特定方向单位立体角内所放射的光通量。单位为坎德拉（cd），符号为 I。

4. 照度

照度是光通量与被照射面积之间的比例系数。单位为勒克斯（lx），符号为 E。

5. 色温

当光源所发出的光的颜色与完全辐射体（黑体）在某一温度下辐射的颜色相同时，完全辐射体（黑体）的温度就成为该光源的色温。黑体的温度越高，光谱中蓝色的成分则越多，而红色的成分则越少，例如，白炽灯的光色是暖白色，其色温表示为2700K，而日光色荧光灯的色温表示则是6000K。单位为开尔文（K），符号为 T_c。

6. 光色

光色实际上就是色温，大致分三类：暖色＜3300K、中间色3300～5300K、日光色＞5300K。由于光线中光谱的组成有差别，因此即使光色相同，光的显色性也可能不同。

7. 显色性

原则上，人造光线应与自然光相同，使用的肉眼能正确辨别事物的颜色。当然，这要根据照明的位置和目的而定。光源对于物体颜色呈现的程度称为显色性，通常叫作"显色指数"（Ra）。

8. 灯具效率

灯具效率（也叫光输出系数）是衡量灯具利用能量效率的重要标准，它是灯具输出的光通量与灯具内光源输出的光通量之间的比例。

9. 光源效率

也就是每一瓦电力所发出的光通量，其数值越高，表示光源的效率越高，所以对于使用时间较长的场所（如道路、隧道等），效率通常是一个重要的考虑因素。

10. 亮度

单位立体内，某一发光面单位光通流量，即单位面积内的发光强度。符号为 L（$L = \mathrm{d}i/\mathrm{d}s$），单位为 $\mathrm{cd/m^2}$。

11. 眩光

视野内的亮度极高的物体或强烈的亮度对比，则可以造成视觉不舒适，称为眩光。眩光可以分为失能眩光和不舒适眩光。眩光是影响照明质量的重要因素。

12. 功率因数

电路中有用功率与视在功率（电压与电流的乘积）的比值。

13. 平均寿命

也就是额定寿命，指 50％的灯失效时的寿命。

14. 光束角

光束角指的是灯具 1/10 最大光强之间的夹角。用于描述投光灯类别。

二、光源的显色性能

光源对物体的显色能力称为显色性。光源的显色性就是光源对于物体自然原色的呈现程度，也就是颜色的逼真程度。显色性就是指不同光谱的光源照射在同一颜色的物体上时，所呈现不同颜色的特性，通常用显色指数（Ra）来表示光源的显色性。光源的显色指数愈高，其显色性能愈好（Ra 数值越接近 100，表示显色性越好）。

三、常用电光源的类型

凡可以将其他形式的能量转换成光能，从而提供光通量的设备、器具统称为光源；而其中可以将电能转换为光能，从而提供光通量的设备、器具则称为电光源。常用的电光源如图 7-1 所示。

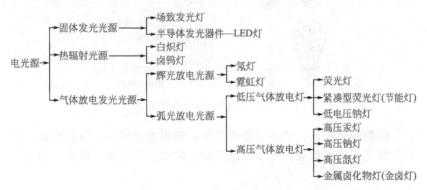

图 7-1　常用电光源的类型

① 热辐射光源　是利用电能加热元件，使之炽热而发光的光源，如白炽灯、卤钨灯等。在热辐射光源的灯管（石英）内充入含有卤族元素（氟、氯、溴、碘）或者卤化物气体就构成了卤钨灯。

② 气体放电光源　是一种利用电场作用下气体、金属蒸气放电

而发光的光源，如荧光灯、高压汞灯、高（低）压钠灯、金属卤化物灯、氙灯、霓虹灯等。

③ 固体发光电光源　又称平板发光器件或平板显示器（平板显示器的厚度较薄，看上去就像一块平板），如 LED 和场致发光器件等。

四、常用电光源的特点及适用场所

1. 白炽灯

白炽灯（如图 7-2 所示）是根据热辐射原理制成的，它通过电流加热灯丝使其发光。灯丝通过电流被加热，在空气中很容易发生氧化，因此白炽灯灯泡里必须充入氮气等惰性气体来防止灯丝氧化。灯丝是白炽灯的主要部分，灯丝断了，白炽灯使用寿命就终止了。白炽灯主要用于室内外照度要求不高，而开关频繁的场所。

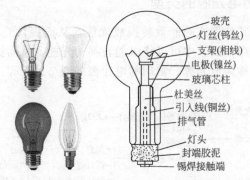

玻壳
灯丝(钨丝)
支架(相线)
电极(镍丝)
玻璃芯柱
杜美丝
引入线(铜丝)
排气管
灯头
封端胶泥
锡焊接触端

图 7-2　白炽灯外形与结构

白炽灯的特点：优点是结构简单，辐射光谱连续，显色性好，功率因数高，价格低廉，使用维修方便；缺点是发光效率较低，使用寿命较短，不耐振。

2. 卤钨灯

卤钨灯是在白炽灯灯泡中充入有卤族元素（碘化物）的惰性气体，利用卤钨循环原理来提高灯的发光效率和使用寿命。卤钨灯的结构有双端直管型、单端引出型，如图 7-3 所示。适用于照度要求较高、显色性较好或要求调光的场所，如大会堂、宴会厅、广场、体育场、游泳池、工地、会场等。

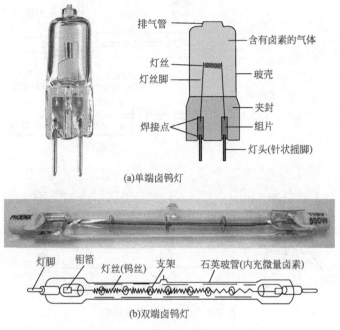

(a)单端卤钨灯

(b)双端卤钨灯

图 7-3　卤钨灯外形与结构

　　卤钨灯的特点：优点是光效较高，比白炽灯高 30％左右，结构简单，使用和维修方便，显色性好，体积小；缺点是其耐振性较差，应注意防振。

3. 荧光灯

　　日光灯又名荧光灯（如图 7-4 所示），是一种低压汞蒸气弧光放电灯，其原理是利用汞蒸气在外加电压作用下产生弧光放电，发出少许可见光和大量紫外线，紫外线又激发灯管内壁涂覆的荧光粉，使之发出大量的可见光。荧光灯工作特点：灯管开始点燃时需要一个高电压，正常发光时只允许通过不大的电流，这时灯管两端的电压低于电源电压。适用场所：居室、办公室、会议室和商店、医院、学校、室内外广告灯箱等。

　　普通荧光灯的特点：优点是光效较高，比白炽灯高 3 倍，寿命相对较长，光色好；缺点是荧光灯的显色性较差（光谱是断续的），特

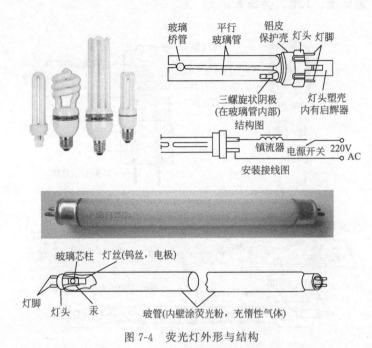

玻璃桥管　平行玻璃管　铝皮保护壳　灯头　灯脚

三螺旋状阴极（在玻璃管内部）　灯头塑壳内有启辉器

结构图

镇流器　电源开关　220V AC

安装接线图

玻璃芯柱　灯丝(钨丝，电极)

灯脚　灯头　汞　玻管(内壁涂荧光粉，充惰性气体)

图 7-4　荧光灯外形与结构

别是它的频闪效应容易使人眼产生错觉，应采取措施消除频闪效应。另外，荧光灯需要启辉器和镇流器，使用比较复杂。

紧凑型荧光灯是目前很流行的一类节能灯具，它的启辉器和镇流器功能是用内置于灯中的电子线路提供的，灯的体积大大减小。紧凑型荧光灯可逐步替代白炽灯，其节能率高，15W 的紧凑型荧光灯亮度与 75W 的白炽灯相当，寿命长。标准的紧凑型荧光灯启动时间较长，如果启动次数频繁，会大大缩短其使用寿命。

4. 氙灯

氙灯是利用氙气放电而发光的电光源，它为惰性气体弧光放电灯，高压氙气放电时能产生很强的白光，接近连续光谱，与太阳光十分相似，故有"人造小太阳"之称，特别适合广场等大面积场所的照明。氙灯光源按照灯泡结构分为长弧（管形）氙灯和短弧（球形）氙灯、脉冲氙灯等，如图 7-5 所示。

长弧氙灯一般采用管型氙灯灯管，把灯管置于反应器内部，采用

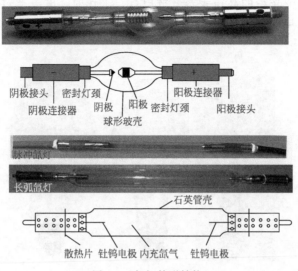

阴极接头　密封灯颈　　　　　阳极连接器
阴极连接器　　阴极　阳极　密封灯颈　　　阳极接头
　　　　　　　　　球形玻壳

脉冲氙灯

长弧氙灯

　　　　　　　　　　石英管壳

散热片　钍钨电极　内充氙气　钍钨电极

图 7-5　氙灯外形结构

四周发散式照射，一般被称为内照式光源。其特点是：显色性好、紫外成分丰富，寿命短 1000h（电极、石英、钼箔）。长弧氙灯的辐射光谱与日光接近，适于大面积照明，也可用作电影摄影、彩色照相制版、复印等方面的光源；同时，在棉织物的颜色检验、药物和塑料老化试验、植物栽培、光化反应等方面，也可作模拟日光和人工老化光源；此外，大功率长弧氙灯还可作为连续激光光源。

短弧氙灯又称球形氙灯，是一种具有极高亮度的点光源，色温为 6000K 左右，光色接近太阳光，是目前气体放电灯中显色性最好的一种光源，适用于电影放映、探照、火车车头以及模拟日光等方面。

脉冲氙灯是利用储存的电能或化学能，在极短时间内发生高强度闪光。脉冲氙灯选择优质滤紫外线石英管作为灯管材料，以高质量密度电极为氙灯的电极，具有负载能力强、泵效率高、激光光束质量好、寿命长等特点，广泛用于激光内雕机、激光焊接机、激光美容机。

5. 高压汞灯

高压汞灯（如图 7-6 所示）是低压荧光灯的改进产品，是玻壳内表面涂有荧光粉的高压汞蒸气放电灯，工作时，电流通过高压汞蒸气，使之电离激发，形成放电管中电子、原子和离子间的碰撞而发光。

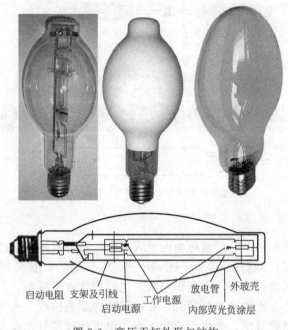

启动电阻　支架及引线　　　　　　　放电管　　外玻壳
　　　　　　　启动电源　工作电源　　内部荧光负涂层

图 7-6　高压汞灯外形与结构

高压汞灯的特点：柔和的白色灯光，结构简单；低成本，低维修费用，可直接取代普通白炽灯，光效高，寿命长，省电经济，适用于工业照明、仓库照明、街道照明、安全照明等。

6. 金属卤化物灯

金属卤化物灯（如图 7-7 所示）是用交流电源工作的，在汞和稀有金属的卤化物混合蒸气中产生电弧放电发光的放电灯，金属卤化物灯是在高压汞灯基础上在电弧管中添加各种金属卤化物（如铊、铟、钠等卤化物）制成的第三代光源。

金属卤化物灯的特点：光效高，光色好，控制方便，节电效果好，启动电流较低，耐振性能好；但其寿命较短，启动设备较复杂，启动电压比较高。适用场所：道路、体育馆、剧场、大型商场、车

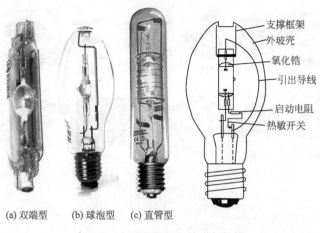

支撑框架
外玻壳
氧化锆
引出导线
启动电阻
热敏开关

(a) 双端型　(b) 球泡型　(c) 直管型

图 7-7　金属卤化物灯外形与结构

站、高大厂房及要求照度高、显色性好的室内照明，如美术馆、饭店、展览馆等。

7. 陶瓷金卤灯

陶瓷金卤灯是将石英金卤灯和钠灯的陶瓷管技术结合在一起，集两者的优点于一身的照明新光源，应用在以下场所：商业照明（商店、酒楼、宾馆、候机楼）、工业照明（厂房照明）、办公照明（办公室、会议室、试验室）、道路照明（道路、港口、隧道）、家用照明。

陶瓷金卤灯的特点：高光效 110～130lm/W，达到或超过高压钠灯；高显色，通常 Ra 为 85～95，与白炽灯相近；有很高的红色比、透雨雾能力强；长寿命，可达 12000h，与高压钠灯相当；宽广色温，2800～6000K 或更高；参数稳定，无钠泄漏问题。

8. LED 灯

LED（发光二极管）是一种能够将电能转化为可见光的固态半导体器件，用银胶或白胶固化到支架上，然后用银线或金线连接芯片和电路板，四周用环氧树脂密封，起到保护内部芯线的作用，最后安装外壳。LED 的心脏是一个半导体的晶片，晶片的一端附在一个支架上，一端是负极，另一端连接电源的正极，使整个晶片被环氧树脂封装起来。LED 灯（如图 7-8 所示）可以直接把电转化为光，它的发光原理是利用电流流过半导体时发出的光线。

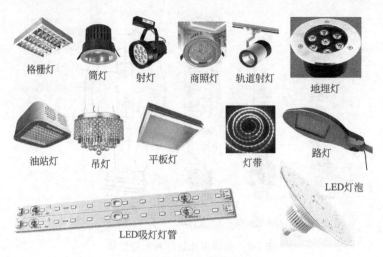

图 7-8　LED 灯外形

LED 灯的特点：耗电量低，寿命长，亮度和色彩的动态控制容易，外形尺寸灵活，环保，颜色鲜艳饱和、纯正，但是 LED 与其他光源比较也有不足的方面，比如在白光照明中显色性偏低。

LED 灯的适用场所：LED 显示屏；LED 灯饰（建筑装饰、旅游景点装饰、室内装饰的 LED 灯带/筒灯/射灯等）；LED 白光照明（日常照明领域，并以其高效、节能、环保等特性，成为新型的照明光源）；汽车（用于车内的仪表盘、空调、音响等指示灯及内部阅读灯，车外的第三刹车灯、尾灯、转向灯、侧灯等，甚至运用于车前大灯）；背光源（作为背光源已普遍运用于手机、电脑、手持掌上电子产品及汽车、飞机仪表盘等众多领域）；交通灯（红、黄、绿 LED 灯）；特殊工作照明和军事运用（防爆、野外作业、矿山、军事行动等特殊工作场所或恶劣工作环境之中）。

9.　高压钠灯

高压钠灯是由半透明的多晶氧化铝（PCA）陶瓷电弧管、外泡壳、金属支架、消气剂和灯头组成。电弧管为其核心元件，内充汞、钠和惰性气体。

高压钠灯具有发光效率高、耗电少、寿命长、透雾性强和不锈蚀等特点，应用于道路照明、泛光照明、广场照明。

五、照明灯具的型号编制

1. 照明灯具型号编制

照明灯具型号的编制大致分为六个部分：品牌、产品分类、灯具描述、产品功率、产品色温、流水码（如图7-9所示）。各个生产厂家型号的编制没有完全统一，以下为某品牌灯具型号中字符的具体含义，其他灯具型号的编制可参考该品牌。

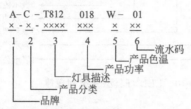

例1：A–C–T812 018 W–01中，
A为品牌、C为日光灯、T812为T8灯管1200mm长度、018为18W、W为暖白光、01为非隔离扩光罩

例2：A–B–XE27 003 W–01中，A为品牌、B为球泡灯、XE27为标准E27头、003为3W、W为暖白光、01为陶瓷球泡灯

图 7-9　照明灯具型号的编制

① 品牌。如：公司 LOGO 用 A 表示。

② 产品分类。用 26 个大写字母表示，例如：A 表示射灯、B 表示球泡、C 表示日光管、D 表示路灯/隧道灯……

③ 灯具描述。用四位数表示，不足部分用×补充，如×E27 表示标准 E27 灯头产品，因位数不够，前面加×补充；T806 表示 T8 灯管 600mm 长度；路灯部分用长宽表示，如 4035 表示路灯长度是 400mm、宽度是 350mm……

④ 产品功率。用三位数表示，如 006 表示 6W 灯具、120 表示 120W 灯具……

⑤ 产品色温。C 表示正白、N 表示中性白、W 表示暖白。

⑥ 流水码。对产品的简单描述。

2. LED 灯具型号编制

LED 灯具的型号编制规律如图 7-10 所示，K 表示公司品牌，

T80 表示产品类型，12 表示产品尺寸，18 表示功率，W 表示色温，T 表示外壳类型，L 表示灯罩类型。不同品牌的 LED 灯具型号编制不完全相同，以下型号编制仅供参考。

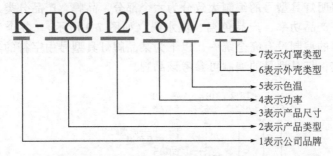

图 7-10　LED 灯具型号编制规律

① 品牌代码。用字母表示，如代码 G 表示谷麦品牌。

② 产品类型。用字母和数字表示，如表 7-1 所示。

表 7-1　产品类型表示法

代号	AR1	E27	G60	GU1	MR1
产品	AR111 射灯	E27 射灯	G60 球泡灯	GU10 射灯	MR11 射灯
代号	MR6	P20	P30	P38	FPL
产品	MR16 射灯	PAR20 射灯	PAR30 射灯	PAR38 射灯	平板灯
代号	T50	T80	T10	TUL	SML
产品	T5 日光灯管	T8 日光灯管	T10 日光灯管	筒灯	天花灯
代号	BTU	ADB	AAL	FGL	CAL
产品	超薄筒灯	防眩筒灯	吸顶灯	泛光灯	蜡烛灯
代号	GDD	GSL			
产品	轨道灯	格栅射灯			

③ 产品尺寸。将数字的前一组第一个字符与第二组第一个字符编在一起。

④ 产品功率。大功率灯珠：灯珠数量＋单颗灯珠的功率。小功率灯珠：直接标产品整灯功率。

⑤ 色温。色温用代码 X、H、W 表示（表 7-2），分别为暖白、自然白、正白。

表 7-2　色温表示法

代码	X	H	W
色温段	2700~3800K	3800~5000K	5000~8000K
色温	暖白	自然白	正白

⑥ 外壳类型。外壳材料类型有很多种，分别用字母 A、B、C、D、E、F、G、H、I、J、T、Y 表示，如表 7-3 所示。

表 7-3　外壳类型表示法

代码	A	B	C	D	E	F	G
外壳	塑胶	压铸铝	鳍片铝	车铝	旋压铝	铁	铜
代码	H	I	J	T	Y		
外壳	铝型材	冲压铝	PMMA 塑料	椭圆铝管	圆形铝管		

⑦ 灯罩类型。灯罩类型分别用字母 L、S、C、D、E、F、G、H、I 表示，如表 7-4 所示。

表 7-4　灯罩类型

代码	L	S	C	D	E	F	G	H	I
灯罩	PC乳白	PC条纹	透明	磨砂	透镜	组合透镜	玻璃扩散	铝反光杯	PC面罩

六、照明灯具的选择

在现代生活装饰中，灯具的作用已经不仅仅局限于照明，更多的时候它起到的是装饰作用，因此灯具的选择就更加复杂，它不仅涉及安全省电，而且会涉及材质、种类、风格品位等诸多因素。选择照明灯时，一般考虑以下因素。

① 对于一般性生产车间、辅助车间、仓库和站房，以及非生产性建筑、办公楼和宿舍、厂区道路等，可选用投资低廉的白炽灯和日光灯。办公室照明区域对显色性要求极高，一般选用显色指数 $Ra > 80$ 的光源。一般生产车间、办公室和公共建筑，多采用半直接型或

均匀漫射型灯具，从而获得舒适的视觉效果。

② 工业厂房应采用发光效率较高的敞开式直接照明型灯具，在高大的厂房（6m以上），宜采用配光较窄的灯具，但对有垂直照度要求的场所不宜采用，而应考虑有一部分光能照到墙上和设备的垂直面上。

③ 照明开闭频繁，需要及时点亮、调光和要求显色性好的场所，以及需要防止电磁波干扰的场所，可选用白炽灯和卤钨灯。

④ 对显色性和照度要求较高，视看条件要求较好的场所，宜采用日光色荧光灯、白炽灯和卤钨灯。

⑤ 振动较大的场所，可选用荧光灯、高压汞灯和高压钠灯，因为它们的抗振性较好。

⑥ 对于灯具需要高挂并需要大面积照明的场所，可选用金属卤化物灯和氙灯。照明灯的高度是：白炽灯适宜的悬挂高度为6～12m，荧光灯为2～4m，高压汞灯为5～18m，卤钨灯为6～24m。

⑦ 空气较干燥和少尘的室内场所，可采用开启型的各种灯具。至于是采用广照型、配照型，还是深照型或其他形式灯具，则依建筑的高度、生产设备及照明要求而定。

⑧ 特别潮湿的场所，应采用防潮灯具或带防水灯头的开启式灯具。

⑨ 有腐蚀性气体和蒸汽的场所，宜采用耐腐蚀性材料制成的密闭式灯具。如采用开启灯具时，各部分应有防腐蚀防水的措施。

⑩ 医疗机构（如手术室、绷带室等）房间，应选用积灰少、易于清扫的灯具，如带整体扩散器的灯具等。此类灯具也适用于电子和无线电工业中的某些房间。

七、常用照明附件

常用照明附件包括灯座、开关、插座、挂线盒等。

1. 灯座

灯座的作用是固定灯泡（或者灯管）。灯头按结构形式可分为螺丝口和卡口（插口）灯座；按其安装方式可分为吊式灯座（俗称灯头）、平灯座和管式灯座；按其外壳材料可分为胶木、瓷质和金属灯座；按其用途还可分为普通灯座、防水灯座、安全灯座和多用灯座等。常用灯座如图7-11所示。

(a) 插口吊灯座   (b) 插口平灯座   (c) 螺口吊灯座   (d) 螺口平灯座

(e) 防水螺口吊灯座   (f) 大平口平装   (g) 安全荧光灯座
式螺口灯座

(h) 烟头式插口灯头带开关   (i) 一分二灯头   (j) 分火卡口灯座

图 7-11　常用灯座外形

2. 开关

开关的作用是在照明电路中接通或断开电源，一般称为灯开关。开关根据安装形式可分为明装式和暗装式，明装式有拉线开关、拨把开关（又称平开关）等，暗装式多采用拨把开关（也称跳板式开关）；按其结构分为单联开关、双联开关、旋转开关等。常用开关如图 7-12 所示。

3. 插座

插座的作用是为移动式照明电器、家用电器或其他用电设备提供电源。插座按安装形式可分为明装式和暗装式，按其结构可分为单相双极插座、单相三极三孔（有一极为保护接地或接零）和三相四极四孔（有一极为接零或接地）插座等，如图 7-13 所示。

4. 挂线盒和木台

挂线盒俗称"先令"，是用于悬挂吊灯或连接线路的元件，它按制作材料可分为瓷质和塑料两种。木台用来固定挂线盒、开关、插座

图 7-12　常用开关

图 7-13　插座外形

等，形状有圆形和方形，材料有木质和塑料。

第二节

电气照明线路

一、常用照明灯线路

电路是电流的通路，照明电路的作用是实现电能转换为光能。它包括电源、电灯、导线和开关等，常用电气照明灯的基本线路有以下几种。

1. 单联开关控制一盏灯

所谓单联就是这个开关只有一个用于连接导通电路的触点。一只单联开关控制一盏灯，接线时，开关应接在相线（俗称火线）上，使开关切断后，灯头上没有电，以利安全。一只单联开关控制一盏灯，接一个插座。单联开关控制一盏灯接线如图 7-14 所示。

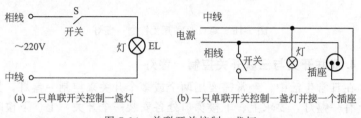

(a) 一只单联开关控制一盏灯   (b) 一只单联开关控制一盏灯并接一个插座

图 7-14   单联开关控制一盏灯

2. 单联开关控制三盏灯

用一只单联开关控制三盏及以上灯的线路如图 7-15 所示，要注意通过开关的电流值不能超过该开关允许的范围。

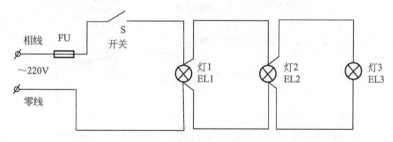

图 7-15   单联开关控制三盏灯

3. 两只双联开关控制一盏灯

用两只双控开关，也叫单刀双掷开关或单刀双投开关。两只双联开关在两个地方控制一盏灯，如图 7-16 所示。这种控制方式通常用于楼梯处的电灯，在楼上和楼下都可以控制，有时也用于走廊电灯，在走廊的两头都可控制。

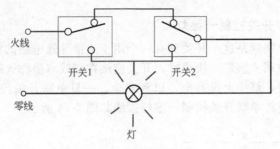

图 7-16　两只双联开关控制一盏灯

4. 双联开关与三联开关控制一盏灯

在日常生活中，经常需要用两个或多个开关来控制一盏灯，如楼梯上有一盏灯，要求上、下楼梯口处各安装一个开关，上、下楼时都能开灯或关灯。如图 7-17 所示是三个开关控制一盏灯电路，有两个单刀双掷开关和一个双刀双掷开关，这三个开关中的任何一个都可以独立地控制电路通断。

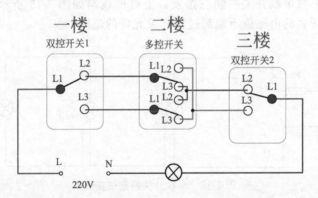

图 7-17　两只双联开关与一只三联开关控制一盏灯

5. 双荧光灯接线线路

双荧光灯接线线路如图 7-18 所示，一般在接线时应尽可能减少外部接头。安装荧光灯时，镇流器、辉光启动器必须和电源电压、灯管功率相配合。这种电路一般用于厂矿和户外广告等要求照明度较高的场所。

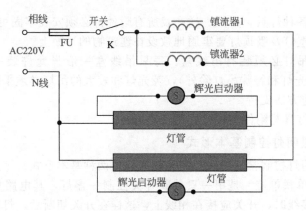

相线
开关
镇流器1
FU
K
镇流器2
AC220V
N线
辉光启动器
灯管
辉光启动器
灯管

图 7-18　双荧光灯接线线路图

二、照明供电线路的保护

　　照明线路的保护主要有短路保护、过载保护和接地故障保护。照明支路的保护主要考虑对照明用电设备的短路保护；对于要求不高的场合，可采用熔断器保护；对于要求较高的场合，则采用带短路脱扣器的自动保护开关进行保护，这种保护装置同时可作为照明线路的短路保护和过负荷保护，一般只使用其中的一种就可以了。

　　照明设备需要保护的是其中的灯具、插座、开关及其连接导线。由于这些元件是连接在照明支路上，数量较多，但价值不高，通常不对每个器件进行单独保护，而采用照明支路的保护装置兼作它们的短路保护。

三、家装照明供电线路的安装

　　照明线路一般是由电源、导线、开关、插座和照明灯具组成。电源主要使用 220V 单相交流电。开关用来控制电路的通断。导线是电流的载体，应根据电路允许载流量选取。照明灯为人们的日常生活提供各种各样的可见光源。

（一）照明灯具的安装

1. 照明灯具安装工艺要求

照明灯具安装工艺应符合如下所述要求。

① 各种灯具、开关、插座及所有附件都必须安装牢固可靠。

② 壁灯及吸顶灯要牢固地敷设在建筑物的平面上。

③ 吊灯必须装有吊线盒，每只吊线盒一般只允许装一盏电灯（双管荧光灯和特殊吊灯除外），荧光灯和较大的吊灯必须采用金属链条或其他方法支持。

④ 灯具与附件的连接必须正确可靠。

2. 照明灯控制基本形式

照明灯控制常有单联单控和双联双控两种基本形式。

① 单联单控　是用一只单联开关控制一盏灯，其电路如图 7-19 所示。接线时，开关应接在相线上，这样在开关切断后，灯头就不会带电，以保证使用和维修的安全。

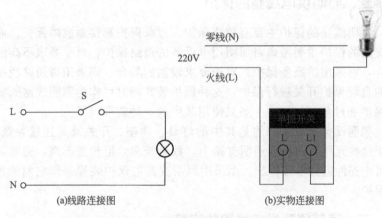

图 7-19　单联单控电路接线图

② 双联双控　是用两只双联开关，在两个地方控制一盏灯，其电路如图 7-20 所示。一般用于床头和门口或楼道两处可同时控制一盏灯。

3. 白炽灯的安装

白炽灯又称钨丝灯泡，灯泡内充有惰性气体，当电流通过钨丝时，将灯丝加热到白炽状态而发光，其功率一般在 15～300W。

白炽灯的安装有室外的，也有室内的，室内白炽灯的安装方式常有吸顶式、壁式和悬吊式三种，如图 7-21 所示。

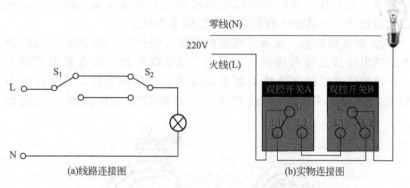

图 7-20 双联双控电路连接图

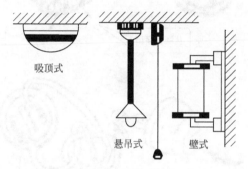

图 7-21 白炽灯的安装方式

下面以悬吊式为例介绍白炽灯的具体安装步骤。

① 安装圆木。如图 7-22 所示，先在准备安装吊线盒的地方打孔，预埋木枕或膨胀螺钉。然后在圆木底面用电工刀刻两条槽，圆木

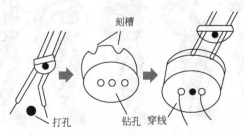

图 7-22 圆木的安装

中间钻三个小孔，最后将两根电源线端头分别嵌入圆木两边小孔穿出，通过中间小孔用木螺钉将圆木紧固在木枕上。

　　② 安装吊线盒。塑料吊线盒的安装方法如图 7-23 所示，先将圆木上的电线从吊线盒底座孔中穿出，用木螺钉把吊线盒紧固在圆木上，接着将电线的两个线头剥去 2cm 左右长的绝缘皮，然后将线头分别旋紧在吊线盒的接线柱上，最后按灯的安装高度（离地面

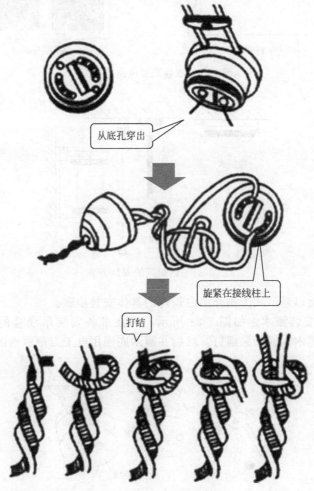

图 7-23　吊线盒的安装

2.5m），取一股软电线作为吊线盒的灯头连接线，上端接吊线盒的接线柱，下端接灯头。在离电线上端约 5cm 处打一个结，使结正好卡在吊线盒盖的线孔里，以便承受灯具重量，将电线下端从吊线盒盖孔中穿过，盖上吊线盒盖就行了。如果使用的是瓷吊线盒，安装方法则基本相似，不同的是软电线上先打结，两根线头分别插过瓷吊线盒两棱上的小孔固定，再与两条电源线直接相接，然后分别插入吊线盒底座平面上的两个小孔里。

③ 安装灯头。如图 7-24 所示，首先旋下灯头盖子，将软线下端穿入灯头盖孔中，在离线头 3cm 处照上述方法打一个结，把两个线头分别接在灯头的接线柱上。然后旋上灯头盖子，如果是螺口灯头，相线应接在中心铜片相连的接柱上，否则容易发生触电事故。

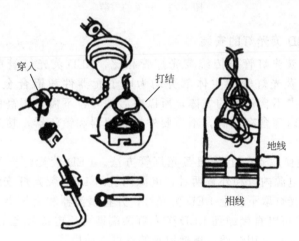

穿入　打结　地线　相线

图 7-24　灯头的安装

④ 安装开关。安装拉线开关的步骤和方法与安装吊线盒大体相同，先安装圆木，再把开关安装在圆木上，如图 7-25 所示。控制白炽灯的开关应串接在相线上，即相线通过开关再进灯头。一般拉线开关的安装高度离地面 2.5m，墙壁开关（包括明装或暗装）离地高度为 1.4m，距门口 0.2m 为宜。安装墙壁开关时，先用螺丝刀将面框拆下，再将电源的火线、零线、地线分别接到插座的 L、N 的端子上，然后将固定架装入墙上底盒内用螺丝刀固定，最后将面板扣回原处即可。

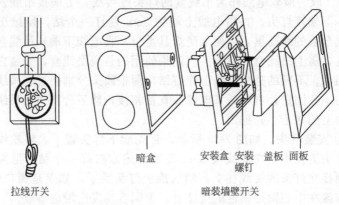

拉线开关　　　　　　　　　　　暗装墙壁开关

暗盒　　　安装盒 安装　盖板 面板
　　　　　　　　螺钉

图 7-25　开关的安装

4. LED 荧光灯的安装

LED 荧光灯管与传统荧光灯管相比，LED 荧光灯管就简单多了。LED 荧光灯管的主体部分均为电子元器件和铝合金 PC 罩组成，灯管内不含任何的气体，所以在启动时，不需要很高的电压进行启动，内部含有电源，不需要外加启辉器和镇流器，接通电源就能亮。

① 更换原支架上普通荧光灯管方法。LED 荧光灯安装比较简单，它分电源内置和外置两种，电源内置的 LED 荧光灯安装时，将原有的荧光灯取下换上 LED 荧光灯，并将镇流器和启辉器去掉，让220V 交流市电直接加到 LED 荧光灯两端即可。电源外置的 LED 荧光灯一般配有专用灯架，更换原来的就可以使用了。

更换原支架上普通荧光灯管方法及注意事项如下所述。

a. 先切断电源。

b. 检查确认 LED 灯管支架内是电感式镇流器，还是电子式镇流器。判断方法：如有启辉器则为电感式镇流器，如无启辉器则为电子式镇流器。如果支架上是电感式镇流器，应先将支架上启辉器取下，将电感式镇流器输入、出处短接（如图 7-26 所示），再把 LED 荧光灯管装到灯管支架上，如果支架上是电子式镇流器，应将支架内镇流器取出，将两条输入线直接接到灯头两端。

c. 将市电的两条电源线分别接到支架两端的灯座上，接线图如

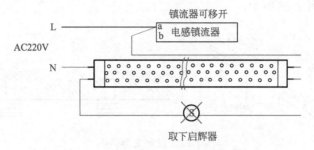

图 7-26　更换原支架上普通荧光灯管方法

图 7-27 所示。LED 荧光灯管上有白色面罩的一面背向支架。

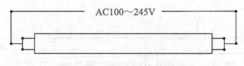

图 7-27　LED 灯管接线图

　　d. 检查 LED 光管是否正确安装到灯管支架上。荧光灯管上有铝材散热片的一面面向支架。检查无误后接通电源，看荧光灯管是否正常发光。

　　e. 再次确认启辉器是否取下。如不能正常发光，请按前面步骤依次核对检查一遍。

　　f. 安装灯管时不能触摸灯管两端铜针，以免高压击伤。

　　g. LED 荧光灯管在户内或防水处使用，防止油污、水或其他液体流入。

　　h. LED 荧光灯管应在生产厂家规定的电压范围内使用。

　　i. 撤除镇流器和启辉器后安装使用。

　　j. 产品安装前切断电源，防止触电。

　　② 一体化 LED 灯管安装方法

　　a. 安装之前应先关闭电源，以免操作不当触电。

　　b. 安装之前注意检查灯管上所标识的电压与支架的输入电压是否一致，以免损坏 LED 灯管。

　　c. 先在固定墙面上用冲击钻钻两个固定孔位（孔距要小于支架长度），塞上胶塞。

　　d. 用木牙螺钉把安装支架用的固定夹子锁紧在塞好胶塞的孔位

上，如图 7-28 所示。

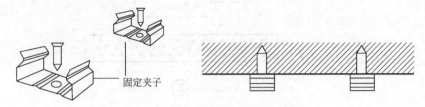

图 7-28　固定支架夹子

e. 把灯管支架扣到固定夹上扣紧，把灯管装到支架上，发光面旋转朝外，如图 7-29 所示。

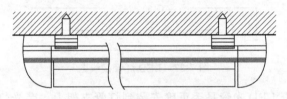

图 7-29　将灯管支架扣入固定夹子上

f. 把三孔插头的三条线分别对应接到市电的火线 L、零线 N 和地线上，如图 7-30 所示。

图 7-30　带支架 LED 灯管接线图

③ 多支 LED 灯管串联安装方法。多支 LED 灯管串联方式主要应用于客厅吊顶装饰、商场照明等场所。灯管如需多支串联可以用对接柱、单接头电源和转角连接线把灯管对接起来，注意收尾的地方为防止触电最好是盖上堵头盖子。

多支 LED 灯管串联如图 7-31、图 7-32 所示。

5. 吸顶灯的安装方法

吸顶灯是吸附或嵌入屋顶天花板上的灯饰，是室内的主体照明设备，是家庭、办公室、娱乐场所等经常选用的灯具。吸顶灯安装时底

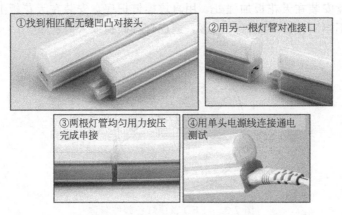

图 7-31　多支 LED 灯管串联方法

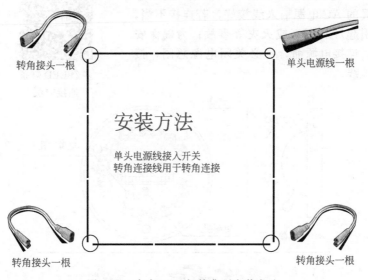

转角接头一根

单头电源线一根

安装方法

单头电源线接入开关
转角连接线用于转角连接

转角接头一根

转角接头一根

图 7-32　多支 LED 灯管典型安装方法

部完全贴在屋顶上，光源有普通白灯泡、荧光灯、高强度气体放电灯、卤钨灯、LED 等。目前市场上最流行的就是 LED 吸顶灯。

　　LED 吸顶灯安装方法及注意事项如下。

　　① 切断电源。安装之前，首先应切断电源，以防触电。

　　② 安装底盘。LED 吸顶灯各部件名称如图 7-33 所示，安装时先

将底盘安装在天花板加强处，用自攻螺钉把底盘安装在天花板上；若安装不牢固，会导致灯具坠落，造成灯具破损或人身伤害。

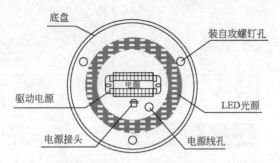

图 7-33　LED 吸顶灯各部件名称

③ 连接电源。如图 7-34 所示，将对应灯具的 AC 电源输入线接好，若连接不当，易引起灯具不亮或火灾等事故；为确保安全，连接电源前，务必关闭电源总闸，接好地线。

多个 LED 灯条
连接方法

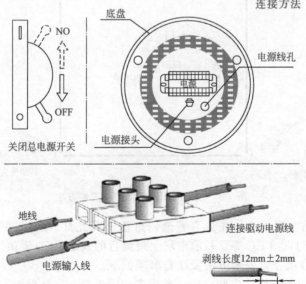

图 7-34　连接电源

④ 安装灯罩。如图 7-35 所示，将灯罩嵌入底盘，顺时针方向旋转灯罩或扳动板扣，卡住灯罩；如安装不妥，会导致灯罩脱落。检查无误后接通电源开关，即可使用。

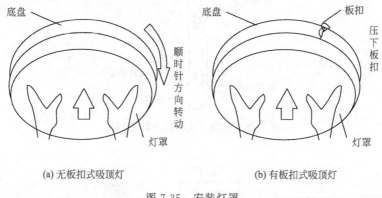

(a) 无板扣式吸顶灯　　　　　　　(b) 有板扣式吸顶灯

图 7-35　安装灯罩

6. 高压汞灯的安装方法

高压汞灯分镇流器式和自镇流式两种，其与白炽灯相比具有光效高、用电省、寿命长等优点，尤其是自镇流式高压汞灯，应用很广泛。应根据实际情况，选择功率合适的汞灯，并配备相应规格的灯座与镇流器。对于功率在 175W 及以下的高压汞灯，要配用 E27 型瓷质灯座；功率在 250W 以上的高压汞灯，要配用 E40 型瓷质灯座。

镇流器式高压汞灯的结构如图 7-36 所示。它的玻璃外壳内壁上涂有荧光粉，中心是石英放电管，其两端有一对用钨丝制成的主电极，上主电极旁装有启动电极，用来启动放电。灯泡内充有水银和氩气，在辅助电极上串有一个 $4k\Omega$ 电阻。

镇流器式高压汞灯的安装方法如图 7-37 所示。高压汞灯的镇流器应安装在灯具附近人体触及不到的位置，并注意有利于散热和防雨。

自镇流式高压汞灯是利用水银放电管、白炽体和荧光质三种发光元素同时发光的一种复合光源，故又称复合灯。它与镇流器式高压汞灯外形相同，工作原理基本一样，不同的是石英放电管的周围串联了镇流用的钨丝，不需要外附镇流器，安装简便，像白炽灯一样使用。

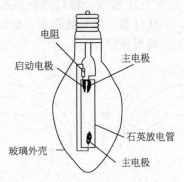

电阻

启动电极

主电极

石英放电管

玻璃外壳

主电极

图 7-36　镇流器式高压汞灯的结构

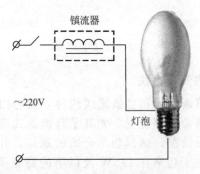

镇流器

~220V

灯泡

图 7-37　镇流器式高压汞灯的安装方法

（二）室内照明开关及插座的安装

开关和插座是构成一套完整电路的组成部分，在电路系统中犹如桥梁，是电器和灯具发挥作用的必备设备。明装开关影响家庭装修效果，且存在安全隐患，因此明装开关在装修中逐渐被淘汰了，取而代之的是暗装开关。下面将介绍室内暗装开关的安装布局、要求和方法。

1. 室内照明开关及插座的布局

不同的房间，照明开关及插座的布置都是不一样的，特别是插座还要根据一些家具物品等的摆放进行规划。客厅、卧室、厨房和卫生间照明开关及插座的安装可参照图 7-38～图 7-40 所示布局。

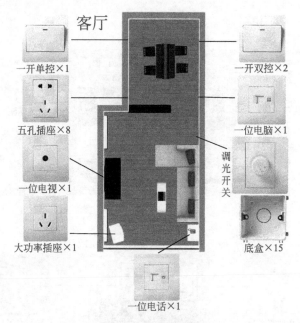

图 7-38　客厅照明开关及插座的布局

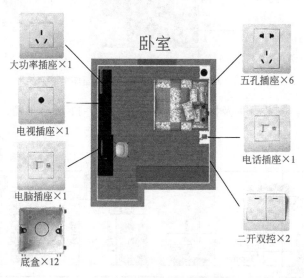

图 7-39　卧室照明开关及插座的布局

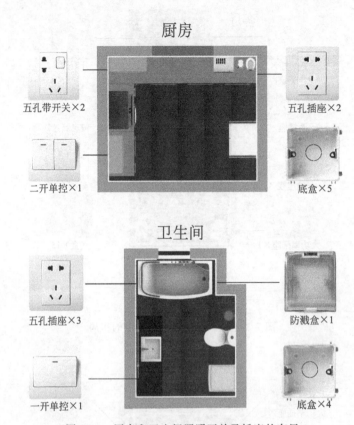

图 7-40　厨房和卫生间照明开关及插座的布局

另外，安装开关及插座的高度应按如图 7-41 所示布置。

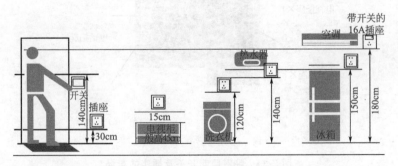

图 7-41　开关及插座安装高度布置示意图

2. 室内照明开关及插座安装要求

安装室内照明开关及插座应按如下要求进行。

① 明装插座安装的距地高度一般在 1.5~1.8m，暗装的插座距地不能低于 0.3m。如果家里有小孩，还要选用带有保险挡片的安全插座，防止儿童触电或用手指触摸插座的孔眼。

② 开关多用方向相反的手开闭，右手多于左手，因此一般安装在进门左侧。

③ 安装插座之前应计算负荷，无固定负荷的插座按 1000W 算，普通插座使用 2.5mm² 铜芯线。空调、冰箱等大功率的电器应使用独立的有保护接地的三孔插座，还有厨房中的油烟机也要使用三孔插座，严禁将接地线依附于煤气管道上，这样非常容易引起火灾事故。

④ 单相两孔插座的安装接线，当孔眼竖向排列时为上火下零，横向排列时为左零右火。

⑤ 单相三孔插座的安装接线，最上端的孔眼为接地孔，一定要与接地线接牢，绝不能不接，剩余的两孔为左零右火，需要注意的是零线与接地线不可错接或相接。

⑥ 强电与弱电插座的距离要保持在 30cm 以上，避免紧挨。

⑦ 浴室、阳台要装防溅型插座，或配备防水盒，浴缸、龙头、灶台上方不能安装，煤气表周围 20cm 也不能安装。

⑧ 安装时注意保护好开关插座的面板，以防污损。

3. 室内照明开关及插座安装前的准备工作

① 安装工具的准备　开关插座安装前需要准备好专门的安装工具，如测量用的卷尺、水平尺、线坠，钻孔用的电钻、扎锥，以及安装时用的绝缘手套、剥线钳等，部分工具如图 7-42 所示。

② 作业条件准备　开关插座的安装需要满足一定的作业条件，要求在墙面刷白、油漆及壁纸等装修工作均完成后才开始，并且电路管道、盒子均已铺设完毕，并完成绝缘摇测。作业时保证天气晴朗，房屋通风干燥，切断电箱电源。

开关插座安装在木工油漆工等之后进行，而久置的底盒子难免堆积大量灰尘。在安装时先对开关插座底盒进行清洁，如图 7-43 所示。特别是将盒内的灰尘杂质清理干净，并用湿布将盒内残存灰尘擦除。这样做可预防特殊杂质影响电路使用的情况。

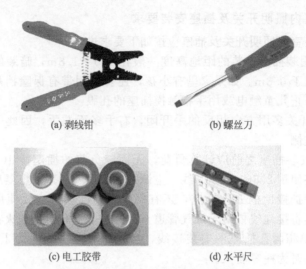

(a) 剥线钳　　　　　　　　(b) 螺丝刀

(c) 电工胶带　　　　　　　(d) 水平尺

图 7-42　开关及插座安装工具

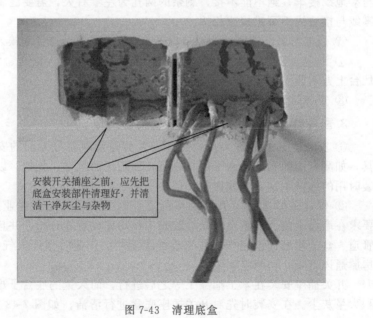

安装开关插座之前，应先把底盒安装部件清理好，并清洁干净灰尘与杂物

图 7-43　清理底盒

4. 灯具及插座开关的安装方法

① 单控开关与双控开关的安装方法　单控开关是指一个开关/按键只控制一组灯或电源。双控开关是指两个不同地方的开关控制同一组灯或电源。单控开关与双控开关的接线方法如图 7-44 所示。

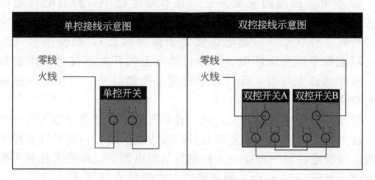

图 7-44　单控开关与双控开关的接线方法示意图

单控开关有两个接线柱，其中一个接线柱 L 接进线（火线），另外一个接线柱 L1 接通往灯或电源的回路线。双控开关有三个接线柱，由于两个不同地方的开关要控制同一个灯或电源，因此两个开关要连起来接线。

灯具开关的安装步骤如图 7-45 所示，具体操作如下。

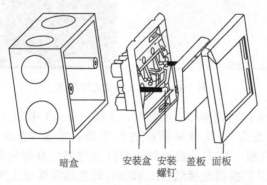

图 7-45　灯具开关的安装步骤

a.首先用螺丝刀将面板拆下。

b.将电源的火线、零线、地线分别按单控和双控电路控制接线原理接到插座的 L、N 连线的端子上，导线横截面积为 $1.5\sim4\text{mm}^2$，导线的拨线长度为 $9\sim11\text{mm}$。

c.将固定架装入墙上底盒内，用螺丝刀固定好。

d.将面板扣回原处即可。

② 带开关插座的安装方法　在日常生活中，厨卫电器建议采用带开关插座，比如电饭煲、洗衣机等。这些插座往往插着插座就处于待机工作状态（普通电饭煲处于保温状态），而使用带开关插座，就能简单地实现断电。另外，插座上的开关不仅可以用来控制整个插座的通电与否，还可以单独用于控制灯光，当作灯的控制开关来使用。

带开关插座规格很常见，如三孔带开关、五孔带开关等带开关插座。这类带开关插座一般采用两种接线方式安装：一种是开关控制插座通电与断电；另一种是开关控制灯具等电器。以单控五孔开关带插座为例，如图 7-46 所示，两种接线方式如图 7-47 所示。

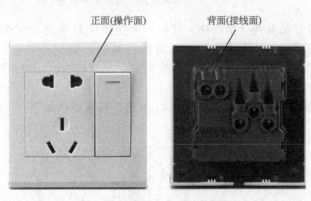

图 7-46　单控五孔开关带插座

用开关来控制插座有电或断电，火线（红线）接开关的 L，开关的另一个接线孔 L1 出线和插座的 L 连接，零线（蓝线）接插座的 N，插座的三横一竖表示接地线。用开关控制灯具等电器接线方式：火线、零线分别接插座接线柱 L 和 N，绿色线接插座接线柱 E（保护线），然后用一根短线短接插座接线柱和开关接线柱，另外一根从灯泡引下来的线接到开关接线柱 L1 上。

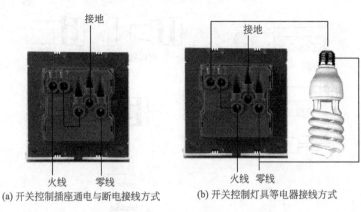

接地

接地

火线　零线

火线　零线

(a) 开关控制插座通电与断电接线方式　　(b) 开关控制灯具等电器接线方式

图 7-47　开关带插座两种接线方式实物图

5. 电视插座安装方法

电视插座如图 7-48 所示，安装步骤如图 7-49 所示，具体如下所述。

(a) 正面　　　　　　　　　　　(b) 背面

图 7-48　电视插座

① 首先由电缆端部起剥开 10mm 长的塑料外皮。

② 将屏蔽网向后翻（包括铝箔层），露出铜芯绝缘套。

③ 剥除 6mm 长的铜芯绝缘套，露出铜芯。

④ 按逆时针方向转动，松开电视插座上的电缆接头，取下套箍。

⑤ 叉开套箍，把套箍套进电缆，再把电缆接头小端套入电缆，直到露出的铜芯端部与电缆接头大端平齐。

⑥ 在电缆接头尾部（已旋进电缆）用钳子把套箍压扁，夹紧电

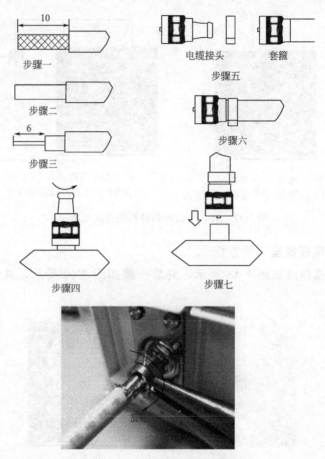

图 7-49　电视插座安装步骤

缆，将多余的屏蔽网线剪去。

　　⑦ 将接好电缆的电缆接头与网络电视插背面的接口对准，小心旋进好。

6. 电话插座的安装方法

　　电话插座分四线电话接线和二线电话接线两种方式，如图 7-50 所示。

　　电话插接线安装步骤如图 7-51 所示，具体如下所述。

　　① 接线座上的接线端子 1、2、3、4 分别与电话插正面插口的

(a) 四线电话接线示意

(b) 二线电话接线示意

图 7-50　两种电话插座接线方式

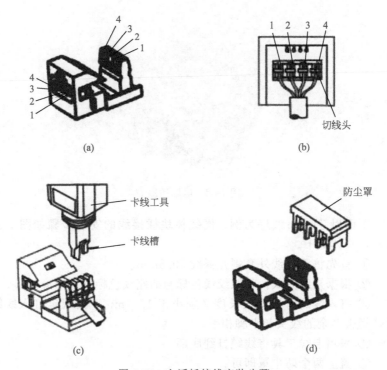

(a)

(b)
切线头

(c)
卡线工具
卡线槽

(d)
防尘罩

图 7-51　电话插接线安装步骤

4 根连线一一对应（从右到左），即接线端子 1 与插口左边的第一根连接线连通，接线端子 2 与插口左边的第二根连接线连通，依次类推。

② 对于二线电话，两根电话线只需与接线端子 2 和接线端子 3 接紧即可。

7. 电脑插座的安装方法

电脑插座如图 7-52 所示，又称网线模块，一般应用在室内的墙壁上作为网线插孔。现在家庭中使用的一般都是双绞线，双绞线分为 T568A 和 T568B 两种线序，信息模块端接入标准分 T568A 标准和 T568B 标准两种，网线插座或者网线水晶头都只能在 A 和 B 中选择一种方式接线，如果一头接错就不会有反应。

图 7-52　电脑插座

下面以 T568B 线序为例，网线模块插接线的安装步骤如图 7-53 所示，具体如下。

① 首先将双绞线外套剥开裸线 50.8mm。

② 根据接线方式，将双绞线色标与插座线色标一一对应。

③ 打入线的每根解绞长度必须小于 12.7mm，按规定打入线缆后，切去多余的线头与卡脚相平。

④ 采用卡线工具将线缆打到底部。

⑤ 盖上两个防尘罩即可。

8. 轻触延时开关的安装方法

轻触延时开关如图 7-54 所示，采用电子延时控制线路，当按下按键时，立即接通负载。松手后按键自动复位，并将在预设的延时工作时间结束后关闭负载的电源。

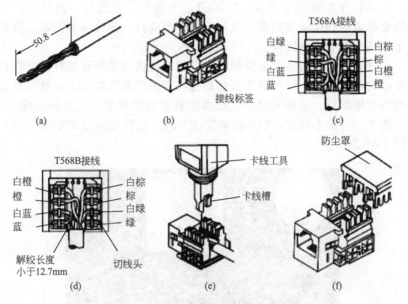

图 7-53 电脑网线模块插接线安装步骤

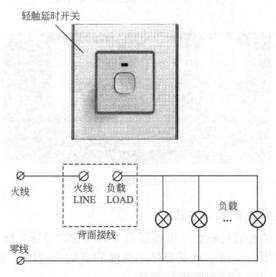

图 7-54 轻触延时开关实物及控制原理图

延时开关可用于水泵、LED 灯、节能灯、荧光灯、排气扇。不需要接中性线就能实现对荧光灯、电子节能灯、排气扇的控制，节省了布线成本和安装时间。

　　安装轻触延时开关非常简单，只需按接线图接好开关背面火线和负载的两个螺钉，再用两个安装螺钉将开关拧紧在墙盒上，最后盖上装饰边框即可。实际安装中，根据控制设备的需要，可选择一拖一、一拖二（一拖多同理）和多拖多接线方式。几种接线方式如图 7-55～图 7-57 所示。

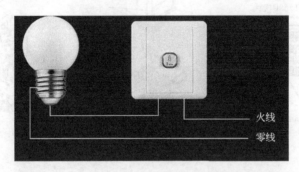

图 7-55　一拖一接线方式实物图

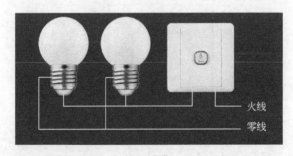

图 7-56　一拖二接线方式实物图

9. 调光开关的安装方法

　　调光开关是通过机械式电位器调节晶闸管的导通角而实现调节负载两端的电压，从而达到调节灯光亮度的目的，适用于客厅、书房、卧室等对照明灯具的亮度进行调节。

　　调光开关的安装非常简单，一般外壳的背面有 A 和 L 两个接口

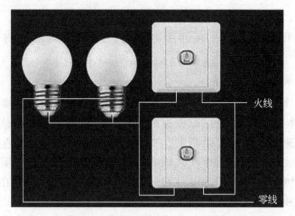

图 7-57　多拖多接线方式实物图

端，如图 7-58 所示，A 接负载端，L 接电源端。需要注意的是负载功率应符合额定值，否则会损坏调光开关。

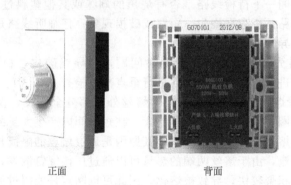

正面　　　　　　　　　　　　背面

图 7-58　调光开关

第三节

电气照明检修技能

一、电气照明检修的一般程序

照明电路是由引入电源线连通电度表、总开关、导线、分路出线等组成，发生故障时应依次从每个组成部分开始检查。一般顺序是从电源开始检查，一直到用电设备。电气照明检修的一般程序如下。

1. 了解故障的类型

了解故障的类型对电气照明检修非常重要，因为不同类型的故障有不同的特点，检修时可以根据故障的不同类型，确定检修手段与方法，为快速解除故障提供帮助。首先向知情者了解故障发生前后的情况，询问故障发生之前有什么征兆，故障发生时的现象，有无改动过接线等。例如：某一部分电灯突然熄灭，询问得知故障是在开某一灯或在某一插座上插电器时发生的。若发生熔丝爆熔，则可以大致判断是由于所开那个灯或所用电器有短路故障，然后进一步查实。

2. 直观检查

直观检查就是通过看、听、闻等进行检查，观察线路或设备的外部状况；闻一下待检线路是否有烧焦的煳味或其他塑料过热的味道；看一下线路是否存在烧焦、短路或破损现象；仔细听线路是否存在漏电产生的异常声音。

① 首先检查线路上有无明显问题，如导线破皮、相碰、断线，灯口有无进水、烧焦等，然后进行重点部位检查。

② 看熔断器是否熔断，如：熔丝外露部分全烧没，仅螺钉压接部分有一圈，其原因是短路电流大，在短时间内产生大量的热而使熔丝爆熔；熔丝中有较小的断口，其原因是通过熔丝的电流长时间超过其额定电流，由于熔丝两端的热量可以通过压接螺钉散发，而中间部位的热量积聚较快，导致被熔化，因此可以断定是线路过载或熔丝选得过细引起。

③ 查看闸刀，看熔断器是否过热，如检查螺钉上封的火漆熔化，有的流出来，这是由于该电器过热造成的；若电器触点或接触连接部分紫铜表面氧化成黑色变软，压接螺钉焊死无法松动等，也是由于过热造成的。

3. 测试检查

除了对线路、用电设备进行直观检查外，应充分利用试电笔、万用表、绝缘电阻表、电流表、钳形电流表及试灯仪表等检修设备对线路分段检测，确定发生故障的线路。

4. 分支路、分段检查

对故障电路，本着先易后难的原则，可按分支路或用"对分法"分段，通过插拔部分接插件或断开某一电路来缩小故障范围，逐步接近故障点，一般配电板电路和用电器具的测量与检查比较方便，应首先检查，然后进行线路的检查。"对分法"检查故障电路，就是在检查有故障的线路时，在其大约一半的位置找一检查点，用试灯、万用表等进行测试。若该测试点正常，则可断定故障在测试点负荷一侧；若该测试点不正常，则可断定故障在测试点的前级电路。下一步则应在问题的"半段"的中部再找一下测试，依次类推。

二、电气照明故障检修技能

照明电路的三种状态是：通路、断路（开路）、短路，常见故障主要有短路、断路、漏电等。

（一）短路

短路就是指电流没有经过用电器而直接构成通路，照明线路中存在短路故障表现为：电灯都不亮，且熔断器熔丝爆断，熔丝附近有弧光放电的烧痕，严重的会使导线绝缘层烧焦甚至引起火灾。

1. 短路故障的原因

造成短路的原因大致有以下几种：①相线、零线压接松动，距离过近，遇到某些外力，使其相碰造成相对零短路或相间短路；②灯座或开关进水，螺口灯头内部松动或灯座顶芯歪斜碰及螺口，造成内部短路；③导线绝缘层损坏或老化，并在零线和相线的绝缘处碰线。

2. 短路故障的检修

当发现短路打火或熔丝熔断时应先查出发生短路的原因，找出短路故障点，处理后再更换熔丝（处理时不允许用大熔丝，更不允许以铜丝或铁丝等金属丝代替熔丝）。短路故障的查找一般从干线到分支线，分段与重点部位相结合进行检查。以下分别介绍两种检修方法。

① 试灯法。利用试灯法检查短路点一般是先将故障分支电路上的所有灯开关断开，然后拔下所有电器插头，取下插座熔断器，然后

用一只 60～100W 的灯泡接在该分支线路总熔断器两端，并联在电路中，然后合闸送电；若试灯正常发光，说明故障在线路上；若试灯不发光或微微发光，说明线路无问题，再对第一盏灯、每一只插座进行检查。

② 跳闸法。当线路出现短路故障时，应断开室内各分支开关及支路上所有用电设备，闭合总开关后依次合上各分支开关，若某一支路合上后出现跳闸说明该支路有短路故障，检查该支路线路并排除。若合上分支开关后无跳闸情况，再依次接通各支路用电设备，某一用电设备接通电源瞬间出现跳闸情况则说明该用电设备及控制回路存在短路现象，检查并排除故障。

（二）断路（开路）

照明线路断路故障发生后，电路中无电流通过，负荷将不能正常工作，其故障表现为：电路无电压，照明灯具不亮，一切用电器不能正常工作。

1. 断路故障的原因

造成断路的原因大致有以下几种：①负荷过大使熔丝烧断；②开关触点松动、接触不良；③导线接头处压接不实、接触电阻过大造成局部发热并引起连接处氧化，特别是铜铝导线相接时无过渡接头，引起接头处严重腐蚀；④恶劣天气和人为因素等。

2. 断路故障的检修

查找断路故障时可用试电笔、万用表等进行测试，分段查找与重点部位检查相结合。对较长线路可采用对分法查找断路点。

①若电灯都不亮，检查电源的熔断器熔丝良好，测电源侧电源电压正常，负载侧无电压，则说明开关接触不良；若负载侧电压正常，则说明线路干线上有断开点，则采用分段短接干线的方法查找断开点，确定断开点后将其接通。②若某一电路中电灯都不能正常工作，说明干线回路有断路故障，用试电笔测试灯头或开关桩头时，若氖泡发光，说明零线断路；若氖泡不发光，则是火线短路，这时应首先检查电源开关和总熔断器，看是否接触不良、导线松动、熔丝熔断等；若都正常，则由前逐步向后检查，找出断线点。③若仅有几盏灯不亮，说明只是局部导线发生断路，这时只需查找这几盏灯共用的导线

即可。④个别灯不亮，应重点检查这只灯的灯泡、灯头、灯座开关等，若没问题，再检查与该灯连接的电路。

（三）漏电

当线路存在漏电时，漏电保护开关会出现跳闸的现象。

1. 漏电故障原因

引起照明线路漏电的原因有：①相线与零线间绝缘受潮气侵蚀或被污染造成绝缘不良，产生相线与零线间漏电；②相线与零线之间的绝缘受到外力损伤，而形成相线与地之间漏电；③线路长期运行，导线绝缘老化造成线路漏电；④用电设备的绝缘部分长期在比较潮湿或油污的环境中使用。

2. 漏电故障检修

照明线路中一般装有漏电保护装置（采用漏电保护器），当漏电电流超过整定电流值时，漏电保护器动作，切断电路，此时应查出漏电接地点（照明线路的接地点多发生在穿墙部位和靠近墙壁或天花板等部位）并进行绝缘处理后再通电。检查漏电的方法如下。

① 判断是否漏电。在被测线路的总开关上接一只电流表，接通全部电灯开关，取下所有灯泡，仔细观察。若电流表指针摆动，则说明漏电；偏转多，说明漏电大。确定漏电后再进一步检查。

② 判断漏电类型。切断零线，观察电流的变化，若电流表指示不变或绝缘电阻不变，说明相线与大地之间漏电；若电流表指示为零或绝缘电阻恢复正常，说明相线与零线之间漏电；电流表指示变小但不为零，或绝缘电阻有所升高但仍不符合要求，说明相线与零线、相线与大地间均有漏电。

③ 确定漏电范围。取下分路熔断器或拉下分路开关，若电流表指示或绝缘电阻不变，说明总线路漏电；若电流表指针为零或绝缘电阻恢复正常，说明分路漏电；若电流表指示变小但不为零，则说明总线路与分线路都有漏电。

④ 找出漏电点。按上述方法确定漏电的分路或线段后，再依次断开该段线路灯具的开关，若断开某一处开关时，电流表指针回零，则说明这一分支线漏电；若电流表指示变小，说明除该分支线漏电外还有其他漏电处；若所有的灯具开关都断开后，电流表指示仍不变，

说明该段干线漏电。

⑤ 用上述方法依次将故障缩小到一个较短的线段后，便可进一步检查该段线路的接头、接线盒、电线穿墙处等是否有绝缘损坏情况，并进行处理。

（四）过载

过载就是实际电量超过线路导线的额定容量。当电路发生过载问题时灯光会变暗，用电器不能达到额定功率，实际电量超出了线路导线的额定容量，最终熔断熔丝，过载部分的装置存在温度突升的现象。

1. 过载故障原因

引起过载的原因有：①没有选择合适的电器型号，导线截面小，原设计中线路的额定容量与实际情况不符；②随意装接导线和设备，增加了电路的负荷，使得线路超载运行；③电源电压过低，这时无法减少输出功率的设备（如洗衣机、电冰箱等）就会自行增加电流来弥补电压的不足，而引起过载。

2. 过载故障的检修

先检查是否同时使用过多的用电器或单个用电器的功率过大，若有，应及时断开这些电器；另外检查所用的绝缘导线横截面是否符合最大安全载流量。若灯光发红色，检测电源电压正常，说明线路已过载；若灯都不亮，检查熔断器熔丝在中部或端部熔断，熔丝有残余，说明线路严重过载，应检查负载情况，有无较大容量用电设备等。

（五）照明电路绝缘电阻降低

引起照明线路绝缘电阻较低而导致故障的原因有：线路使用过久、绝缘老化、绝缘子损坏、导线绝缘层受潮或磨损等。测量方法如下。

① 线间绝缘电阻的测量。首先切除用电设备并切断电源，然后用绝缘电阻表测量线间绝缘电阻值是否符合要求，若阻值与要求不符合则应进一步检查。

② 线对地的绝缘电阻测量。切除电源，并将线路上的用电设备断开，把绝缘电阻表上的一个接线柱接到被测的一条导线上，绝缘电

阻表的另一个接线柱接到自来水管、电气设备的金属外壳或建筑物的金属外壳等与大地有良好接触的金属物体上，然后进行测量。

（六）零线断线造成的照明线路故障

零线断线造成的电压不平衡会造成照明线路故障和家电的损坏。检修零线断线故障时，首先检查零线上是否接有刀开关、熔断器等元器件；若有，则应全部拆除并将零线进行直接可靠连接；再检查零线的连接点有无断开、松动、接触不良，有无因大风或其他机械原因导致零线断线的情况。

提示： 在照明线路检修中要注意以下事项：①不要带电操作；②工作时应设专人监护，工作人员应戴绝缘手套、穿绝缘鞋、使用带有绝缘手柄的工具，且站在干燥的绝缘物上工作；③在带电的装置上工作时，应采取防止造成短路和接地的隔离措施；④接线时，应先接上零线，后接火线；⑤搭接线头时，应先将两头搭在一起后绞接，严禁一手拿一个线头。

三、物业电工照明故障检修技能

物业电工照明技能可参照电气照明故障检修技能。

第八章

家用电器维修

第一节
家电维修基础

一、家电常用电子元器件

(一) 电阻器

电阻器称电阻，又称固定电阻（电阻器实物图如图 8-1 所示），是电阻电线内通过电流时，电子在导线内运动受着一定的阻力，其英文名称为 Resistance，用符号"R"表示。电阻是电气、电子设备中使用最广泛的基本元器件之一，在电路中控制电压、电流及与其他元器件配合，组成耦合、滤波、反馈、补偿等各种不同功能的电路。

电阻的基本参数是阻值，用来表示电阻对电流阻碍作用的大小，单位为欧姆（欧姆的定义：导体加上 1V 电压时，所产生 1A 电流所对应的阻值），简称欧，用希腊字母"Ω"表示。大电阻值时则通常采用千欧（kΩ）或兆欧（MΩ）表示。其换算关系：$1m\Omega$（毫欧）＝ 0.001Ω，$1k\Omega = 1000\Omega$，$1M\Omega = 1000k\Omega$，$1G\Omega$（吉欧）$= 10^9\Omega$，$1T\Omega$（太欧）$= 10^{12}\Omega$。

电阻的另一个基本参数是功率，用来表示电阻能承受的最大电流，单位为瓦特，简称瓦，用符号"W"表示，通常功率有 1/16W、

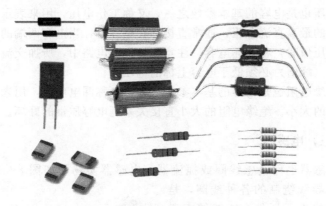

图 8-1　电阻器实物图

1/8W、1/4W、1/2W、1W、2W、3W 等。

（二）电容器

电容器也称电容（电容器实物图如图 8-2 所示），以储存电荷为特征，能隔断直流而允许交流电流通过的电子元器件，其英文名称为 Capacitor，用符号"C"表示。电容是各类电子设备大量使用的不可缺少的基本元器件之一，在电子设备中充当整流器的平滑滤波，电源和退耦、交流信号的旁路，交直流电路的交流耦合等的电子元器件。

图 8-2　电容器实物图

容量是电容的基本参数之一，用来表示储存电荷能力的大小，单位为法拉，用符号"F"表示。由于 1 法拉（1F）电容量较大，通常小容量时采用毫法（mF）、微法（μF）、纳法（nF）、皮法（pF）表示。其换算关系为：$1F=10^{3}mF=10^{6}\mu F$，$1\mu F=10^{3}nF=10^{6}pF$。

耐压也是电容的基本参数之一，又称工作电压，用来表示电容允许使用的最高直流电压，通常直接标在电容上，当电容两端的电压超过其耐压值时，将损坏电容。注意：在交流电路中，所加交流电压的最大值（峰值）必须低于电容上标的电压值。

绝缘电阻也是电容的基本参数之一，又称漏电电阻，用来表示电容漏电的大小。绝缘电阻的大小直接关系到电容质量的好坏。

（三）电感器

电感器也称电感线圈或扼流器（电感器实物图如图 8-3 所示），用绝缘导线绕制的各种线圈，是一种非线性元器件，能够储存磁能，其英文名称为 Inductance，用符号"L"表示。电感是组成电路的基本元器件之一，在交流电路中作阻流、降压、交连耦合及负载用，电感与其他元器件（如电容）配合时，可以作调谐、滤波、选频、退耦等。

图 8-3　电感器实物图

电感的基本参数是电感量，用来表示电感线圈工作能力的大小，单位为亨利，简称亨，用符号 H 表示。小电感时则通常采用毫亨（mH）或微亨（μH）表示。其换算关系为：$1H = 10^3 mH = 10^6 \mu H$。电感量的大小与线圈导线的粗细、绕制方式、线圈的匝数及磁芯的材料、安装位置有关。当圈数越多，绕制的线圈越集中，电感量越大，且线圈内有磁芯的比无磁芯的电感量大，磁芯磁导率大的电感量大。

电感的另一个基本参数是品质因数，用来表示电感线圈品质好坏，用符号"Q"表示。Q 值越高，表明电感线圈功耗越小，效率越高，即"品质"越好。

线圈的标称电流用来表示线圈允许通过电流的大小，以字母 A、B、C、D、E 分别代表标称电流值 50mA、150mA、300mA、700mA、1600mA。大体积的电感器，其标称电流、电感量均标注在电感体上。

线圈的分布电容是指在互感线圈中，两线圈之间存在线圈与匝间的电容。分布电容对高频信号有较大影响，其分布电容越小，电感在高频工作时性能越好。

（四）晶体二极管

晶体二极管又称半导体晶体二极管，晶体二极管实物图如图 8-4 所示，由半导体组成的器件，具有单向导电功能（就是在正向电压的作用下，导通电阻较小，但在反向电压作用下，导通电阻极大或无穷大），其英文名称为 Diode，用符号"VD"表示。晶体二极管是半导体设备中的一种最常见的器件，在电路中常用于整流、开关、限幅、稳压、变容、发光、调制和放大等。

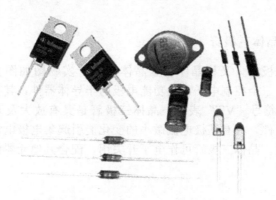

图 8-4　晶体二极管实物图

晶体二极管是用 P 型半导体和 N 型半导体做成的，内部结构如图 8-5 所示。其中，带额外电子的半导体称作 N 型半导体（带有额外负电粒子，自由电子能从负电区域向正电区域流动），带额外"电子空穴"的半导体叫作 P 型半导体（带有正电粒子，电子能从一个电子空穴跳向另一个电子空穴，可从负电区域向正电区域流动）。

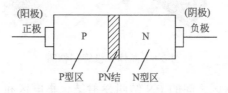

图 8-5　晶体二极管内部结构

晶体二极管的基本参数是最大整流电流，用来表示晶体二极管长期运行时允许通过的最大正向平均电流，用符号"I_F"表示。此值与PN结的结面积和晶体二极管工作时的散热条件有关。在使用时不允许超过此值，反之，将烧坏晶体二极管。

最高反向工作电压是晶体二极管的基本参数之一，用来表示晶体二极管在工作时允许通过的最大反向电压，用符号"V_R"表示。使用时超过此值，将击穿晶体二极管。

反向电流也是晶体二极管的基本参数之一，此值与温度有直接关系，用符号"I_R"表示。此电流越小，则说明晶体二极管的单向导电性越好。

(五) 晶体三极管

晶体三极管，又称晶体管（晶体三极管实物图如图 8-6 所示），是一种具有三个控制电子运动功能电极的半导体器件，其英文名称为Triode，用符号"VT"表示。晶体三极管是具有放大及开关等作用的半导体器件，具有基极电流微小的变化能引起集电极电流较大的变化量的特性。晶体三极管可作电子开关用，配合其他元器件还可以构成振荡器。

图 8-6　晶体三极管实物图

发射区和基区之间的 PN 结叫发射结，集电区和基区之间的 PN 结叫集电极。两个 PN 结把整块半导体分成三部分，中间部分是基区，两侧部分是发射区和集电区，内部结构如图 8-7 所示。排列方式有 PNP 型和 NPN 型，其中，PNP 型晶体三极管发射区"发射"的是空穴，其移动方向与电流方向一致，箭头朝内；NPN 型晶体三极管发射区"发射"的是自由电子，其移动方向与电流方向相反，箭头朝外。

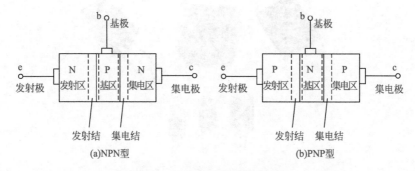

图 8-7　晶体三极管的内部结构

晶体三极管具有放大、截止、饱和三种工作状态。

① 放大状态　当加在晶体三极管发射结的电压大于 PN 结的导通电压，并处于某一恰当的值时，晶体三极管的发射结正向偏置，集电结反向偏置，这时基极电流对集电极电流起着控制作用，使晶体三极管具有电流放大作用，晶体三极管处于放大状态。

② 截止状态　当加在晶体三极管发射结的电压小于 PN 结的导通电压，基极电流、集电极及发射极电流均为零，晶体三极管失去电流放大作用，集电极和发射极之间相当于开关的断开状态，此时晶体三极管处于截止状态。

③ 饱和状态　当加在晶体三极管发射结的电压大于 PN 结的导通电压，并当基极电流增大到一定程度时，集电极电流处于某一定值附近，晶体三极管失去电流放大作用，集电极与发射极之间相当于开关的导通状态，此时晶体三极管处于饱和状态。

（六）场效应晶体管

场效应晶体管又称单极型晶体管（场效应晶体管实物图如图 8-8 所示），是一种利用电场效应来控制电流大小的半导体器件，其英文名称为 Field Effect Transistor，用符号"FET"表示。场效应晶体管是由多数载流子参与导电的晶体管，属于电压控制型半导体器件，具有输入电阻高、噪声功耗低、动态范围大、易于集成、没有二次击穿和安全工作区域宽等优点，用作可变电阻、恒流器、电子开关等。

图 8-8　场效应晶体管实物图

饱和漏源电流（I_{DSS}）是场效应晶体管的参数之一，是指结型或耗尽型绝缘栅场效应晶体管栅极电压 $U_{GS}=0$ 时的漏源电流。

最高耐压（U_{DSS}）也是场效应晶体管的参数之一，用来表示绝缘栅型场效应晶体管的源极接地，栅极对地短路，漏、源极之间在指定条件下的最高耐压。

（七）晶闸管

晶闸管全称为硅可控整流元器件（晶闸管实物图如图 8-9 所示），是由硅半导体材料做成的硅晶闸管，其英文名称为 Thyristor，用符号"V"或"VT"表示。晶闸管具有硅晶闸管整流器件的特性，能在高电压、大电流状态下工作，且其工作过程可以控制，被广泛应用于可控整流、交流调压、无触点电子开关、逆变及变频等电子电路中。

晶闸管包含三个或三个以上的 PN 结，可看成一个 PNP 型晶闸管和一个 NPN 型晶闸管的复合管，是一种能从断态转入通态或由通态转入断态的双稳态电力电子器件。

由于晶闸管只具有导通和关断两种工作状态，所以它具有开关特性。平时它保持在非导通状态，直到由一个较小的控制信号对其触发

图 8-9　晶闸管实物图

使其导通；一旦被触发，就算撤离触发信号，它也能保持导通状态。要使其截止可在其阳极与阴极之间加上反向电压或将流过晶闸管的电流减小到某一定值以下。晶闸管这种通过触发信号（小的触发电流）来控制导通（晶闸管中通过大电流）的可控特性，正是它区别于普通硅整流晶体二极管的重要特性。

（八）集成电路

集成电路的英文为 Integrated Circuit（如图 8-10 所示为集成电路实物图），在电路中用字母"IC"（或用符号"N"）表示，是在电子管、晶体管的基础上发展起来的一种微型电子器件或部件。

图 8-10　集成电路实物图

集成电路是在同一块半导体材料上，采用一定的工艺，将一个电路中所需的晶体管、二极管、电阻、电容和电感等组件及布线互连在一起，制作在一小块或几小块半导体芯片或介质基片上，然后封装在一个管壳内，成为具有所需电路功能的微型结构，形成一个完整的电路。整个电路的体积大大缩小，引出线和焊接点的数目也大为减少，从而使电子组件向着微型化、小型化、低功耗和高可靠性方面迈进了一大步。

二、家电电路图识读

电路图识读方法如下。

① 看电源部分，搞清楚是交流还是直流，单电源还是多电源及电压等级。

② 区分数字电路和模拟电路。模拟电路看信号采集和信号来源，分析信号是交流、直流还是脉冲，属电压型还是电流型。分析模拟电路是解调、放大、整形还是补偿电路。查看其输出电路是调制还是驱动电路。而数字电路则主要分析电路的逻辑功能和电平控制。

③ 看电路模块。现代电器的元器件大多模块化，它是电路的核心元器件，要找出各子电路模块之间电气量联系，找到整个电路的输出和输入端口以及信号流程。

再就是对电路的各个功能模块有个全面的了解，如电源模块、控制器模块、存储器模块、音频模块、GPRS模块等。各个模块逐一分析，最后统一起来看就可大体了解电路所要实现的功能了。

④ 了解电路接线规则。

a. 上拉电阻一般是一端接信号，一端接电源。

b. 下拉电阻一般是一端接信号，一端接地。

c. 弄清楚交叉连接和十字连接，电路图中丁字形连接均为交叉连接，十字形连接则有两种，中间打有黑点为交叉连接，未打黑点为交叉不连接。

d. 弄清楚供电点（如图 8-11 所示）和接地点（如图 8-12 所示）。

图 8-11　供电点　　　　　　　　图 8-12　接地点

下面以手机为例，介绍其具体识图方法。

1. 画方框图

画方框图是概括地、粗略地识读多页型整机电路图的第一步，它是读图的起步和基础。画方框图要以手机主要电路为依据，先抓主要电路，将主要电路画出其大致工作流程框图，再添加其他小信号等特殊功能电路。画手机方框图，首先可画出发射电路、接收电路和其他电路三大块，再对发射电路、接收电路和其他电路进行细分。只有抓住电路全局，才能深入识图的基本框架。

2. 识读电路图

识读电路图是指识读各页整机电路图，并且对每一个板块（模块）电路图都要分别对应、联系整机某方面或某几方面的功能，将板块电路图全部识读完后，整机电路图即可迎刃而解。识读电路图时，应以集成电路为核心，一般来说，一个集成电路往往代表了一个单元电路或多个单元电路。所以识读电路图时，首先应抓集成电路。

第二节

家电维修方法

1. 直观检查法

直观检查法是凭借维修人员的视觉、听觉、嗅觉、触觉等感觉特性，查找故障范围和有故障的组件。直观法是最基本的检查故障的方法之一，实施过程应坚持先简单后复杂、先外面后里面的原则。实际操作时，首先面临的是打开机壳的问题，其次是对拆开的电器内的各式各样的电子元器件的形状、名称、代表字母、电路符号和功能都能一一对上号，即能准确地识别电子元器件。直观法主要有两个方面的检查内容：一是对实物的观察，适合于各种检修场合；二是对图像的观察，主要用于有图像的视频设备，如电视机等。

2. 人体干扰法

所谓"人体干扰法"，即以人体作为干扰源，用来检测仪器和电子线路及排除故障。这种方法不需要额外使用其他仪器和设备，只需要用自己的手触碰或触摸电路，然后根据电路的反应状况来进行判断。业余条件下，人体干扰法是一种简单方便又迅速有效的方法。

3. 温度检测法

温度检测法简称测温法。测温法是利用仪表测试电器或元器件的工作温度来判断电器或元器件是否正常。常用的测试仪表为半导体温度计，在没有温度计的情况下，也可以用手探试，根据温度的变化情况判断电器的相关部件是否存在故障。

4. 短路检查法

短路法就是将电路的某一级的输入端对地短路，使这一级和这一级以前的部分失去作用。当短路到某一级时（一般是从前级向后级依次进行），故障现象消失，则表明故障就发生在这一级。短路主要是对信号而言，为了不破坏直流工作状况，短路时需要用一只较大容量的电容，将一端接地，用另一端碰触。对于低频电路，则需用电解电容。从上述介绍中可看到，短路法实质上是一种特殊的分割法。这种方法主要适用于检修故障电器中产生的噪声、交流声或其他干扰信号等，对于判断电路是否有阻断性故障十分有效。

5. 电阻检测法

电阻检测法就是借助万用表的欧姆挡断电测量电路中的可疑点、可疑组件以及集成电路各引脚的对地电阻，然后将所测资料与正常值作比较，可分析判断组件是否损坏、变质，是否存在开路、短路、击穿等情况。这种方法对于检修开路、短路性故障并确定故障组件最为有效。这是因为一个正常工作的电路在未通电时，有的电路呈开路，有的电路呈

电阻检测法

通路，有的为一个确定的电阻。而当电路的工作不正常时，线路的通与断、阻值的大与小，用电阻检测法均可检测，采用电阻法检测故障时，要求在平时的维修工作中收集、整理和积累较多的资料，否则，即使测得了电阻值，也不能判断正确与否，就会影响维修的速度。特别是机器不能够通电检修时，不用电阻法会使维修工作陷入困境。

6. 电压检测法

电压法是通过测量电路或电路中元器件的工作电压，并与正常值进行比较来判断故障电路或故障组件的一种检测方法。一般来说，电压相差明显或电压波动较大的部位就是故障所在部位。在实际测量中，通常有静态测量和动态测量两种方式。静态测量是电器不输入信号的情况下测得的结果，动态测量是电器接入信号时所测得的电压值。

电压检测法一般是检测关键点的电压值。根据关键点的电压情

况，来缩小故障范围，快速找出故障组件。如检修一台无光的显示器，一般首先用万用表测＋B电压是偏高，还是偏低；是0V，还是正常。可根据所测电压值，作出相应的诊断措施。

7. 电流检测法

电流法是通过检测晶体管、集成电路的工作电流，各局部的电流和电源的负载电流来判断电器故障。

8. 信号注入法

信号注入法是用信号发生器或其他正常的视、音频或射频信号逐级注入电器可能存在故障的有关电路中，然后再利用示波器和电压表等测出数据或波形，从而判断各级电路是否正常。

采用信号注入法可以把故障孤立到某一部分或某一级，有时甚至能判断出是某一组件。对于故障判断出在某一部分时，可进一步通过别的检测方法检查、核实，从而找出故障之所在。

9. 断路检查法

断路法又称断路分割法，它通过割断某一电路或焊开某一组件、接线来压缩故障范围，是缩小故障检查范围的一种常用方法。如某一电器整机电流过大，可逐渐断开可疑部分电路，断开哪一级电流恢复正常，故障就出在哪一级，此法常用来检修电流过大，烧熔丝故障。

10. 波形法

用波形检测法能准确、快速判断故障部位。利用示波器跟踪观察信号通路各测试点，并根据波形失真的情况进行分析，可直观地看出问题。

11. 敲击法

机器运行时好时坏可能是虚焊或接触不良或金属氧化电阻增大等原因造成的，对于这种情况可以用敲击法进行检查。具体做法是：利用绝缘体，在加电或不加电的情况下，对有可能出问题的部位进行敲打和按压，然后根据情况进一步检查故障点的位置并排除。要注意的是，高压部位一般不用敲击法。

敲击法是检查虚焊、脱焊等接触不良造成故障最有效的方法之一。

当通过目测检查后，怀疑某处电路有虚焊、脱焊等接触不良的现象时，就可以采用敲击法来进一步检查，具体方法可倒握螺钉旋具，用螺钉旋具柄敲击印制电路板边沿，振动板上各元器件，常常能快速找到故障部位。

此外，用指尖轻压被怀疑的元器件或引线，也可以有助于找到虚焊或脱焊部位；按压电路板的一些部位，常常能快速找到故障所在，如电路板上印制电路断裂的地方。不过，采用这种手法，轻重一定要适度，要凭借指尖的敏感与细心的观察。

12. 盲焊法

盲焊法实际上是一种不准确的焊接方法。在检修电器过程中，会发现有些故障现象与虚焊导致的故障很相似，但一时找不到虚焊的元器件，这时，可以对怀疑的焊点逐一焊一遍。

盲焊法一般不提倡使用，只是在上门维修电器时，为了不使用户因维修时间太长而产生厌烦情绪时，可以使用此法。

13. 升/降温检查法

升温法是用电烙铁或电热吹风给某个有怀疑的组件加热，使故障现象及早出现，从而确定损坏组件。降温法是用蘸酒精的棉球给某个有怀疑的组件降温，使故障现象发生变化或消失，从而确定故障组件。这两种方法主要用于由于电路中组件热稳定性变差而引发的软故障的检修。

14. 升/降压检查法

升压和降压法是指用升高和降低整机或部分电路的工作电压的方法使故障及早出现的一种检查方法。

15. 替代检查法

替代检查法是用规格相同、性能良好的元器件或电路，代替故障电器上某个被怀疑而又不便测量的元器件或电路，从而判断故障原因的一种检测方法。

替代法俗称万能检查法，适用于任何一种电路类故障或机械类故障的检查。该方法在确定故障原因时准确性为百分之百，但操作时比较麻烦，有时很困难，对印制电路板有一定的损伤。因此，使用替代法要根据电器故障具体情况，以及检修者现有的备件和代换的难易程度而定。要注意的是，在代换元器件或电路的过程中，连接要正确可靠，不要损坏周围其他组件，从而正确地判断故障，提高检修速度，并避免人为造成故障。

16. 自诊检查法

随着微型计算机在电气设备中的应用，现在一些家用电器都具有很强的自诊断能力。通过监控系统各部分的工作，及时判断故障，并给出报警信息或做出相应的动作，从而避免事故发生。

注意，采用自诊断法进行检查时，要求机器能正常开机，且维修人员必须知道怎样进入诊断模式。另外，要求维修者手头有相关机器的详细维修资料。

17. 逻辑推断法

逻辑推断法就是利用异常显示、异常动作、异常声响等特殊现象来推断故障产生的部位。比较适合实践操作时间较长的读者。

18. 干扰检查法

在业余条件下，用干扰法进行检修也是一种较常见的方法。其方法是，用手拿螺钉旋具和镊子的金属部分碰触有关检测点，同时观察屏幕上的杂波反应或监听扬声器发出的声音来判断故障部位。该方法常用于检查公共信道、图像信道和伴音信道，其检查顺序应从后级向前级，检查到哪级无杂波反应哪级就有问题。

19. 参照检查法

参照检查法利用移植、比较、借鉴、引申、参照、对比等手段，查出具体的故障部位。理论上讲，参照检查法可以查出各种各样的故障原因。

20. 面板操作压缩法

面板操作压缩法是利用机器面板上的各种开关、按键旋钮、接口插头的装置，进行各种不同的操纵、转换，迅速地压缩各种故障范围，从而判断故障大概部位的一种检查方法。

21. 流程图检查法

流程图检查法是根据故障检修流程图，一步一步地将故障范围缩小，最后找出故障部位。

应用该方法时，必须先根据机器的电路原理框图划分出电路大块，再画出检测流程图。根据流程图进行检修。如本书中的手机检修思路一节中的检修流程图则是根据流程检查法的一种具体应用。

22. 听诊检查法

听诊是维修人员根据机器各部分发出的声音判断正常与否的一种诊断方法。一般来讲，听诊检查法主要有两种方式，一种是直接听诊，另一种是间接听诊。

23. 加压检查法

加压检查法就是对怀疑的组件进行压紧处理，同时观察故障有无变化，若有变化，则说明该组件存在问题。

24. 触摸检查法

所谓触摸法，就是用手去触摸相关组件，从中发现所触摸的组件否过热或应该热的却不热，这是一种间接判断故障的方法。

25. 拔插检查法

拔插法是通过将插件板或芯片"拔出"和"插入"来检查故障的一种常用的有效检查方法。即每拔出一块插件板，就开机检查机器的状态，当拔出某块插件板后故障消失，则说明故障在该板上，此法也适用于大规模集成电路芯片。

26. 分段处理法

分段处理法就是通过拔掉部分接插件或断开某一电路来缩小故障范围，以便迅速查找到故障元器件的一种方法，此种方法适用于击穿性、短路性及通地性故障的检修。

27. 拆次补主法

维修电子设备时，如果缺少某个元器件，有时可以采用"拆次补主"的方法使电子设备恢复正常。拆次补主法是一种应急维修方法，其操作原理是将次要地位的元器件拆下来，用以代换主要电路上损坏的元器件。该方法适用于某些二极管、三极管、固定电容器、电解电容器损坏的应急维修。例如，显示器电源正反馈电容器损坏后，若未找到合适的电容器更换，可将电源整流桥辅助性保护电容器拆下来替换。

28. 软件维修法

软件检查法在一般的家用电器维修中采用不多，但在手机维修中却经常采用。由于手机的控制软件相当复杂，容易造成一些较隐蔽的

"软"故障（如数据出错、部分程序或数据丢失等），因此，重新对手机加载软件是手机维修过程中一种常用方法。

29. 应急拆除法

应急拆除法是指将某一元器件暂时拆除不用的一种检修方法。在电器中有些元器件是起减少干扰、实现电路调整等辅助性功能作用的，如滤波电容器、旁路电容器、保护二极管、补偿电阻等。这些元器件被击穿损坏后，它们不但不起辅助性功能的作用，而且还会影响电路的正常工作，甚至导致整机不能正常工作，而如果将这些元器件应急拆除，暂留空位，电器可能马上就恢复工作。因此，在一些起辅助功能作用的元器件损坏后，一时找不到代换元器件的情况下，可采用应急拆除法，对机器作应急修理。

30. 篦梳式检查法

"篦梳式检查法"即像篦子梳头似的检查方法，对电路的所有元器件及其焊点等，一个不漏地进行在线"篦梳式"检查，并从中发现异常元器件。该方法对一些疑难故障的检查（如开机即烧坏元器件故障，或在线已检查过一遍，但未查出异常元器件，或故障大致范围已确定，但就是找不到具体变质元器件等），往往起到意想不到的效果。

第三节

家电维修技能

1. 先调查后熟悉

当用户送来一台故障机，首先要询问产生故障的前后经过以及故障现象。根据用户提供的情况和线索，再认真地对电路进行分析研究，从而弄通其电路原理和元器件的作用。

2. 先机外后机内

对于故障机，应先检查机外部件，特别是机外的一些开关、旋钮位置是否得当，外部的引线、插座有无开路、短路现象等。当确认机外部件正常时，再打开电器进行检查。

3. 先机械后电气

着手检修故障机时，应先分清故障是机械原因引起的，还是由电气毛病造成的。只有确定各部位转动机构无故障时，再进行电气方面的检查。

4. 先静态后动态

所谓静态检查，就是在电器未通电之前进行的检查。当确认静态检查无误时，再通电进行动态检查。如果在检查过程中，发现冒烟、闪光等异常情况，应立即关机，并重新进行静态检查，从而避免不必要的损坏。

5. 先清洁后检修

检查家电内部时，应着重看机内是否清洁，如果发现机内各组件、引线、走线之间有尘土、污垢等异物，应先清除，再进行检修。实践表明，许多故障都是由于脏污引起的，一经清洁，故障往往会自动消失。

6. 先电源后其他

电源是家电的心脏，如果电源不正常，就不可能保证其他部分的正常工作，也就无从检查别的故障。根据经验，电源部分的故障率在整机中占的比例最高，许多故障往往就是由电源引起的，所以先检修电源常能收到事半功倍的效果。

7. 先通病后特殊

根据家电的共同特点，先排除带有普遍性和规律性的常见故障，然后再检查特殊的电路，以便逐步缩小故障范围。

8. 先外围后内部

在检查集成电路时，应先检查其外围电路，在确认外围电路正常时，再考虑更换集成电路。如果确定是集成电路内部问题，也应先考虑能否通过外围电路进行修复。从维修实践可知，集成电路外围电路的故障率远高于其内部电路。

9. 先交流后直流

这里的直流和交流是指电路各级的直流回路和交流回路。这两个回路是相辅相成的，只有在交流回路正常的前提下，直流回路才能正常工作。所以在检修时，必须先检查各级交流回路，然后检查直流回路。

10. 先检查故障后进行调试

对于"电路、调试"故障并存的家电，应先排除电路故障，然后再进行调试。因为调试必须是在电路正常的前提下才能进行。当然有些故障是由于调试不当而造成的，这时只需直接调试即可恢复正常。

第九章

低压配电电器线路及维修

第一节

低压配电电器

一、低压隔离器

隔离开关是指在断开位置能满足隔离器要求的开关，而低压隔离器则是指在断开位置能符合规定的隔离功能要求的低压机械开关电器。最常见的低压隔离器有低压刀开关（如图 9-1 所示）、熔断器式刀开关（如图 9-2 所示）和组合开关（如图 9-3 所示）。

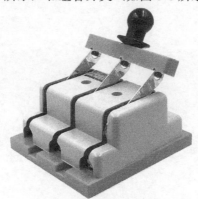

图 9-1　低压刀开关

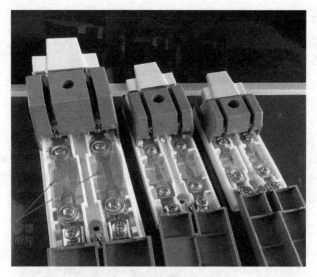

插熔
断片

图 9-2　熔断器式刀开关

图 9-3　组合开关

　　低压隔离器用于动作不频繁的手动接通/断开交、直流电路。在选用时，应该注意两点：一是额定电压应该等于或大于电路的额定电压；二是额定电流应该等于或大于电路的工作电流。

二、低压熔断器

　　低压熔断器（如图 9-4 所示）是用作过载和短路保护的电器。它通过熔断器的接线盒串联在线路中，当线路或电气设备发生短路或严重过载时，熔断器中的熔体第一时间熔断，使线路或电气设备脱离电源，从而达到保护用电器的目的。

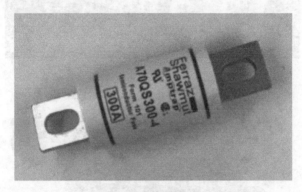

图 9-4　低压熔断器

　　低压熔断器的规格以熔丝的额定电流值和熔断电流值来表示，熔丝的额定电流不是熔丝的熔断电流，一般是熔断电流大于额定电流 1.2～2.2 倍。熔断器所能切断的最大电流叫作熔断器的断流能力。

　　低压熔断器按其结构形式分为瓷插式（RC1A，如图 9-5 所示，主要用在农电设备和小容量电动机的电路中）、螺旋式（RL，如图 9-6 所示，主要用在中容量的工厂设备和农机电路中）、无填料密闭管式（RM，如图 9-7 所示，熔断器内部采用熔断片，熔断片设置了薄弱环节，当电路达到熔断电流时，用来快速断开电路，通常用在小容量的工厂设备和农机电路中）、填料式（RTO，如图 9-8 所示，此熔断器比无填料的熔断器灭弧能力更强，使用在要求更高的场合）及自复式（RZ，如图 9-9 所示，是利用正常工作电流时发热量小，熔断器处于

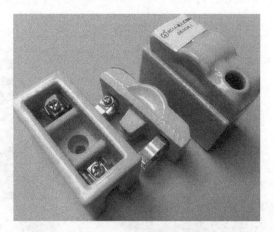

图 9-5　瓷插式熔断器

图 9-6　螺旋式熔断器

低阻状态，当电流过大时，发热量大，熔断器因热量变化产生高阻，熔断器处于高阻状态，类似于熔断断路，该熔断器多用在小功率电子电路中）等。按其功能有普通熔断器和快速熔断器（如图 9-10 所示）两种，大部分熔断器都是普通熔断器，快速熔断器主要有 RLS、RSO 及 RS3 三种。RLS 是小容量螺旋式快速熔断器，RSO 是大容量快速熔断器，RS3 是中容量或晶闸管的快速熔断器。

图 9-7 无填料密闭管式熔断器

图 9-8 填料式熔断器

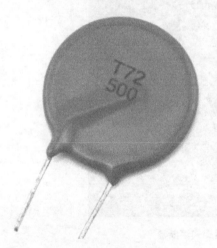

图 9-9 自复式熔断器

图 9-10 快速熔断器

三、低压断路器

低压断路器（又称自动开关，如图 9-11 所示，其结构如图 9-12 所示）是一种不仅可以接通和分断正常负荷电流和过负荷电流的开关电器，还是可以接通和分断短路电流的开关电器，作用是用来分配电能和过载及短路保护。低压断路器既具有控制作用，又具有保护作用，容量为 4～5000A。

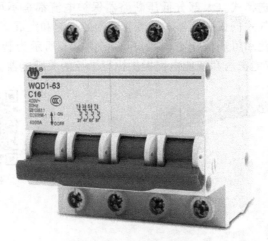

图 9-11　低压断路器

图 9-12　低压断路器结构
1—组合型接线端子；2—用于过载保护的热双金属片；3—用于短路保护的
电磁扣器；4—机械锁定和手柄装置；5—触点系统；6—快速灭弧系统；
7—外壳和卡轨部件

低压断路器按灭弧方式分为空气式（如图 9-13 所示）和真空式（如图 9-14 所示），按使用类别分为选择式（保护电流可调，如图 9-15 所示）和非选择式（大部分低压断路器保护电流都是不可调的）。电工常采用空气式低压断路器，随着物联网的兴起和发展，低压断路器正在向智能化和可通信化方向发展（如图 9-16 所示为智能低压断路器），是为智能家居和智能电网提供执行操控的关键电器。

检测低压
断路器

图 9-13　空气式低压断路器

图 9-14　真空式低压断路器

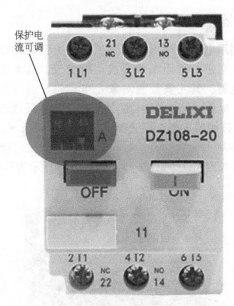

图 9-15 选择式低压断路器

保护电流可调

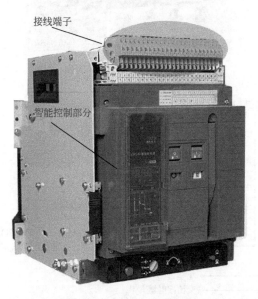

接线端子

智能控制部分

图 9-16 智能低压断路器

四、接触器

接触器是利用电磁铁吸力及弹簧反作用力配合动作，使触点打开或闭合的电器。它是一种用来接通或切断交流、直流主电路和控制电路的自动控制电器。其主要控制对象是电动机，也可用于其他电力负载，如电热器、电焊机等。按其触点控制交流电还是直流电，分为交流接触器和直流接触器。交流接触器实物如图 9-17 所示，常用的型号为 CJ 系列，如图 9-18 所示为交流接触器型号命名方法；直流接触器实物如图 9-19 所示，常用型号为 HZJ 系列，如图 9-20 所示为其型号命名方法。

图 9-17　交流接触器实物

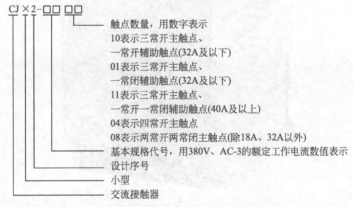

图 9-18　交流接触器型号命名方法

图 9-19 直流接触器实场

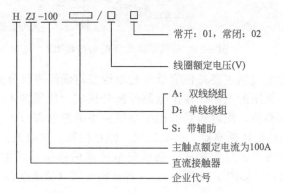

图 9-20 直流接触器型号命名方法

第二节

低压配电电器电路

一、低压配电电路

低压配电电路是从地区变电所到用电单位变电所或城市、乡镇供电所的供电线路，它是用于分配电能的线路。也就是对 380V/220V 的低压变配电设备，根据需要对电源线路进行分配和控制的线路。如图 9-21 所示是最简单的低压配电接线图。

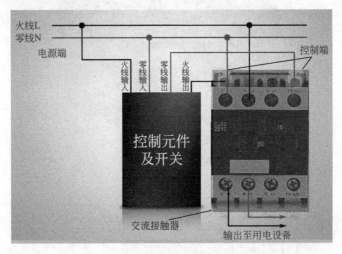

图 9-21　最简单的低压配电接线图

低压配电线路主要是依靠低压配电设备对线路进行分配，由低压输入线路、低压配电箱、输出电路等部分构成。低压输入线路是交流电源的接入部分，配电箱是低压配电线路中的控制部分，主要由带漏电保护功能的低压断路器、启动控制、停止控制、过电流保护继电器、接触器、线路指示灯等构成。低压配电线路的连接方式主要有两种，一种是放射式（如图 9-22 所示）；一种是树干式（如图 9-23 所示）。

二、低压配电电路的安装

（一）低压输电线路的安装

先准备低压输电线路（380V/220V 配电线路）的安装与检测的相关工具与检测仪器，配备具有专业技术职称的专业技术人员。低压配电线路的电压要求是不超过±7%，线路电压损耗不超过 4%。

低压输电线路分为架空线路和电缆线路。架空线路（如图 9-24 所示）是指架空明线，架设在地面之上，用绝缘子将输电导线固定在竖立于地面的杆塔上以输送电能的线路。

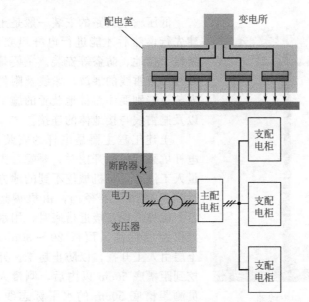

图 9-22　放射式低压配电线路

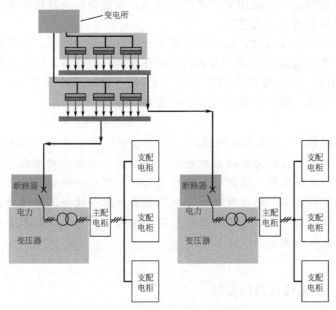

图 9-23　树干式低压配电线路

图 9-24　架空线路

低压输电线路的安装一般是土建先行，然后才能进行电杆组立、架线、接地、防盗等安装。主要是导线和避雷线的展放、紧线及附件安装。特别要注意接地装置的施工以及避雷线与接地体的连接。

土建工程主要是电杆的安装，电杆坑采用机械开挖时，要配合少量人工清土，将机械挖不到的地方运到机械作业半径内，由机械运走。机械开挖在接近槽底时，用水准仪控制标高，预留 20～30mm 土层由人工开挖，以防止超挖。开挖到距槽底 50cm 以内后，测量人员测距槽底 50cm 的水平标志线，然后在槽帮上或基坑底部钉上小木桩，清理底部土层时用它们来控制标高。根据轴线及基础轮廓检验基槽尺寸来修整边坡和基底。

低压线路安装时，应检查绝缘子是否符合质量要求、是否有老化现象，如有应及时更换。安装过程应注意电线的张力，使三相导线的弧度相同。低压线路的档距在郊区为 40～60m，城市为 40～50m，同时在交叉、跨越的线路上保持一定的间距。

提示：　在低压输电线路安装过程中，输电线路安装与土建施工两者之间的配合相当重要。与输电线路工程的安全性、耐久性、抗振性及整体性都有着密切联系。一旦输电线路的安装与土建施工两者不能够有效配合，就可能出现比如线杆沉降及渗透等状况。因此做好输电线路的安装与土建施工两者之间的配合对工程安全极为重要。

（二）电缆线路的安装

电缆线路（如图 9-25 所示）的安装同架空线路类似，在不宜架设甚至有些场所规定不准架设架空线路时，就需要使用电缆线路，目前大部分的城市电力线路均使用电缆线路。电缆线路具有安全和运行成本低的特点，而且线路充电功率是电容性的，有利于提高线路的功率因数。但也存在铺设成本较高、灵活性较差、寻障困难（需要专用工具——地埋线故障检测仪，如图9-26所示）的缺点。

图 9-25　电缆线路

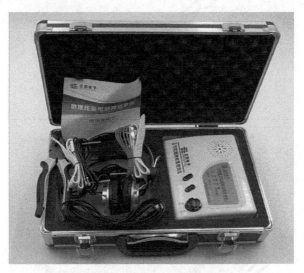

图 9-26　地埋线故障检测仪

安装电缆线路时要注意以下几点。

① 必须考虑电力电缆在投入运行后不致遭到各种损坏，如机械

外力、振动、摩擦、化学腐蚀、杂散电流和热影响等。

② 电力电缆路径的选择应与未来的规划相结合，避免与规划发生冲突，运行后再迁移，还要考虑今后的发展和负载的增长。

③ 在选择电力电缆线路路径时，应尽可能让电力电缆水平敷设，以减少电力电缆的高度差。

④ 选择电力电缆线路路径时，还应考虑便于今后的运行维护和检修。

(三) 变压配电设备的安装

变压配电设备包括高低压变压器和配电箱（如图 9-27 所示）。吊运变压器时应同时使用变压器箱壁上的四个吊耳，否则难以承受注满变压器油的变压器的总重量，箱体上的吊环仅供起吊变压器身之用。起吊时钢索与垂线之夹角不得小于 30°，如不符合条件时，需采取加设横梁等安全措施。

变压器

配电箱

图 9-27 变压配电设备

雨天或雾天不宜吊芯检查，如遇应急情况必须在室内进行。应控制室温高于外界温度10℃，相对湿度不得超过75％，铁芯在室内停放24h后再进行检查。

安装高低压变压器时，先对变压器的外部进行检查，看外部有无变形、碰伤和渗油现象。再对芯部进行检查，检查变压器芯部时，一定要保持变压器芯部的温度不得低于环境温度，以免引起芯部吸湿受潮，变压器芯部露出外部的时间不得超过12h。

油浸式变压器（如图9-28所示）有两种结构，一种是桶式油箱变压器（普通油箱变压器），一种是钟罩式油箱变压器。安装普通油箱变压器时，需要把芯部从油箱中吊出，安装钟罩式油箱变压器时，需要把油箱吊离芯部。吊芯前应将变压器的绝缘油取出油样，进行耐压试验和化学分析。如需补充变压器绝缘油，还需进行混合试验。吊出芯部后应立即检查，检查铁芯、绕组和绝缘板是否良好，拧紧铁芯上的全部螺钉，并做好记录。

图 9-28 油浸式变压器

检查完毕且检查结果全部正常后，放出变压器油，并放入变压器芯部，在放入变压器芯部之前在绕组的上部和下部各装一只热电偶或电阻温度计，以测量绕组温度，铁芯一般不放到底部，使铁芯、油箱、顶盖之间留有隙缝，便于干燥时自然通风。干燥变压器时，在变压器油箱外壁线圈上通以交流电，使油箱产生磁通，利用其涡流损失发热以干燥变压器。干燥是在箱内无油或抽成真空的状态下进行，若无法抽真空则采用自然通风干燥法进行干燥。干燥时变压器绕组的最高温度不得超过 150℃，外壳温度不得超过 115～120℃。干燥后，测量绕组的绝缘电阻值连续 6h 保持在稳定值，则说明绕组已完全干燥合格。

变压器干燥时必须在外壳上加装保温层。保温层可选用石棉板、玻璃纤维、石棉泥等，并用绳子或布带绑扎保温层，切记不能用金属线绑扎，以防金属线产生感应电压而发生事故。同时要准备灭火器，值班人员应严密监控导线等有无过热现象，如发生火警，立即切断电源，及时灭火。

变压器安装时，将干燥好的变压器芯部（事先拆除加装的温度计）慢慢放入油箱，当变压器的温度下降到 70℃ 时即可加注变压器油。当加注到淹没变压器铁芯顶部时即停止加注。同时测定绕组的绝缘电阻与绝缘吸收系数，达到制造厂出厂的测定值即为最佳。

测量绕组的绝缘电阻时，应与上次同温度下的测量值比较，其值不得低于 30%，否则说明绝缘不良。绝缘吸收系数是采用 $R60/R15$ 比值得到，方法是用 2500V 摇表在温度不低于 10℃ 时测量各线圈的绝缘电阻以测量时间 60s 和 15s 所测电阻进行比较，即 $R60/R15$。如果铁芯受潮，$R60/R15$ 的数值（吸收比）应近似为 1；如果铁芯没有受潮，其吸收比应大于 1.3。

提示：变压器运输过程中，应防止严重振动、颠簸、冲击，运输过程中变压器的倾斜角不得大于 30°。

（四）低压配电箱的安装方法

低压配电箱简称 JP 柜（如图 9-29 所示），适用于城网、农网、工矿企事业、路灯照明、住宅小区等交流 50Hz，额定电压 380V 的配电系统中，具有电能分配、控制、保护、无功补偿、电能计算等多种功能。内部具有计量单元、测量单元、控制保护单元、雷电保护和接地单元等独立单元。

图 9-29　变压器配电箱

安装配电箱时先固定箱体到室外（或室内）的固定点（一般是固定在两个电线杆之间）或配电房内，再接入各种输入、输出线及控制仪表和开关。配电箱应根据电网类别进行配备，是城网的配城网配电箱，是农网的则配农网配电箱。配电箱的额定容量应与变压器匹配。新型配电箱均采用网络抄电，配电箱内还配备了电力载波网络和专用路由器。

低压配电箱的安装位置要避免阳光直射、避免溅水、避免潮气，并且前方有充裕的操作空间。应定期对柜内设备进行清扫，检查接线端子，检查各开关、接触器是否良好，内部有无过热现象，应定期检查配电柜密封性能，防止小动物进入或者内部结露。对于湿气大的地区还要配备驱潮器、干燥器等。应检查安装位置是否牢固，不得偏斜晃动。

配电箱安装前应核对配电箱编号是否与安装位置相符，对照设计图纸检查其箱号、箱内回路号。箱门接地应采用软铜编织线和专用接线端子。箱内接线应整齐，满足设计要求及验收规范的规定。

控制箱内的接线应将每根芯线围成圆圈，用镀锌螺栓、眼圈、弹簧垫连接在每个端子板上。端子板每侧一般一个端子压一根线，最多不能超过两根，并且两根线间加眼圈。多股线应涮锡，不准有断股。

配电箱安装后，用 500V 绝缘电阻测试仪在端子板处测试每条回路的电阻，电阻必须大于 0.5MΩ 方为合格。

配电箱的送电顺序为：先合变压器柜开关，检查变压器是否有电，再合低压柜进线开关，看电压表三相是否电压正常。安装后送电空载运行 24h，无异常现象、办理验收手续，交建设单位使用。同时提交变更洽商记录、产品合格证、说明书、试验报告单等技术资料。

> 提示： 配电箱送电之前要进行同相试验，方法是：用电压表或万用表电压 500V 挡进行测量，用万用表的两个探针分别接触两路的相线，此时电压表无读数，表示两路电同相。用同样的方法，检查其他两相。

（五）接地和防雷装置的安装

电力系统的接地主要分为工作接地、保护接地、屏蔽接地和防雷接地几种。

工作接地就是为了保证电力系统的正常运行，防止系统振荡。保证继电保护的可靠性，在交直流电力系统的适当地方进行接地，交流一般为中性点，直流一般为中点。在正常工作情况下，为保证电网与电气设备的可靠运行而进行的接地，称工作接地，如变压器中性点接地，发电机中性点接地均是工作接地。

保护接地就是在电力系统中，为了预防电气设备及金属外壳因发生故障而带电，危及人身和设备安全的接地。它是将电力系统的漏电电流导入地下的一种接地方式。如电气设备的金属外壳的接地，母线的金属支架的接地等均属于保护接地。

屏蔽接地就是将工作接地与保护接地结合在一起的接地。如某些电气设备的金属外壳，在电子电路中的变压器外壳，电子设备的屏蔽罩，或屏蔽线缆均采用屏蔽接地。

雷电接地就是采用防雷装置接地的一种接地方式。防雷装置主要有避雷针（如图 9-30 所示）、避雷线（如图 9-31 所示）和避雷器（如图 9-32 所示）。单根避雷针的保护范围是直径为 3 倍避雷针高度的圆形范围。避雷线是铁质的，避雷针是铜质的（也可以是银质的），避雷针顶端向天，避雷线一端连接避雷网埋

图 9-30　避雷针

地，另一端连接避雷针，雷雨季节，天空中的雷电从避雷针进入避雷线，然后进入埋在地里的避雷网。避雷器是一种保护电气设备免受高瞬态过电压危害并限制续流时间的一种电器，主要材质为氧化锌。避雷器通常连接在电网导线与地线之间，分为高压避雷器和低压避雷器二种。

图 9-31　避雷线

图 9-32　避雷器

提示：　避雷线安装时，两根避雷线应由线路内侧向线路外侧对穿。

低压配电故障检修技能

【例1】 故障现象：SFP-720000/220 主变压器送电时听到"噼啪噼啦"的清脆击铁声

检修要点：根据发出的声音判断是导电引线通过空气对变压器外壳的放电声，如果听到通过液体沉闷的"噼啪"声，则是导体通过变压器油面对外壳的放电声。如属绝缘距离不够，则应停电吊芯检查，加强绝缘或增设绝缘隔板。

> 提示： 变压器发生的异常响声因素很多，故障部位也不尽相同，只有不断地积累经验，才能作出准确判断。

【例2】 故障现象：SCB9-1600/6.3kV 干式变压器气体保护动作跳闸

检修要点：造成该故障可能是变压器内部发生严重故障，引起油分解出大量气体，也可能是二次回路故障等。出现气体保护动作跳闸，应先投入备用变压器，然后进行外部检查。检查油枕防爆门，各焊接缝是否裂开，变压器外壳是否变形；最后检查气体的可燃性。

> 提示： 变压器自动跳闸时，应查明保护动作情况，进行外部检查。经检查，不是内部故障，而是由于外部故障（穿越性故障）或人员误动作等引起的，则可不经内部检查即投入送电。如差动保护动作，应对该保护范围内的设备进行全部检查。

【例3】 故障现象：30kV·A 三相干式变压器绕组过热

检修要点：该故障主要是因漆包线质量不佳，绕制不当，造成一次绕组股线短路和匝间短路所致。重新绕制一次绕组后，并浸烘 2 次，最后用环氧树脂封涂，故障排除。

【例 4】 故障现象：SFP10-260000/220 电力变压器绝缘瓷套管出现闪络和爆炸

检修要点：造成该故障的原因主要有：套管密封不严，因进水或潮气侵入使绝缘受潮而损坏；套管表面积垢严重，以及套管上有大的碎片和裂纹。实际检修中因套管密封不严，因进水或潮气侵入使绝缘受潮而损坏较多见，换新绝缘瓷套管即可排除故障。

【例 5】 故障现象：配电盘 BK-200V·A 控制变压器屡损，不能使用

检修要点：该故障是因输入电压高于 380V 电压，而损坏后的控制变压器重新绕制时是按 380V 电压计算绕的线包，从而导致屡烧控制变压器的故障。重新按输入的实际电压绕制控制变压器线圈即可排除故障。相关维修资料如图 9-33 所示。

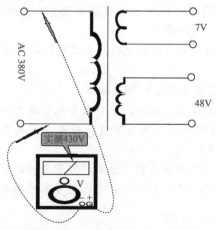

图 9-33　重新绕制的控制变压器数据

【例6】 **故障现象**：农村低压配电线路末端电压过高

检修要点：当出现低压配电线路末端电压过高时，可采用以下三种方法。

一是检查上一级电压是否过高，农村一般采用10kV供电，可调整上一级的电压。

二是调整低压变压器的分接开关，降低低压变压器的二次电压值，从而降低低压配电线路的末端电压。

三是断开配电房的电容柜，停用线路末端的电力电容器。

【例7】 **故障现象**：一台10kV配电变压器在使用过程中，线圈被烧毁

检修要点：造成配电变压器烧毁的主要原因如下。

① 变压器使用时间过长或因环境温度过高或进水等多种原因致使绝缘层老化，产生短路而烧毁。

② 组装或维修时，将线圈、引线、分接开关等处的绝缘层破坏，造成短路而烧毁。

③ 组装或维修时不慎将工具或螺母遗忘在变压器内，使变压器产生放电、短路接地而烧毁。

变压器线圈烧毁只有重绕进行修复或更换新的变压器。

b.容量在100kV·A以上的变压器应配置额定电流为2.0～3.0A的熔丝。

c.低压侧熔丝应按额定电流稍大一点配置。

③ 经常用钳形电流表检测变压器的负荷情况，若发现三相不平衡偏负荷运行，应及时进行调整。

④ 定期检查变压器的油温和油位，若发生渗漏应及时检修并补油，避免分接开关、线圈露在空气中受潮。

⑤ 经常检查变压器套管有无闭路痕迹，接地所用的引线有无断脱、脱焊现象，用绝缘电阻表检测接地电阻不得大于4Ω。定期清除套管表面的脏污。

⑥ 正确选用低压侧导线的接线方式，采用接线板或钢铝过渡线夹等专用设备，并抹上导电膏，增大接触面积，防止氧化而造成接触不良。

⑦ 注意对避雷器的检测，每年在雷雨季节前对避雷器进行一次检测试验，务必达到完全合格。

⑧ 必须安装一级保护，并在投运前做好以下测试。

a.带负荷分、合开关三次，不得误动。

b.用试验按钮试验三次，动作应正确。

c.各项目试验电阻接地三次，应正确动作。

d.每周试跳一次，应正确动作。

【例8】 **故障现象**：一台配电变压器在运行中出现喷油爆炸

检修要点：喷油爆炸是变压器内部存在短路故障所致，短路电流和高压电弧使变压器油迅速老化，而继电保护装置又未能及时切断电源，使故障长时间存在，使箱体内部压力持续增长，高压的变压器油气体从防爆管或箱体其他强度薄弱处喷出。产生喷油爆炸的故障原因有以下几个方面。

1. 绝缘损坏

变压器进水使绝缘层受潮损坏；雷电等过电压使绝缘层损坏；绕组局部短路、匝间短路产生过热而使绝缘层损坏等。

2. 断线产生电弧

由于绕组导线焊接不牢、引线松动等因素在大电流冲击下造成断线，断点处产生高温电弧使之气化促使箱内压力增高，当增高到一定程度时便喷油爆炸。

3. 调压分接开关损坏

配电变压器高压绕组的调压段线圈是经分接开关连接在一起的，分接开关触点串接在高压绕组的回路中，与绕组一起通过负荷电流和短路电流。分接开关接触不良就会产生轻微的放电火花，使高压段线圈短路。

当配电变压器发生喷油爆炸故障时，应立即断电，并按以下方法进行检修。

1. 进行绝缘电阻试验

检测变压器各绕组、铁芯、外壳相互之间的绝缘电阻是否正常。对于变压器绝缘层严重老化或损坏，应重绕线圈进行修理。

2. 检查绕组是否断线

首先确定断线部位，通过检测判断是匝间、层间或相间断线，可采用吊芯处理。若因引线断线只要重新接好即可；若因绕组短路，则应重绕线圈。

3. 检查调压分接开关是否正常

首先检查分接开关是否到位，若已到位，而产生火花且有"嗞嗞"声，则可能是开关触点烧坏造成接触不良。可在停电后将分接开关转动几周，使其接触良好。

【例9】 **故障现象**：一台配电变压器在运行中出现着火故障。

检修要点：配电变压器在运行中发生着火故障的主要原因如下。
① 变压器铁芯穿芯螺栓绝缘损坏，或铁芯硅钢片绝缘损坏。
② 高压或低压绕组层间短路。
③ 绕组引出线混线或引线碰油箱。
④ 长时间过负荷。
⑤ 套管破损，油在油枕的挤压下流出并燃烧。

当配电变压器发生着火故障时，首先应切断电源，然后灭火。若是变压器顶盖上部着火，应立即打开下部放油阀，将油放完或放至着火点以下部位，同时用不导电的灭火器（如四氯化碳、二氧化碳、干粉灭火器等）或干燥的河沙灭火，严禁用水或其他导电的灭火剂灭火。待火熄灭后，再对变压器进行检查、修理、试运行、调整，直至正常后投入运行。

第四节

物业电工低压配电检修技能

【例1】 故障现象：漏电保护器自行跳断

检修要点：漏电保护器自行跳断应该想到有可能是短路故障，也有可能是漏电故障，所以应该按照短路、漏电两条线来检测。

1. 漏电故障检测

因线路漏电故障造成漏电保护器跳断的诊断方法如下。

① 首先断开电源，合上漏电保护器、两个空开。

② 将万用表调整至 $R \times 1$ 欧姆挡，一支表笔搭在地线输入端，另一支笔搭接火线输入端。

③ 若电阻不为无穷大，则电路可能漏电。

④ 断开漏电保护器，如果此时电阻依旧不为无穷大，那么故障应在线路进入漏保前，应在此范围内检查排除。

⑤ 如果为无穷大，则断开照明电路空气开关。

⑥ 若电阻不为无穷大，则漏电可能出现在插座回路中，可通过断开插座回路空开来检验。

⑦ 如果此时电阻为无穷大，那么故障应在照明回路部分，应在此范围内检查排除。

2. 短路故障检测

因线路短路故障造成漏电保护器跳断的诊断方法如下。

① 首先断开电源，合上漏保、两个空开。

② 将万用表调整至 $R \times 1$ 欧姆挡。

③ 将一支表笔搭在零线输入端，另一支笔搭接火线输入端，其余操作与测漏电故障类似。

【例2】 故障现象：一台 CJ10-20 交流接触器，通电后没有反应，不能动作

检修要点：CJ10-20 交流接触器线路的连接及内部结构原理如图 9-34 所示。当吸引线圈通电后，吸引"山"字形动铁芯，而使动合（常开）触点闭合，电源接通，负载可通电运行。

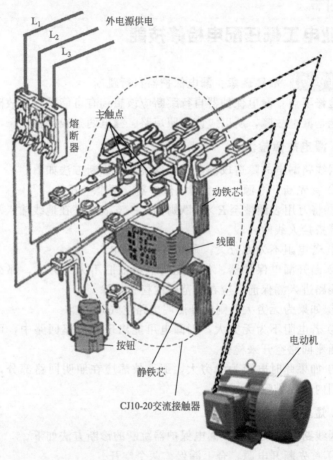

图 9-34　CJ10-20 交流接触器线路的连接及内部结构原理

接触器通电后不动作的原因主要有：线圈断线；电源没有加上；机械部分卡死等。可按如下方法检修。

① 首先查外电源供电是否正常。

② 如外电源供电正常，则查接触器线圈引线两端电压是否正常。

③ 如线圈引线两端供电电压正常，则拆下电源引线，查线圈电阻，如阻值为无穷大，则说明线圈断线。

④ 打开接触器底盖，取出铁芯，检查线圈，发现引线从线端根部簧片处折断，其余部分完好。

⑤ 将簧片重新焊上，装好接触器，通电试验，恢复正常。

【例3】 故障现象：荧光灯的两管头发光

检修要点：造成荧光灯的两管头发光的原因主要有以下几种。

① 启动器两接触点合并在一起。

② 电容器击穿短路。

③ 冬天由于气温低也可能出现此现象。

该故障可采用转换法来诊断。具体方法是：调一个新的启动器，如果正常了，说明故障是启动器损坏；如果启动器没有问题，则可能是灯管灯丝老化，换一个新的管子，如正常了，说明是灯管老化。

【例4】 故障现象：一台离心式水泵，工作一段时间后，动力机带不动水泵

检修要点：动力机带不动水泵的故障原因有以下几种。

① 水泵工作一段时间后，由于叶轮与泵壳摩擦厉害或卡住转不动。

② 泵轴弯曲而转不动。

③ 填料压得过紧。

④ 进水面的水涨得过高，使水泵出水量增加，负荷增大。

在确认原动机无故障的前提下，再按以下方法进行检修。

① 检查轴承是否损坏。叶轮与泵壳是否摩擦厉害产生阻力，应更换轴承或叶轮。

② 检查泵轴是否弯曲而导致机、泵轴线不同心，应拆下泵轴调直，并调整机、泵联轴器，使其同心。

③ 检查填料是否压得过紧，可将填料压紧螺母适当拧松，但不能调得过多，以防止泄漏。

④ 出水管水位过高，而使水泵负荷增加，可关小出水管的闸阀，减少出水量，降低轴功率。

提示：水泵维修中应注意以下几个问题。

① 电源低于（或高于）额定值10％以上时，电动机容易发热，不仅带不动水泵运转，长时间运转还会造成线圈绝缘损坏。

② 三相电压不平衡。例如，电源的瓷插保险虚接；电气控制箱中的交流接触器不良，而造成三相不平衡或缺相。

③ 过载。指水泵出现机械故障而引起电动机过流。应首先对机泵的轴承进行检查。轴承损坏，轴承跑内圈或跑外圈均可能造成过载。

④ 拆卸电动机定子绕组应注意以下几点。

a. 不要用明火加热线圈，以免破坏硅钢片之间的绝缘漆。

b. 不要拉坏定子槽口的硅钢片。

c. 拆卸完线圈后，定子槽要清理干净。

d. 浸漆前要加热线圈，绝缘漆要浸透，一般应采用两次浸漆。

e. 三相电动机的引出线抽头要做好标记。

f. 大型电动机在试机时最好采用调压器进行启动，以确保安全。

【例5】 **故障现象**：一台水汽式单叶轮潜水泵，通电后电动机有"嗡嗡"声，但不上水

检修要点：此种现象是叶轮被卡住或轴承损坏。可在断电后拨动叶轮，若转子转动灵活，但有松动感，再通电试验，若转子不转，且用手拨动叶轮，叶轮不转，可判断为轴承严重磨损，通电时定子产生的磁性将转子吸住而不能转动。

拧开潜水泵的上下螺母，将叶轮、转子取出，然后用锤子将轴承慢慢敲击，或用自制专用工具取出，换上同型号轴承，按拆卸的反顺序装配即可。但要注意螺母要均匀拧紧。

【例6】 **故障现象**：当合上潜水泵电源闸刀开关时，变压器配电房中的漏电保护器便跳闸

检修要点：潜水泵使用二极电动机，由于转速很高（3000r/min），长期使用，造成机械密封端面严重磨损，形成间隙，水从间隙中侵入

水泵，使电动机绕组浸湿而造成漏电。因此，潜水泵漏电实际就是漏水造成的。当怀疑潜水泵漏电时，可用万用表 $R×10k$ 挡对电动机外壳进行检测，如有一定的漏电阻，则说明潜水泵存在漏电故障。

潜水泵出现漏电故障时，应立即停止使用并及时进行检修。将电动机拆下放入烘箱烘干，或用灯泡烘烤再用绝缘电阻表检测，使外壳绝缘电阻在 5MΩ 以上即可。然后检查机械密封件及"O"形密封圈的损坏情况，查看已损坏的机械密封的规格（有 $\phi12mm$、$\phi14mm$、$\phi20mm$ 等多种），用同型号的机械密封件更换，并更换油室内的机油，最后按拆卸的相反过程将潜水泵装好即可使用。

【例 7】 故障现象：一台单相油浸式潜水泵，使用一年时间后，出现漏油现象

检修要点：潜水泵漏油一般有两种可能：一是由于密封盒磨损严重造成密封盒油室漏油；二是电缆油化，或修理后所使用电缆不合规格，造成密封不良而漏油。

当潜水泵出现轻微漏油时，应停机检修，以防止漏油处进水而导致电动机损坏，其检修方法如下。

1. 密封盒是否损坏漏油的检修

拧下进水节处的加油孔螺母，观察密封盒的油室是否进水。若油室进水，则说明密封盒密封不良，应更换密封盒，其操作方法是：先拆下泵盖，拧下紧固叶轮的螺母，取下叶轮、胶木、垫片、甩水器等附件，然后卸下进水节，取下轴上的稳键、轴套，将密封盒的稳定片卸下后取下密封盒。

安装新密封盒时必须注意以下几点：安装前须浸入机油，并转动轴承套；安装时需在电动机轴端装上假导向轴承，键槽内装上假键，以免损坏轴套内的密封胶圈。

2. 电动机出线端是否漏油的检修

观察电缆根部是否出现油化现象，若有，则为电动机内部漏油。一般是三眼密封塞破损，应更换密封胶塞。同时将电缆已油化的部分剪除，如长度不够，也可倒头使用。

有的潜水泵不用三眼胶塞，在出线盒内有一个接线板，若接线板破裂也会导致漏油，应更换线板。

另外，对于在修理中重绕线圈的潜水泵，如果使用的引线不合格

（过小），也会导致电动机漏油。可采用504胶水堵漏的方法进行排除。

在检修漏油故障时，应注意用绝缘电阻表测量电动机的绝缘程度。若绝缘很低，应拆下干燥处理，使绝缘达到5MΩ以上。

【例8】 故障现象：一台三相潜水泵在使用中出现漏水现象

检修要点：JQB型三相潜水泵是在JN型潜水泵的基础上改进生产的（主要是密封系统作了较大的改进）。如图9-35所示为其外形半截面图。它采用全封阀水外冷式笼型立式三相异步电动机，可使用四种不同规格的泵，技术参数见表9-1。

图9-35 三相潜水泵外形半截面图

表9-1 JQB型潜水泵技术参数

型号	JQB-1½-6	JQB-2-10	JQB-4-31	JQB-5-69
水泵形式	离心式	离心式	混流式	轴流式
电动机功率/W	2200	2200	2200	2200
电压/V	380	380	380	380
电流/A	5.80	5.80	5.80	5.80
扬程/m	25.0	15.0	7.5	3.50
流量/(m³/h)	15.0	25.0	65.0	100.0
转速/(r/min)	2900	2900	2900	2900
质量/kg	55	50	47	45.5

该系列在进水节与上盖之间安装了整体式密封盒并在电动机所有止口部分安装了橡胶密封圈，水泵的绕组采用装卸式塑料屏蔽套密封。其漏水故障原因主要有：

① 各密封处橡胶封环损坏，造成密封不良；

② 整体式密封盒端面损坏，造成密封不良。

该水泵的允许泄漏量每月不超过 25mL 或连续工作 50h 不超过 5mL。可拆开放水封口塞进行检查，若超过此泄漏量，则说明密封不良，应进行充气打压查找漏点；若整体密封件或电动机某一密封圈泄漏，应用同型密封圈更换。若泵体有漏点，可采用 504 胶水补漏。

提示： 检修三相潜水泵应注意以下事项。

① 拆卸三相潜水泵的叶轮和轴套等部件时，如发现已锈蚀，千万不要硬打硬冲，可采用气焊加热合缝处的方法，边加热边用锤轻打，最好利用热胀原理用拉钩取下。

② 重绕组时，选购的漆包线一定要注意型号和绝缘等级，潜水泵电动机的耐热一般为 E、B 级。绝缘纸的厚度也不能随便减少，应根据机座的中心高度来确定。若因难嵌而降低绝缘纸的厚度，将会在定子温度升高时，绝缘纸变焦龟裂，而烧坏电动机。

③ 嵌线时，要克服以下三种不良做法：a. 不注意三相电动机的前两把"吊把"线圈的位置，以致在嵌其他线圈时"吊把"线圈蹭刮定子铁芯。b. 线圈难下时，用划线板反复划线。c. 相间绝缘纸插不到位，造成两相间线圈未完全分开。这三种错误做法，将严重影响电动机的质量和使用寿命。

第十章

高压输配电设备安装与检修

高压输配电是指 35～220kV 的输配电，常用电压等级有 35kV、66kV、55kV 和 110kV、220kV 等，中压输配电是指 6～35kV 的输配电，常用电压等级有 6kV、10kV、20kV、27.5kV 等，6kV 以下的则为低压输配电，其电压等级有 380V、220V、110V 等。220～750kV 的输配电称为超高压输配电，750kV 以上的称为特高压输配电。以上为交流输配电，在直流输配电中，±500kV 以上的称为超高压，±800kV 以上的称为特高压。

目前，通常把 10kV 及以下电力线路称为配电线路，其中把 1kV 以下的线路称为低压配电线路，1～10kV 线路称为高压配电线路；35kV 以上的电力线路称为送电线路，其中 35～220kV 的线路称为高压送电线路，330～500kV 线路称为超高压送电线路。

第一节

高压输配电设备

一、高压断路器

高压断路器（如图 10-1 所示）是高压电路中的重要电气元件之

一。它是在正常或故障情况下接通或断开高压电路的专用电器。通过加装电流互感器配合二次设备，可以将高压断路器的开断容量做得很高。高压断路器的主要结构大体分为导流部分、灭弧部分、绝缘部分、操作机构部分（如图 10-2 所示）。

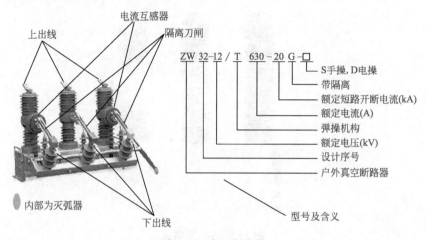

图 10-1　高压断路器

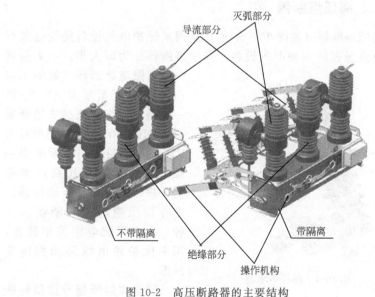

图 10-2　高压断路器的主要结构

高压断路器主要分为油断路器、真空断路器和 SF$_6$（六氟化硫）断路器几种。SF$_6$ 断路器（如图 10-3 所示）是以 SF$_6$ 气体为灭弧介质，在正常情况下，SF$_6$ 是一种不燃、无臭、无毒的惰性气体，具有良好的灭弧作用。

图 10-3　SF$_6$ 断路器

二、高压熔断器

高压熔断器（如图 10-4 所示）是用来保护电气设备免受过载和短路电流损害的一种电气设备。高压熔断器分为两大类：一类是室内高压限流熔断器（如图 10-5 所示），常用型号为 RN 系列；一类是户外高压喷射式熔断器（如图 10-6 所示），常用型号为 RW 系列。目前高压配电中一般采用的是户外式高压熔断器，户外跌落式高压熔断器是户外高压喷射式熔断器的一种，在高压配电中使用较多，用来保护输电线路和配电变压器。

跌落式熔断器及拉负荷跌

图 10-4　高压熔断器

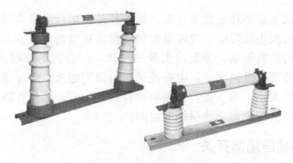

图 10-5　高压限流熔断器

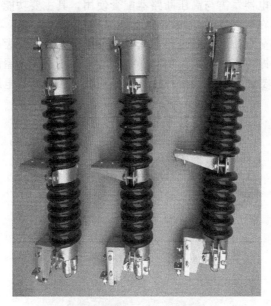

图 10-6　户外高压喷射式熔断器

落式熔断器是户外高压保护常采用的高压保护电器。它装置在配电线路的高压侧或配电线支干线路上，用作变压器和线路的短路、过载保护及分合负荷电流。跌落式熔断器由绝缘支架和熔丝管两部分组成，静触点安装在绝缘支架两端，动触点安装在熔丝管两端，熔丝管由内层的消弧管和外层环氧玻璃管组成。拉负荷跌落式熔断器在跌落式熔断器的基础上还增加弹性辅助触点及灭弧罩，用于分、合负荷电流。

跌落式熔断器在正常运行时，熔丝管借助熔丝张紧力形成闭合位置。当系统发生故障时，故障电流使熔丝迅速熔断并形成电弧，消弧管受电弧灼热的影响，分解出大量的气体，使管内形成很高的气压，气体沿管道形成纵向吹力，电弧被迅速拉短而熄灭。熔丝熔断后，下部动触点失去张力而下翻，锁紧机构释放熔丝管，熔丝管跌落，出现断开位置，从而达到断路保护的目的。

三、高压隔离开关

高压隔离开关（如图 10-7 所示）是发电厂和变电站电气系统中重要的开关电器，需与高压断路器配套使用，其主要功能是保证高压电器及装置在检修工作时的安全，起隔离电压的作用，不能用于切断、投入负荷电流和开断短路电流，仅可用于不产生强大电弧的某些转换操作，即它不具有灭弧功能；按安装地点不同分为屋内式和屋外式；按绝缘支柱数目分为单柱式、双柱式和三柱式，各电压等级都有可选设备。

图 10-7　高压隔离开关

四、高压负荷开关

高压负荷开关（如图 10-8 所示）是一种比高压断路器功能稍弱但比高压隔离开关功能稍强的高压设备。因为高压负荷开关只具有简单的灭弧装置，且能通断一定的负荷电流和过负荷电流，但不能断开短路电流。因此高压负荷开关常与熔断器结合使用（如图 10-9 所示为与熔断器结合使用的高压真空负荷开关-熔断器组合电器），借助熔断器来进行短路保护。主要用于配电站的电力变压器，适用于工矿企业配电及变电站等场所。

图 10-8　高压负荷开关

图 10-9　高压真空负荷开关-熔断器组合电器

高压负荷开关与熔断器结合电器的结构如图 10-10 所示。它通过将高压负荷开关与熔断器结合在一起，从而起到关断和保护的双重作用，弥补单独使用高压负荷开关的不足。从型号命名（如图 10-11 所示）中也可区分是高压真空负荷开关，还是高压真空-熔断器结合开关。型号中带"Z"表示是高压真空负荷开关，型号中带"R"表示是带熔断器的负荷开关。

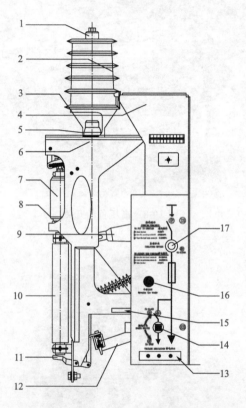

图 10-10　高压真空负荷开关-熔断器组合电器结构示意图

1—隔离开关上触点座；2—绝缘支持架；3—透明玻璃罩；4—金属框架；5—隔离开关导电筒；6—隔离开关下触点座；7—真空灭弧室；8—真空灭弧室下出线座；9—真空负荷开关驱动部分；10—熔断器；11—脱扣部分；12—接地开关；13—带电指示器；14—接地开关操作孔；15—柜门锁销；16—手动分闸按钮；

17—储能及合闸操作孔

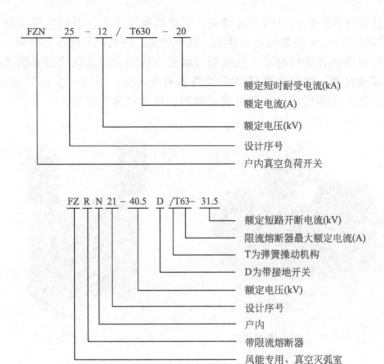

图 10-11　高压负荷开关型号命名区别

FZN　25 - 12 / T630 - 20

额定短时耐受电流(kA)
额定电流(A)
额定电压(kV)
设计序号
户内真空负荷开关

FZ R N 21 - 40.5 D /T63- 31.5

额定短路开断电流(kV)
限流熔断器最大额定电流(A)
T为弹簧操动机构
D为带接地开关
额定电压(kV)
设计序号
户内
带限流熔断器
风能专用、真空灭弧室

五、高压电流互感器

高压电流互感器（如图 10-12 所示）是把一次侧大电流转换成二次侧的小电流，从而便于高压线路的测量和保护使用，便于查找故障点。由于 10kV 系统多是中性点不接地系统，即 A、B、C 三相的电流矢量和为零，即 A 和 C 相的电流只能从 B 相回去，于是知道了 A、C 二相电流，B 相电流就等于也知道了，因而可以省掉 B 相电流互感器，从而既节省投资，又达到了同等的使用效果。于是在 10kV 高压系统中只采用两个电流互感器。

六、电压互感器

电压互感器（如图 10-13 所示）主要是用来给测量仪表和继电保护装置供电，用来测量线路的电压、功率和电能，或者用来在线路发生故障时保护线路中的贵重设备、电动机和变压器。因此电压互感器的容量很小，一般都只有几伏安、几十伏安，最大也不超过 1000V·A。电压互感器在运行时，一次绕组并联接在线路上，二次绕组并联接仪表或继电器。因此在测量高压线路上的电压时，尽管一次电压很高，但二次电压却很低，从而可确保操作人员和仪表的安全。

图 10-12　高压电流互感器　　　　　图 10-13　电压互感器

电压互感器按绝缘方式可分为干式、浇注式、油浸式和充气式。干式电压互感器结构简单、无着火和爆炸危险，但绝缘强度较低，只适用于 6kV 以下的户内配电装置；浇注式电压互感器结构紧凑、维护方便，适用于 3～35kV 户内配电装置；油浸式电压互感器绝缘性能较好，可用于 10kV 以上的户外配电装置；充气式电压互感器用于 SF_6 全封闭式电器中。

七、高压成套配电屏（柜）

高压成套配电屏或配电柜（如图 10-14 所示）是发电、输配电、电能转换及控制的专用屏（柜），主要用来操作和控制输配电、电能转换及保护线路和用电设备，还可通过电容补偿柜（如图 10-15 所示）对配电屏（柜）的主母线进行无功补偿。配电屏（柜）的特点是直观、方便、安全且易于操作，是各级配电站及供电企业的必备设备。

图 10-14　高压成套配电屏或配电柜

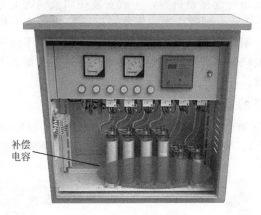

补偿
电容

图 10-15　电容补偿柜

第二节

高压输配电设备的安装

一、10kV 线路上电气设备的安装

10kV 高压配电是连接发电厂与变电站的高压线路，其目的是输送电能到变电站。10kV 线路上应安装的电气设备主要有导线、架空

地线、绝缘子、金具及附件、塔杆、基础、接地装置、高压断路器、电流互感器、电压互感器、避雷器、脱离器、跌落式熔断器、真空开关、无功补偿电容器。

1. 导线的安装

① 架空导线的长度按线长加上转角计算，分支和终端预留长度均为 2.5m。也可按档距×（1.15～1.2）来计算导线的总长。

② 架空导线的线路应尽量远离有腐蚀性气体或液体的工厂，并尽量在上风向通过。同时避免与有爆炸物、易燃物的场所及高大建筑设施交叉。还要注意与其他电力线，特别是与超高压架空线路不能靠得太近。

2. 架空地线的安装

架空地线始终连接避雷器，一般安装在回流线的上方，跟回流线保持 1m 以上间距，同时应考虑线路弛度。安装高度一般都是紧挨着下腕臂底座。架空地线安装时必须与杆塔接地装置牢固相连，以保证遭受雷击后能将雷电流可靠地导入大地，并且避免雷击点电位突然升高而造成反击。

3. 绝缘子的安装

① 绝缘子有合成绝缘子（如图 10-16 所示）和陶瓷绝缘子（如图 10-17 所示），安装时应注意区分。合成绝缘子安装起吊时，绳结

图 10-16 合成绝缘子　　　　图 10-17 陶瓷绝缘子

要打在端部附件上，严禁打在伞群或护套上，绳子必须碰及伞群与护套部分时，应在接触部分用软布包裹。绝缘子使用之前必须擦干净。

②多串绝缘子串联或并联使用时，绝缘子串应与地面垂直，当受条件限制不能满足要求时，倾斜角不得超过5°。多串绝缘子并联时，每串所受的张力应均匀。同时绝缘串的连接金具、螺栓、销钉及锁紧销等必须符合现行国家标准，具体要求：穿向一致、碗口统一，弹簧销、闭口销、均压环（如图10-18所示）、屏蔽环、球头挂环和碗头挂板及锁紧销等应互相匹配，安装牢固、位置正确。弹簧销、闭口销必须分开。

图10-18　均压环

提示：　当绝缘子的储存期从出厂日期算起大于一年时，使用绝缘子时，应重新进行外观检查，并抽取不少于批量4%～5%的产品进行渗水性试验，试验合格后才能使用。

4. 金具及附件的安装

金具及附件种类繁多，用途各异，如螺栓、导线线夹、压接管、引流板、耐张线夹（如图10-19所示）、防振锤（如图10-20所示）等。

金具一定要按操作规程安装：垂直方向的螺栓及开口销一律从上向下穿，螺栓上的开口销，两边线由内向外穿，中线由左向右穿。水

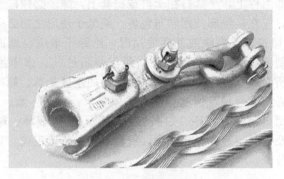

图 10-19　耐张线夹

图 10-20　防振锤

平方向的螺栓及开口销不完全统一，两边线的螺栓均由外向内穿，中线螺栓由左向右穿，螺栓上的开口销，垂直方向由上向下穿，水平方向的螺栓一律从小号侧向大号侧穿。

提示：　螺栓上的 R 销孔应转朝向横线路方向。

　　导线线夹安装好后，导线端子应包上铝包带，铝包带应露出线夹10mm。压按管分为直线压接管和耐张压管，压接管安装好后要打上钢印，压接管口应刷红丹粉。
　　引流板安装时，上线引流板应向外偏30°，下线引流板应成垂直角安装。
　　耐张线夹（如图 10-21 所示）按所用导线的外径、电线的最大工

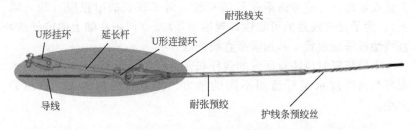

图 10-21 耐张线夹安装图

作张力（或档距）选配具体型号，并根据塔杆位置进行具体配置：一般在转角、接续杆塔处应安装两套，在终端杆塔处应安装一套。

防振锤的安装（如图 10-22 所示）：当架空线路档距大于 120m 时，一般采用防振锤防振。为了防止导线损伤，在安装防振锤之前必须缠绕铝包带，铝包带顺导线外层绕制方向，所缠绕铝包带应露出夹口 10mm，铝包带两头应有回头。防振锤应安装在导线的"波峰"位置，以便最大程度消耗振荡的能量。安装时，防振锤的大头应朝向塔杆。

图 10-22 防振锤的安装

5. 塔杆的安装

塔杆安装时先考虑安装条件是否成熟。事先要进行定线测量、平断面测量、定位测量和地质勘测。根据已批准的安装方案，尽量避开洼地、泥塘等不良位置，尽可能避开出现过大或过小档距，尽量避免使用高杆塔或特殊设计杆塔，尽量避免跨越或拆迁房屋或其他建筑物，转角点选择尽量避免在较高处交叉跨越建筑物，并应有足够的施工紧线场地。还应考虑耐张段的长度，对于较长的耐张段（2km 以上），为了提高线路的可靠性，规定每 10 基（同一基础上的电杆数）直线型杆塔应设置 1 基加强型直线杆塔。

安装塔杆时应注意区分加强杆和普通杆。不要选错杆塔，普通水泥杆与高强度水泥杆适用不同的地方。注意转角的大小、档距的大小。

> 提示： 要特别注意塔杆线路与其他现状建筑物的安全距离，特别是高压线路、油站、油库的距离，应保持在安全距离之内。

安装塔杆的地点最好是一般黏性土，土容重不低于 $16kN/m^3$，上拔角不小于 $15°$，地耐力不小于 $150kN/m^2$，如有流沙、淤泥及地下水位较高时，塔杆安装应特别设计。

电力杆塔一般在 10m 以上，立杆前应核对电杆长度、组装等是否符合施工图的规定；立杆时先清理洞穴，检查杆洞深度、规格是否符合安装规程要求，一切正确无误方能立杆。有水泥底盘（如图 10-23 所示）的杆应先将底盘按预定杆位放入杆洞内。

图 10-23 水泥底盘

6. 基础的施工

电力杆塔基础施工包括定位放线、高程控制、土方开挖、地基处理、垫层施工、基础钢筋绑扎、基础模板支设、混凝土施工等步骤。

基础开挖时，应查明有无地下管道、电缆及其他设备。若有，必须与主管单位取得联系，明确地下设备的确定位置，做好保护措施。基础开挖时，坑沿 1m 内不得堆放杂物及土，在超过 1.5m 深的坑内工作时，抛土要特别注意防止土石落坑内。在坑内作业的工作人员必须戴安全帽。任何人不得在坑内休息，防止塌方伤人。

另外，基础施工时，若在松软的土质地挖坑时，应有防止塌方措施，加挡板撑木或按规定放坡，禁止由下部掏挖土层，并加强监护。在居民区及交通道路附近开挖的基坑，应设坑盖或可靠的围栏，夜间要有明显的提醒标志。挖掘石坑时，打孔的扶杆人应戴安全帽，打锤人不能戴手套，并应站在扶钎人的侧面，钎头有开花现象时应及时更换修理。

> **提示：** 人力基础开挖时，应及时检查锤把、锤头是否牢固，防止锤头脱落或锤把折断伤人。

若用混凝土进行基础施工，需要对其进行搅拌、养护、混合、回填，这样当混凝土在搅拌的过程中，才能够均匀，并且还需要在砂石堆放的过程中，使用水进行清洁、去污，在搅拌的过程中还要将时间保持在 180s 之上。混凝土浇筑时需要振动器进行快插慢拔，将时间控制在合理的范围内。

> 基础施工后还要进行养护与回填，这样才能够确保其湿润性，提高整个基础施工工艺的质量和水平。

7. 接地装置的安装

接地装置（如图 10-24 所示）包括接地体和接地引线，接地体又分自然接地体与人工接地体两种，而接地引线则是与接地体可靠连接的导线，也称为地线。

电力设备接地有工作接地和保护接地。例如，高压中性点接地

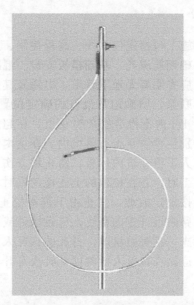

图 10-24　接地装置

（如图 10-25 所示）、变压器中性点接地就是工作接地。保护接地就是防雷、防漏电的接地装置，防止发生人身安全事故。

高压中性点间隙接地装置

图 10-25　高压中性点接地

　　安装这些接地装置时，用户可选用纯间隙的变压器中性点过电压保护方案，也可选用间隙与避雷器并联工作、协同保护的方案。避雷器与隔离开关可根据工程需要，灵活组配。隔离开关的操作机构可选择手动或电动方式。

安装接地装置时，先查看设计图，看是否每基塔杆均应安装接地装置。检查地网材料、埋深、长度是否符合图纸要求，接地装置是否要铺设接地降阻剂（如图 10-26 所示，高土壤电阻率、高山缺水、腐蚀性较大的地区应使用）。再查看接地材料的型材和直径要求、环框长度和放射线的根数要求。

确定好以上接地装置后，再确定接地装置的施工土方及要求。接地体上部的土方是否需要换土，接地体引下线应与塔杆身接触良好、工艺美观，顺塔杆接地孔紧贴杆塔及基础立柱表面往下引接地线。

图 10-26　接地降阻剂

8. 高压断路器的安装

安装高压断路器之前，先查看高压断路器的型号（如图 10-27 所示）与高压线路是否相匹配，户外使用还是户内使用，额定电压电流是多少，额定短路开断电流是多少。

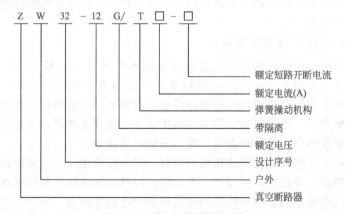

```
Z  W  32 - 12  G/  T  □ - □
```

额定短路开断电流
额定电流(A)
弹簧操动机构
带隔离
额定电压
设计序号
户外
真空断路器

图 10-27　高压断路器的型号

再查看高压断路器的铭牌（如图10-28所示），以确定断路器是否适用。安装高压断路器之前对高压断路器进行外观及内部检查，检查真空灭弧室、各零部件、组件是否完整、合格、无损且无异物。

品牌	×××	名称	真空断路器
产品名称	ZW32	额定电压	10～12kV通用
额定频率	50Hz	额定电流	630A
开断电流	20kA	耐受电流	50kA
关合电流	50kA	操作方式	手动/电动可选
使用温度	−10～40℃	海拔高度	不超过2000m
风速	不超过34m/s	污秽等级	Ⅲ级
使用环境	周围空气受到尘埃、烟、腐蚀性气体、蒸汽或烟雾的污染		

图 10-28　高压断路器的铭牌

经过以上检查后，严格按照安装工艺规程要求进行安装，检查各元件安装的紧固件规格是否符合设计规定，检查极间距离、上下出线的位置距离是否符合专业技术规程要求。

安装高压断路器所使用的工器具必须清洁，并满足装配的要求，在灭弧室附近紧固螺钉，不得使用活扳手。安装好后，检查各转动、滑动件是否运动自如，并在运动摩擦处涂抹润滑油脂。

整体安装好高压断路器并调试合格后，清洁抹净断路器的表面，并在各零部件的可调连接部位用红漆打点标记，在进出线端接线处涂抹防腐油脂。

9. 电流互感器的安装

安装电流互感器之前先要观察互感器的铭牌（如图10-29所示）和型号（如图10-30所示），以确定互感器是否适应安装场所。电流互感器大多用母排或者底板螺钉固定，少数电流互感器也可采用导轨式安装方式，但导轨式安装主要适用于小型电流互感器。电流互感器必须安装牢固，其外壳金属外露部分应可靠接地。

电流互感器一般安装在离地面有一定高度的地方，安装时由于电流互感器本身较重，所以向上吊运时，应特别注意防止瓷瓶损坏。安装高压电流互感器时往往要同时安装多个电流互感器，多个电流互感器的中心应在同一平面上，各互感器的间隔、安装方向应一致，以保

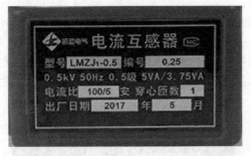

图 10-29　电流互感器铭牌

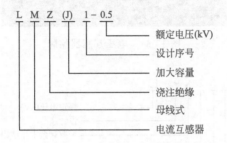

图 10-30　电流互感器的型号

证各组电流互感器的一次及二次回路电流的正方向均一致，并尽可能便于观察互感器的铭牌。最后应把电流互感器底座良好接地。

　　安装电流互感器时，接线一定要按规定，电流互感器极性不能接反，相序、相别应符合设计及规程要求。电流互感器的二次接线应选用 $2.5mm^2$ 的单股绝缘铜导线，中间不能有接头，更不能装开关、保险，且在其二次侧的一端做好接地连接。

　　提示：　工作中的电流互感器如果暂时停用，必须把二次绕组短接并接地。运行中发现电流互感器有不寻常振动的响声和发热现象，应停止运行，进行检查处理。

10. 电压互感器的安装

　　安装之前搬运电压互感器时，其倾斜角度不要超过 150°，以免内部绝缘受损。连接到套管上的母线应松弛，不应使套管受到拉力，以免损坏套管。

　　安装电压互感器之前先查看互感器的铭牌（如图 10-31 所示）和型号（如图 10-32 所示），查看互感器是否适用该用电场所。电压互感器一般均直接安装于混凝土墩上，或安装在成套的开关柜内。安装之前检查电压互感器的油位指示器，应无堵塞和渗油现象。

图 10-31　电压互感器铭牌

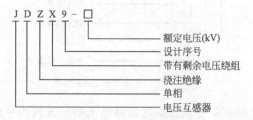

图 10-32　电压互感器型号

　　安装时按图施工，接线正确，导线两端编号标记清楚，标号范围符合规程要求。电压互感器二次回路的导线或电缆，均应采用铜线，回路导线截面不应小于 $1.5mm^2$，回路对地绝缘良好。二次回路导线排列应整齐美观，导线与电气元件及端子排的连接螺钉必须无虚接松动现象，导线绑扎卡点距离应符合规程要求，电压互感器的外壳必须妥善接地。安装好的电压互感器必须经过交接试验后才可投入运行。

　　提示：　电压互感器渗油时，应吊出铁芯，将油放出后进行修补，并用手转动油箱上的阀门，阀门应转动灵活。电压互感器的吊芯检查方法与变压器吊芯检查方法基本相同。

11. 避雷器的安装

安装避雷器之前要查看避雷器铭牌（如图10-33所示），检查型号（如图10-34所示）、额定电压与线路电压是否相同，避雷器底盘的瓷盘有无裂纹，瓷件表面是否有裂纹、破损和闪络痕迹及掉釉现象。安装时将避雷器向不同方向轻轻摇动，其内部应无松动的响声。

图 10-33　避雷器铭牌

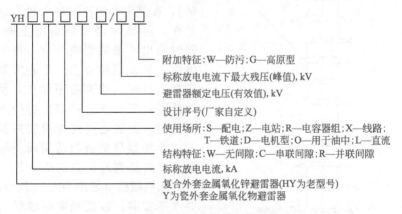

YH □ □ □ □ □/□ □

附加特征:W—防污;G—高原型

标称放电电流下最大残压(峰值),kV

避雷器额定电压(有效值),kV

设计序号(厂家自定义)

使用场所:S—配电;Z—电站;R—电容器组;X—线路;
　　　　　T—铁道;D—电机型;O—用于油中;L—直流

结构特征:W—无间隙;C—串联间隙;R—并联间隙

标称放电电流,kA

复合外套金属氧化锌避雷器(HY为老型号)
Y为瓷外套金属氧化物避雷器

图 10-34　避雷器型号

> **提示**：　避雷器如有破损，其破损面应在 $0.5cm^2$ 以下，破损不超过三处时可继续使用。

避雷器应垂直安装，其倾斜角度不得大于 15°。安装位置应尽可能靠近保护装置，避雷器与 3～10kV 保护设备的电气距离，一般不大于 15m。避雷器带电部分距地面不得低于 2.5m，其带电部分与相邻导线或金属构架的距离不得小于 0.35m，若离地距离低于 3m 应增设护栏。

连接避雷器的引线、接头应牢固，其截面积不得小于规定值（3～10kV 的铜引线截面积不小于 16mm^2，铝引线截面积不小于 25mm^2，35kV 及以上按设计要求安装）。安装 35kV 及以上的避雷器，接地回路应加装放电记录器，记录器的安装位置应与避雷器一致。

安装好避雷器后，应定期对避雷器进行绝缘电阻测量和泄漏电流测试，一旦发现避雷器的绝缘电阻明显降低或被击穿，应立即更换以保证输配电的安全运行。

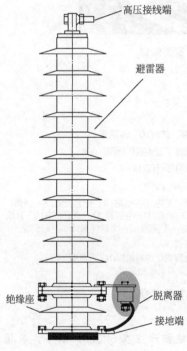

高压接线端

避雷器

绝缘座

脱离器

接地端

图 10-35　脱离器安装方法

12. 脱离器的安装

脱离器（TLB）是避雷器的特殊配套产品，与避雷器串联使用（如图 10-35 所示为其安装方法），在避雷器出现故障时可迅速动作，将故障避雷器退出电网，同时给出明显的脱离标志，便于维护人员发现故障点。当避雷器正常工作时，脱离器不动作，呈现低阻状态，不影响避雷器的正常使用。安装之前先查看脱离器的铭牌和型号是否与适用场所匹配。脱离器到避雷器的引线统一采用软铜绞线（如图 10-36 所示），并水平安装，以便脱离时绞线自然下垂。有些脱离器与避雷器做成了一个整体（如图 10-37 所示为其安装方向），且安装在避雷器至母排间引线的来电侧，严禁安装

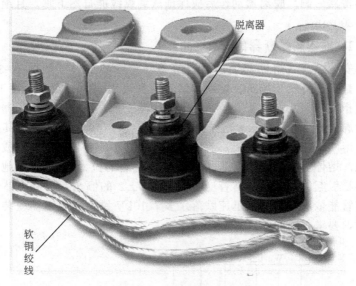

图 10-36　脱离器与软铜绞线

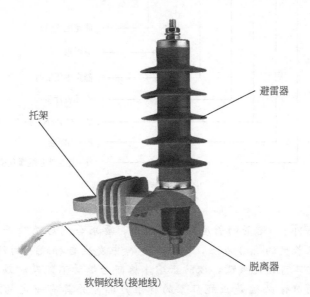

图 10-37　脱离器与避雷器整体及安装方向

在避雷器一侧。脱离器动作后应保证软铜绞线能自然下垂，且绝缘距离≥200mm。

13. 跌落式熔断器的安装

安装跌落式熔断器之前要看清楚其铭牌和型号（如图 10-38 所示）是否适应安装场所。熔断器应安装在离地面垂直距离不小于 4m 的横担（构架）上，若安装在配电变压器上方，应与配电变压器的最外轮廓边界保持 0.5m 以上的水平距离，以防熔管掉落引发其他事故。熔断器在横担（构架）上应固定牢固，不能有任何的晃动或摇晃现象。熔体应拉紧（使熔体受到 24.5N 左右的拉力），不得松弛，否则容易引起触点发热。熔管应有向下 25°±2° 的倾角，以利熔体熔断时熔管能依靠自身重量迅速跌落。多个 10kV 跌落式熔断器安装在户外时，要求其相间距离大于 70cm。

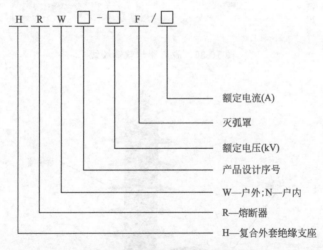

图 10-38　跌落式熔断器型号

> **提示：** 熔管的长度应调整适中，要求合闸后鸭嘴舌头能扣住触点长度的 2/3 以上，以免在运行中发生自行跌落的误动作，熔管亦不可顶死鸭嘴，以防止熔体熔断后熔管不能及时跌落。所使用的熔体必须是正规厂家的标准产品，并具有一定的机械强度，一般要求熔体最少能承受 147N 以上的拉力。

14. 真空开关的安装

真空开关（真空断路器）在安装之前先要检查铭牌和型号（如图 10-39 所示）是否适用安装的场所。安装前对真空断路器应进行外观及内部检查，真空灭弧室、各零部件、组件要完整、合格、无损、无异物。严格执行安装工艺规程的要求，各元件安装的紧固件规格必须按照设计规定进行选用。检查极间距离、上下出线的位置距离必须符合相关的专业技术规程要求。所使用的工器具必须清洁，并满足装配的要求，在灭弧室附近紧固螺钉，不得使用活动扳手。各转动、滑动件应运动自如，运动摩擦处应涂抹润滑油脂。整体安装调试合格后，应清洁抹净，各零部件的可调连接部位均应用红漆打点标记，出线端接线处应涂抹防腐油脂。

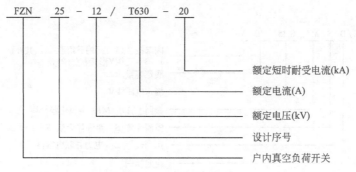

图 10-39　真空开关的型号

15. 无功补偿电容器的安装

安装无功补偿电容器包括电容器支架、电容器和附属设备等的安装。安装之前先检查电容器的铭牌（如图 10-40 所示）和型号（如图 10-41 所示）是否适用安装场所，严格核对技术参数。查看厂家说明书、试验报告、施工图纸。组织技术负责人、安装试验负责人、安全质量负责人、安装试验人员进行安装。大型电容用吊车进行吊装，电容支架安装水平度小于等于 3mm/m，支架立杆间距离误差小于等于5mm。多个电容器安装时，各台电容器铭牌、编号应在通道侧，顺序符合设计，相色完整。电容器外壳与固定电位连接应牢固可靠。电容器组一次连线应符合设计与设备的要求，电容器组（含附属设备）、网门和连接应牢固可靠。

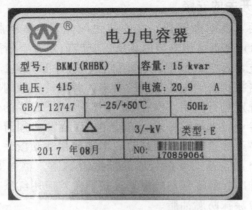

图 10-40　无功补偿电容器铭牌

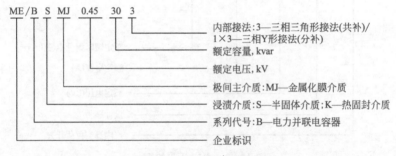

图 10-41　无功补偿电容器型号

> 提示：　无功补偿电容器构件间垫片不得多于 1 片，厚度小于 3mm。电容器组安装前应根据单个电容器容量的实测值进行三相电容器组的配对，确保三相容量差值小于 5%。

二、高压配电线路的安装

高压配电线路安装时除了要了解上述设备的安装，还要了解线路如何安装。

安装线路的第一步是选线，设计人员应根据工程的实际情况，对线路沿线地上、地下、在建、拟建的工程设施及山体（沟）、河流、道路、线路等资料进行充分搜集和调研，进行多路径方案比选，尽可能选择长度短、转角少、交叉跨越少，地形条件较好的方案。综合考虑青赔费用和民事工作，尽可能避开树林（特别是珍贵树木）、房屋和经济作物种植区。同时要兼顾杆位的经济合理性和关键杆位设立的可能性（如转角点、交跨点和必须设立杆塔的特殊地点等）。让杆塔位置尽量避开山体陡坎、边坡、洼地、冲刷地带和不良地质区。

安装线路的第二步是安装塔杆。根据已有的线路设计，先选好线路通道、杆塔定位、塔杆的形式进行施工。施工之前先运送基础材料和机具（沙、石、水、水泥、钢筋、施工模板、振动机、搅拌机、人力绞磨机等），再进行铁塔基础土石方的开挖（根据杆塔的基础形式进行开挖），最后按照组装图安装杆塔。

安装线路的第三步是线路架设和施工。线路架设是高压配电线路安装的关键一步，先用一根牵引钢丝绳（重量相对电线轻很多），通过人力展放（特殊时使用飞艇、无人机等进行展线，如图 10-42 所示），牵引钢丝绳一头与牵引机具连接，一头与电线连接（一般使用蛇皮套连接，如图 10-43 所示），启动牵引机具，将电线就像穿针引线一样牵过来，从而达到翻过一基基杆塔架设电线的目的。

图 10-42　无人机进行电力展线

图 10-43　蛇皮套

提示：　高压输配电线路的安装应注意以下几点：一是施工前注意天气预报，选择天气晴好、风力小的日子施工，同时，必须检查所有的机具设备和工器具的力学性能完好无损，确保万无一失；二是展线蛇皮套要避免直接与尖锐物体、粗糙表面、热源体接触，并注意牵引时的摩擦力不能过大，不允许产生集中摩擦发热；三是电力施工中不允许进行系扣锚固，只可利用回头套的金具进行锚固；四是施工期间应闭锁被跨越电力线路的重合闸装置；五是施工结束后，必须查验所有参加施工的工作人员及材料工具等已全部从施工杆塔、导线及绝缘子上撤下，才能拆除接地线，拆除接地线后即认为线路已有电，所有施工工作人员不得再进入施工场所进行任何施工。

第三节
高压输配电故障检修实例

【例 1】　故障现象：10kV 母线失电，二开闭锁出线断路器跳闸，检查无异常合上断路器，十多分钟后高压开关柜爆炸

检修要点：还原故障现场，发现熔断器撞击器动作后，吊牌显示

不正确，错误的吊牌显示造成检查人员误判，导致熔断器撞击器动作后，负荷开关不能分闸，引起熔断器内部的电弧长时间不能熄灭，最终导致本例故障。更换负荷开关-熔断器及吊牌显示组合后，进行安全测试完好，按检修程序送电，故障排除。

> 提示： 10kV开关柜是高压配电的关键设备，应高度重视其检修维护工作。另外高压熔断器不得过载使用。

【例2】 故障现象：高压输电线路跳闸

检修要点：引起高压输电线路跳闸的原因主要有以下几点。

一是夏季雷雨天，塔杆受到雷击造成线路跳闸。重点检查雷电多发区塔杆。

二是大风天气，超高树木、建筑物对线路短路引起跳闸。重点检查超高树木和高大建筑物附近的线路。

三是天气好的情况下跳闸，一般是道路的各交跨点老化漏电或施工区域挖断接地线路或电缆引起跳闸。检查年数久远的交跨点和施工场地附近的线路或电缆。放风筝和孔明灯也可能造成线路交叉短路跳闸故障，不得在高压线路附近放风筝和孔明灯。

四是大雾天气线路放电引起跳闸。重点对多雾区的塔杆进行检查。

五是夏季用电负荷的高峰期，也会出现类似故障，应该按时通过红外温度探测仪对导线的接头处进行温度检测，温度太高时，应马上采取拉闸限电。

> 提示： 检查该类故障之前先依据线路检修的缺陷台账对故障杆号区段作重点检查。如果发生的接地故障电流较大且持续时间较长，重合闸的成功率是非常小的，首先要向调度部门了解线路跳闸时的相应保护情况，再分析比较作为判断。

【例3】 高压线路某地段的单相电压急剧降为0V

检修要点：此种现象多因潮湿多雨天气线路某高压出现了单相接地故障造成。故障出现后，地段单相电压会急剧降为0V，相应的相电压会转移到没有故障的高压输电线路上，致使其他地段的相电压急剧升高，正常地段的相电压线路因长时间承受超负荷电压，最终会导致线路上的设备起火烧毁。此类故障应重点排查特殊地理位置上的线路是否存在放电故障。

> **提示：** 此类故障应及时处理，否则会造成全部高压输电线路短路停电，造成较大范围的停电影响。高压线路附近施工造成绝缘体被击穿，也会造成高压线路短路故障。

第十一章

变压器安装、使用与维修

变压器基础知识

一、变压器的用途和分类

1. 变压器的用途

变压器是一种静止的电器，它利用电磁感应原理，将某一等级的交流电压变换成频率相同的另一等级的交流电压，以满足不同负载的需求。变压器除了用于变换电压之外，还用于变换交流电流、变换阻抗以及改变相位等。

2. 变压器的分类

① 按容量分为中小型变压器、大型变压器、特大型变压器。

② 按用途分为电力变压器、仪用变压器（诸如电流互感器、电压互感器，作为测量和保护装置）、电炉变压器（有炼钢炉变压器、电压炉变压器、感应炉变压器）、试验变压器、整流变压器、调压变压器、矿用变压器（防爆变压器）、其他变压器等。电力变压器又包括升压变压器、降压变压器、配电变压器、联络变压器、厂用或所用变压器等。

③ 按相数分为单相变压器（用于单相负载或三相变压器组）、三

相变压器（用于三相负载）。单相变压器常用于单相交流电路中隔离、电压等级的变换、阻抗变换、相位变换。三相变压器常用于输配电系统中变换电压和传输电能。

④ 按铁芯结构形式分为壳式铁芯、心式铁芯、C形铁芯。壳式铁芯常用于小型变压器、大电流的特殊变压器，如电炉变压器、电焊变压器，或用于电视与收音机等的电源变压器；心式铁芯用于大中型变压器、高压的电力变压器；C形铁芯常用于电子技术中的变压器，例如，电流互感器、电压互感器等。

⑤ 按冷却方式分为油浸式变压器、风冷式变压器、自冷式变压器、干式变压器。油浸式变压器常用于大中型变压器；风冷式变压器是强迫油循环风冷，用于大型变压器；自冷式变压器是空气冷却，用于中、小型变压器；干式变压器用于安全防火要求较高的场合，如地铁、机场等。

⑥ 按芯种类分为空心变压器、磁芯变压器、铁芯变压器。

二、变压器的工作原理和性能

1. 变压器基本结构原理

变压器是利用电磁感应原理制成的一种元器件。由一个初级线圈（线圈圈数 n_1）及一个次级线圈（线圈圈数 n_2）环绕着一个核心，也就是铁芯。常用的铁芯形状一般有 E 形和 C 形。变压器的基本原理如图 11-1 所示。图中，E_1 是初级电压；E_2 是次级电压；n_1 是初级线圈匝数；n_2 是次级线圈匝数。

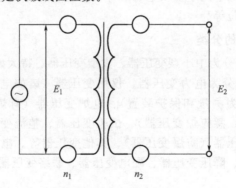

图 11-1 变压器基本原理

变压器的基本原理是电磁感应原理，即"电生磁，磁生电"。

变压器种类繁多，外形和体积都有很多差别，但它们的基本结构原理是相同的，主要是由铁芯和绕组两部分组成，如图 11-2 所示。与电源相连的称为原绕组（初级绕组、一次绕组），与负载相连的称为副绕组（次级绕组、二次绕组）。原、副绕组的匝数分别为 N_1 和 N_2。

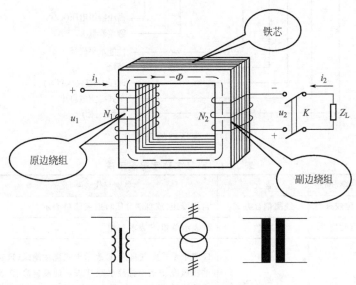

图 11-2　变压器基本结构原理

2. 变压器的型号含义

变压器的种类很多，为了便于区别各种不同类型的变压器，通常使用字母或数字对变压器的型号命名进行标识。变压器的型号通常是由字母和数字组成的，用来表示变压器的相数、冷却方式、调压方式、绕组线芯材料、绕组连接方式等内容。变压器的型号含义如图 11-3 所示。

变压器的产品名称通常用字母来表示，表示产品的线圈耦合方式、相数、冷却方式、线圈数、线圈导线材质、调压方式以及特殊用途等内容，如表 11-1 所示。

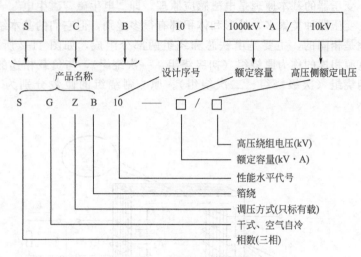

图 11-3　变压器的型号含义

表 11-1　产品名称字母表示法

符号排列顺序	含义	类别与代表字母
第一位或末位	线圈耦合方式	自耦降压(或自耦升压),用字母 O 表示
第二位	相数	D 表示单相,S 表示三相
第三位	冷却方式	G 表示干式空气自冷、C 表示干式浇注绝缘、F 表示油浸风冷、S 表示油浸水冷、J 表示油浸自冷、P 表示强迫油循环、FP 表示强迫油循环风冷、SP 表示强迫油循环水冷
第四位	线圈数(绕组数)	双绕组不标、S 表示三绕组、F 表示分裂绕组、L 表示铝、铜不标
第五位	线圈导线材质	L 表示绕组为铝线、铜线不标
第六位	调压方式	Z 表示有载调压,无载调压不标,无励磁调压不标
第七位	特殊用途	Q 表示加强干式、H 表示干式防火、D 表示移动式、T 表示成套、SC 表示三相环氧树脂浇注、SG 表示三相干式自冷、JMB 表示局部照明变压器、YD 表示试验用单相变压器、BF(C)表示控制变压器(C 为 C 形铁芯结构)、DDG 表示单相干式低压大电流变压器

设计序号也称技术序号，用数字表示，表示同类产品中的不同品种，以区分产品的外形尺寸和性能指标等，有时会被省略。

电力变压器后面的数字部分：斜线左边表示额定容量，用 kV·A 表示；斜线右边表示高压侧额定电压、变压器使用电压等级，即为初级绕组输入端输入的额定电压值，一般用字母 kV（千伏）表示，例 1：型号 SJ-560/10 为 3 相油浸自冷容量 560kV·A、电压 10kV 的变压器。例 2：S7-315/10 变压器，即三相（S）铜芯 10kV 变压器，容量 315kV·A，设计序号 7 为节能型。例 3：型号 SCR9-500/10、S11-M-100/10 中 S 表示三相、C 表示浇注成型（干式变压器）、R 表示缠绕型、9（11）表示设计序号、500（100）表示容量（kV·A）、10 表示额定电压（kV）、M 表示密闭。

第二节

三相变压器及安装

一、三相变压器的结构

三相变压器是 3 个相同容量的单相变压器的组合，它有三个铁芯柱，每个铁芯柱都绕着同一相的 2 个线圈，一个是高压线圈，另一个是低压线圈。电力系统普遍采用三相供电制，三相变压器是电力工业常用的变压器，而在三相电力变压器中使用最广的是油浸式电力变压器，它主要由铁芯、绕组线圈、油箱和绝缘套管、油枕、防爆管、散热器、温度计、油位表、分接头开关、冷却系统、保护装置等部件组成，其外形与结构如图 11-4 所示。变压器的铁芯和线圈是变压器的主要部分，称为变压器的器身。

1. 铁芯

变压器铁芯是根据电磁感应原理制成的，它主要起到导磁（只有导磁后，才能进行磁电转换）和骨架的作用。三相变压器的铁芯组成了变压器的磁路部分，铁芯外面套有绕组（如图 11-5 所示），运行着引线。铁芯是由硅钢片叠压（或卷制）而成，在铁芯上有 A、B、C 三相绕组，每相绕组又分为高压绕组与低压绕组，一般在内层绕低压绕组，外层绕高压绕组。

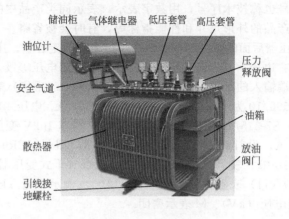

储油柜　气体继电器　低压套管　高压套管
油位计
压力
释放阀
安全气道
油箱
散热器
放油
阀门
引线接
地螺栓

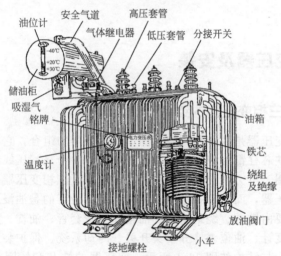

油位计　　安全气道　高压套管
气体继电器
低压套管　分接开关
-40℃
+20℃
+30℃
储油柜
吸湿气
铭牌
温度计
油箱
铁芯
绕组
及绝缘
放油阀门
接地螺栓　　小车

图 11-4　三相变压器结构

　　铁芯柱的截面形状（如图 11-6 所示）与变压器的容量有关，单相变压器及小型三相电力变压器采用正方形或长方形截面；在大、中型三相电力变压器中采用阶梯形截面，阶梯形的级数越多，则变压器结构越紧凑，但叠装工艺越复杂。

2. 绕组

　　绕组是三相电力变压器的电路部分，其基本作用是一次绕组将系统的电能引进变压器中，而二次绕组将电能传输出去，因此绕组是传

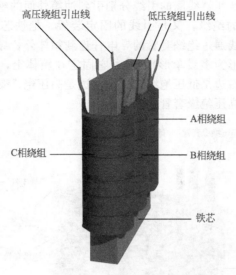

图 11-5　铁芯与绕组

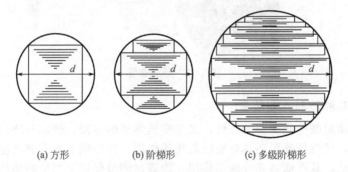

(a) 方形　　　　(b) 阶梯形　　　(c) 多级阶梯形

图 11-6　铁芯柱的截面形状

输和转换电能的主要部件。

　　绕组一般用绝缘纸包的扁铜线或扁铝线绕成，绕组的结构形式与单相变压器一样有同心式绕组和交叠式绕组。当前新型的绕组结构为箔式绕组电力变压器，绕组用铝箔或铜箔氧化技术和特殊工艺绕制，使变压器整体性能得到较大的提高，我国已开始批量生产。

3. 绝缘套管

　　绝缘套管（如图 11-7 所示）由外部的瓷套和中间的导电杆组成，

其作用是：将变压器线圈的引线分别引到油箱外面的绝缘装置，它既是引线对油箱的绝缘，又是引线的固定装置。把铁芯与绕组放入箱体，绕组引出线通过绝缘套管的导电杆连到箱体外，导电杆外面是瓷绝缘套管（外形为多级伞形），通过它固定在箱体上，从而使导电杆与箱体绝缘。右边是低压绝缘套管，左边是高压绝缘套管，因高压端电压较高，故高压绝缘套管比较长。

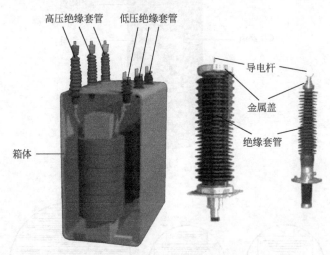

图 11-7　绝缘套管

4. 油箱和冷却装置

油箱既是变压器的外壳，又是变压器油的容器，铁芯与绕组浸在油里，其设计外形还具有辅助散热的作用。在油箱上部有储油柜（又称油枕，具有储油和补油的作用，能通过调节保证油箱中的油始终充满），有油管（安全气道、防爆管）与油箱连通，变压器油一直灌到油枕内，可充分保证油箱内灌满变压器油，防止空气中潮气侵入。

油箱外排列着许多散热管，运行中的铁芯与绕组产生的热能使油温升高，温度高的油密度较小，上升进入散热管，油在散热管内温度降低，密度增加，在管内下降重新进入油箱，铁芯与绕组的热量通过油的自然循环散发出去，如图 11-8 所示。

5. 保护装置

保护装置主要采用气体继电器和防爆管，防止出现故障时油箱爆

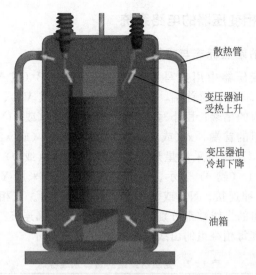

图 11-8　变压器油循环散热示意图

裂。气体继电器装在油箱和储油柜之间的连接管中，当变压器发生故障时，内部绝缘物气化，使气体继电器动作，发出信号或使开关跳闸。防爆管（安全气道）装在油箱顶部，它是一个长的圆形钢筒，上端用酚醛纸板密封，下端与油箱连通，当变压器发生故障，使油箱内压力骤增时，油流冲破酚醛纸板，避免造成变压器箱体爆裂。近年来，国产电力变压器已广泛采用压力释放阀来取代防爆管，其优点是动作精度高，延时时间短，能自动开启及自动关闭，克服了停电更换防爆管的缺点。

6. 分接开关

通过改变原绕组的匝数，从而调节电压，调节范围一般为额定输出电压的±5%。

7. 测温装置

测温装置就是热保护装置。变压器的寿命取决于变压器的运行温度，因此油温和绕组的温度监测非常重要。通常用三种温度计监测，分别是：箱盖上设置酒精温度计，其特点是计量精确但观察不便；变压器上装有信号温度计，便于观察；箱盖上装有电阻式温度计，其特点是为了远距离监测。

二、三相变压器的电路系统

1. 绕组的端点标志与极性

在三相变压器中用大写字母 A（或 U1）、B（或 V1）、C（或 W1）表示高压绕组的首端，X（或 U2）、Y（或 V2）、Z（或 W2）表示高压绕组的尾端；用小写字母 a（或 u1）、b（或 v1）、c（或 w1）表示低压绕组的首端，x（或 u2）、y（或 v2）、z（或 w2）表示低压绕组的尾端，连接可采用星形（Y 连接）用 Y（或 y）表示，角形（△连接）用 D（或 d）表示。国产电力变压器常采用 Y，yn；Y，d 和 YN，d 三种连接。N（或 n）表示有中点引出。三相电力变压器高、低压绕组的出线端都分别给予标记，以供正确连接三相绕组及使用变压器，其每相绕组的出线端标志如表 11-2 所示。

表 11-2　变压器绕组的首、末端标志

绕组名称	首端	末端	中性点
高压绕组（一次绕组）	A、B、C（或 U1、V1、W1）	X、Y、Z（或 U2、V2、W2）	N
低压绕组（二次绕组）	a、b、c（或 u1、v1、w1）	x、y、z（或 u2、v2、w2）	n
中压绕组	am、bm、cm（或 U1m、V1m、W1m）	xm、ym、zm（或 U2n、V2m、W2m）	Nm

2. 三相绕组的连接方式

在三相电力变压器中，不论是高压绕组，还是低压绕组，我国均采用有星形连接（Y）和三角形连接（D）两种方式，如图 11-9 所示。

星形连接是把三相绕组的 3 个末端 X、Y、Z 连接在一起，结中性点，而把它们的三个首端 A、B、C 分别用导线引出，便是星形连接，以符号 Y 表示。

三角形连接是把一相绕组的末端和另一相绕组的首端连在一起，顺序形成一个闭合回路，然后从首端 U1、V1、W1（或 u1、v1、w1）用导线引出。其中图 11-9（b）的三相绕组按 U2W1、W2V1、V2U1 的次序连接，称为逆序（逆时针）三角形连接；而图 11-9（c）的三相绕组按 U2V1、W2U1、V2W1 的次序连接，称为顺序（顺时针）三角形连接。

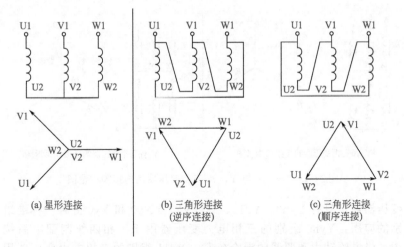

图 11-9　三相绕组的连接方式与相量图

3. 三相变压器的连接组

三相变压器的电路系统是由三相绕组连接组成的。不同的连接方式，以及绕组的绕向、标记不同，会影响到原、副边线电动势的相位，根据变压器原、副边线电动势的相位关系，把变压器绕组的不同连接和标号分成不同的组合，称为连接组。

变压器连接组别用时钟表示法表示：各绕组的电势均由首端指向末端，高压绕组电势从 A 指向 X，记为"$\dot{E}_{AX}$"，简记为"$\dot{E}_A$"；低压绕组电势从 a 指向 x，简记为"$\dot{E}_a$"。时钟表示法：把高压绕组线电势作为时钟的长针，始终指向"12"点钟；而低压绕组线电势作为短针，短针指向的数字称为三相变压器连接组的组号，根据高、低压绕组线电势之间的相位指向不同的钟点。

当各相绕组同铁柱时，X，Y 接法有两种情况（如图 11-10 所示）：①高、低压绕组同极性端有相同的首端标志，高、低压绕组相电动势相位相同，则高、低压绕组对应线电动势相位也相同，其连接组为 Y，y0；②同极性端有相异的端点标志，高、低压绕组相电动势相位相反，则对应的线电动势和相位也相反，因此其连接组为 Y，y6。

为了避免制造和使用上的混乱，国家标准规定对三相双绕组电力

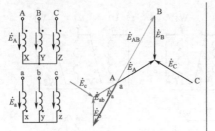
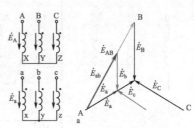

Y, y6三相变压器的连接和相量图　　　　　Y, y0三相变压器的连接和相量图

图 11-10　Y，y0 与 Y，y6 三相变压器的连接和相量图

变压器规定只有 Yyn0、Yd11、YNd11、YNy0 和 Yy0 五种。标准组别的应用：Yyn0 组别的三相电力变压器用于三相四线制配电系统中，供电给动力和照明的混合负载；Yd11 组别的三相电力变压器用于低压高于 0.4kV 的线路中；YNd11 组别的三相电力变压器用于110kV 以上的中性点需接地的高压线路中；YNy0 组别的三相电力变压器用于原边需接地的系统中；Yy0 组别的三相电力变压器用于供电给三相动力负载的线路中。

在变压器的连接组别中"Yn"表示一次侧为星形带中性线的接线，Y 表示星形，n 表示带中性线；"d"表示二次侧为三角形接线；"11"表示变压器二次侧的线电压 U_{ab} 滞后一次侧线电压超前 30°。例如，YNyn0d11，其中 Y 和 y 分别表示高压和低压侧为星形接法，N 和 n 分别表示高压和中压侧中性点引出，d 表示三角形低压侧，序数 0 和 11 分别表示高低压侧电压相差 0°和高低压侧电压相差 30°。

> 提示：　三相变压器常用连接组如图 11-11 所示。

三、三相变压器的安装

1. 安装前的准备

变压器安装前施工人员应仔细阅读设计图纸资料，了解其内部的结构。变压器的安全性检查：变压器应有产品出厂合格证，随带的技术文件应齐全，应有出厂试验记录，型号规格应和设计相符；备件、

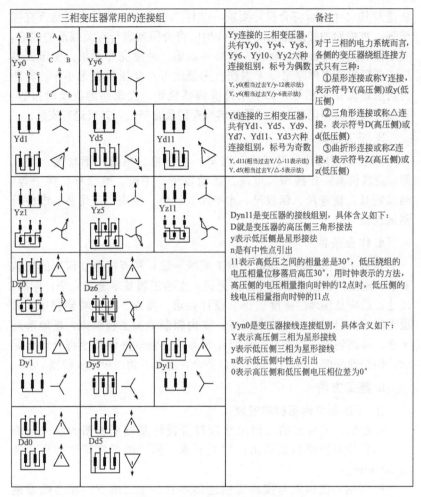

三相变压器常用的连接组			备注	
Yy0 Yy6			Yy连接的三相变压器,共有Yy0、Yy4、Yy8、Yy6、Yy10、Yy2六种连接组别,标号为偶数 Y, y0(相当过去Y/y-12表示法) Y, y6(相当过去Y/y-6表示法)	对于三相的电力系统而言,各侧的变压器绕组连接方式只有三种: ①星形连接或称Y连接,表示符号Y(高压侧)或y(低压侧) ②三角形连接或称△连接,表示符号D(高压侧)或d(低压侧) ③曲折形连接或称Z连接,表示符号Z(高压侧)或z(低压侧)
Yd1	Yd5	Yd11	Yd连接的三相变压器,共有Yd1、Yd5、Yd9、Yd7、Yd11、Yd3六种连接组别,标号为奇数 Y, d11(相当过去Y/△-11表示法) Y, d5(相当过去Y/△-5表示法)	
Yz1	Yz5	Yz11	Dyn11是变压器的接线组别,具体含义如下: D就是变压器的高压侧三角形接法 y表示低压侧是星形接法 n是有中性点引出 11表示高低压之间的相量差是30°,低压绕组的电压相量位移落后高压30°,用时钟表示的方法,高压侧的电压相量指向时钟的12点时,低压侧的线电压相量指向时钟的11点	
Dz0	Dz6			
Dy1	Dy5	Dy11	Yyn0是变压器接线连接组别,具体含义如下: Y表示高压侧三相为星形接线 y表示低压侧三相为星形接线 n表示低压侧中性点引出 0表示高压侧和低压侧电压相位差为0°	
Dd0	Dd5			

图 11-11　三相变压器常用连接组

附件应完好。型钢:各种规格型钢应符合设计要求,并无明显锈蚀;螺栓:除地脚螺栓及防振装置螺栓外,均应采用镀锌螺栓,并配相应的平垫圈和弹簧垫。其他材料:电焊条、防锈漆、调和漆等均应符合设计要求,并有产品合格证。

2. 开箱检查

开箱后,根据装箱单清点数量,检查变压器及附件的规格型号、数量及其尺寸是否符合设计要求，部件是否齐全，其外表面是否有损伤等。被检验的变压器及设备附件均应符合国家现行有关规范的规定，变压器应无机械损伤、裂纹、变形等缺陷，油漆完好无损。变压器高压、低压绝缘瓷件应完整无损伤、无裂纹等；变压器有无小车，轮距与轨道距离是否相等，如不相符应调整轨距。发现问题应及时报告，并做好设备开箱记录。变压器基础检查验收合格后，方可进行安装。

3. 施工机具

搬运吊装机具：汽车吊、汽车、卷扬机、吊链、钢丝绳、滚杠等；安装机具：压线钳、电锤、活动扳子、手锤、绝缘杆、梯子等；测试器具：钢卷尺、钢板尺、水平尺、线坠、摇表、万用表、电桥及测试仪器。

4. 作业条件

核对土建图纸是否与电气施工图纸一致，是否符合变压器的安装要求。施工图及技术资料应齐全无误。土建工程基本施工完毕，标高、尺寸、结构及预埋件强度应符合设计要求。屋面、屋顶喷浆完毕，屋顶无漏水，门窗及玻璃安装完好；室内粗制地面工程结束，场地清理干净，道路畅通；预埋件、预留孔洞等均已清理并调整至符合设计要求；保护性网门、栏杆等安全设施齐全，通风、消防设施安装完毕。

5. 施工方法

① 变压器型钢基础的安装

a. 型钢金属构架的几何尺寸应符合设计基础配制图的要求与规定，如设计对型钢构架高出地面无要求，施工时可将其顶部高出地面 100mm。

b. 型钢基础构架与接地扁钢连接不宜少于二端点，在基础型钢构架的两端，用不小于 40mm×4mm 的扁钢相焊接。焊接扁钢时，焊缝长度应为扁钢宽度的 2 倍，焊接三个棱边，焊完后去除氧化皮，焊缝应均匀牢靠，焊接处做防腐处理后再刷两遍灰面漆。

② 变压器吊装。变压器吊装应由起重工作业，电工配合。根据变压器自身重量及吊装高度，决定采用何种搬运工具进行装卸（吊装时最好采用汽车吊装，也可采用吊链吊装）。绳具必须检查合格，运输路径应道路平整良好。变压器吊装时应注意保护瓷瓶，最好用木箱或纸箱将高低压瓷瓶罩住，使其不受损伤；吊装过程中，不应有冲击

或严重震动情况，利用机械牵引时，牵引的着力点应在变压器重心以下，以防倾斜，运输倾斜角不得超过15°，防止内部结构变形。大型变压器在搬运或装卸前，应核对高低压侧方向，以免安装时调换方向发生困难。

③ 变压器的本体安装

a. 变压器安装可根据现场实际情况进行，如变压器室在首层，则可直接吊装进室内；如果在地下室，可采用预留孔吊装变压器或预留通道运至室内就位到基础上。

b. 变压器就位时，应按设计要求的方位和距墙尺寸就位，横向距墙不应小于800mm，距门不应小于1000mm，并应适当考虑推进方向，开关操作方向应留有1200mm以上的净距。

c. 装有滚轮的变压器，滚轮应转动灵活，变压器就位后，应将滚轮用能拆卸的制动装置加以固定或者将滚轮拆下保存好。

d. 油浸变压器应安装稳固，底部用枕木垫起离地，必要时加装防振胶垫，以降低噪声；用垫片对变压器的水平度、垂直度进行调整。

e. 装有气体继电器的变压器顶盖，沿气体继电器的气流方向有1.0%~1.5%的升高坡度；储油柜阀门必须处于开启状态；气体继电器安装前应经检验合格。

f. 变压器安装后，套管表面应光洁，不应有裂纹、破损等现象；套管压线螺栓等部件应齐全，且安装牢固；储油柜油位正常，外壳干净。

④ 变压器附件安装

a. 干式变压器一次元件应按产品说明书位置安装，二次仪表装在便于观测的变压器护网栏上；软管不得有压扁或死弯，剩余部分应盘圈并固定在温度计附近。

b. 干式变压器的电阻温度计，一次元件应预装在变压器内，二次仪表应安装在值班室或操作台上；温度补偿导线应符合仪表要求，并加以适当的附加温度补偿电阻，校验调试合格后方可使用。

c. 呼吸器安装时取下隔离片，呼吸器必须与储油柜连通，硅胶干燥、不受潮；全密封（不带储油柜）变压器运行前必须打开释放阀压片。

⑤ 电压转换装置的安装

a. 变压器电压转换装置各分接点与线圈的连接线压接正确、牢固可靠，其接触面接触紧密良好。转换电压时，转动触点停留位置正确，并与指示位置一致。

b. 有载调压转换装置转动到极限位置时，应装有机械联锁和带有限位开关的电气联锁。

c. 有载调压转换装置的控制箱一般应安装在值班室或操纵台上，连线正确无误，并应调整好，手动、自动工作正常，挡位指示正确。

⑥ 变压器连线

a. 变压器的一次、二次连线，地线，控制管线均应符合现行国家施工验收规范规定。

b. 变压器的一次、二次引线连接，不应使变压器的套管直接承受应力。

c. 变压器中性线在中性点处与保护接地线同接在一起，并应分别敷设，中性线宜用绝缘导线，保护地线宜采用黄/绿相间的双色绝缘导线。

d. 变压器中性点的接地回路中，靠近变压器处，宜做一个可拆卸的连接点。

6. 变压器参数测试

一台新安装的变压器或检修后的变压器一定要进行参数测试后才能投产运行。变压器参数测试内容：①变压器绕组电阻测试，采用电桥测量或数字式直流电阻测试仪；②变压器绝缘电阻测试，包括匝间绝缘、相间绝缘、相对地绝缘、高对低及地绝缘、低对高及地绝缘，可采用绝缘电阻表、数字式绝缘电阻测试仪；③绝缘油试验，测量绝缘油的绝缘情况；④变压器空载、短路、负载试验，测量变比、空载电流、直流损耗、空载损耗等参数；⑤变压器耐压试验，包括工频交流耐压试验和倍频感应耐压试验，倍频为 150Hz 以上；⑥安装后，变压器接地电阻测试采用接地摇表或接地电阻测试仪；⑦测量线圈连同套管一起的直流电阻；⑧检查所有分接头的变压器的变压比；⑨检查三相变压器的接线组别和单相变压器引出线的极性。

7. 变压器送电前检查

变压器送电试运行前做全面检查，确认符合试运行条件时方可投入运行。变压器试运行前，必须由质量监督部门检查合格。变压器试运行前的检查内容：各种交接试验单据齐全，数据符合要求；变压器应清理、擦拭干净，顶盖上无遗留杂物，本体及附件无缺损；变压器一、二次引线相位正确，绝缘良好；接地线良好；通风设施安装完毕，工作正常；标志牌挂好，门装锁。

8. 变压器送电调试运行

① 变压器空载投入冲击试验。即变压器不带负荷投入，所有负荷侧开关应全部拉开。为考核变压器的绝缘和保护装置，变压器第一次投入时，可全电压冲击合闸，冲击合闸时一般可由高压侧投入；变压器第一次受电后，持续时间应不少于 10min，无异常情况后再每隔5min 冲击一次，励磁涌流不应引起保护装置动作，最后一次进行空载运行 24h。

② 变压器空载运行检查方法主要是听声音。正常时发出"嗡嗡"声，若声音比较大而均匀时，则可能是外加电压比较高；若声音比较大而嘈杂时，则可能是芯部有松动；若发出"嗞嗞"的放电声音，则可能是芯部和套管表面有闪络；若出现爆裂声响，则可能是芯部击穿。

③ 变压器调试运行。

a.变压器半负荷调试运行。经过空载冲击试验后，可在空载运行24～28h，如确认无异常便可带半负荷运行。将变压器负荷侧逐渐投入，直至半负荷时止，观察变压器各种保护和测量装置等的运行，并定时检查记录变压器的温升、油位、渗油、冷却器运行，一、二次侧电压和负荷电流变化情况，每隔 2h 记录一次。

b.变压器满负荷试运行。经过变压器半负荷通电调试运行符合安全运行规定后，再进行满负荷调试运行。变压器满负荷调试运行48h，再次检查变压器温升、油位、渗油、冷却器运行。经过满负荷试验合格后，即可办理移交手续，投入运行。

第三节

电力变压器的使用及技术参数

一、电力变压器的使用条件

变压器的使用环境条件包括以下几个方面。

① 安装地点海拔高度不超过 1000m（1000m 以上特殊定制）。

② 环境最高温度不超过＋40℃，最高月平均气温不超过＋30℃，最高年平均气温不超过＋20℃，最低气温不低于－5℃（适用于户内变压器）。

③ 空气相对湿度不大于 95％，月平均值不大于 90％。

④ 环境空气中不含有腐蚀金属和破坏绝缘的有害气体或尘埃，使用中不能使变压器受到水、雨雪的侵蚀。

⑤ 没有火灾、爆炸危险，严重污秽、化学腐蚀及无剧烈振动和冲击振动的地方。

二、常用电力变压器的主要技术参数

电力变压器的主要技术参数一般都标注在变压器铭牌上，一般包括：额定容量、额定电压及其分接头数值、额定频率、绕组连接组标号以及额定性能数据（阻抗电压、空载电流、空载损耗和短路损耗）等，如图 11-12 所示。此外，变压器的技术参数还有空载损耗、负载损耗、温升方式、空载电流、吊重、油重、总重、运输重、油箱耐受真空能力等。

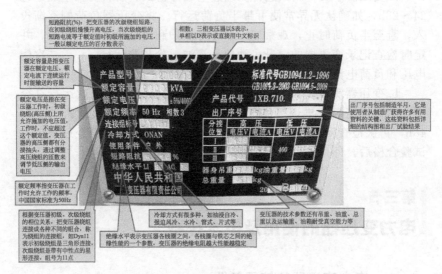

图 11-12　变压器上的铭牌标识

① 额定容量。制造厂所规定的在额定条件下使用时输出能力的保证值，单位为 V·A 或 kV·A 或 MV·A。对三相变压器而言，指三相总的容量。由于变压器有很高的运行效率，通常原、副绕组的额定容量设计值相等。

② 额定电压。是指变压器空载时端电压的保证值，单位用 V、kV 表示。由制造厂所规定的加到一次侧绕组的电压为一次侧额定电压；二次侧额定电压为在变压器空载时一次侧施加额定电压对应的二次侧端电压。如不作特殊说明，额定电压系指线电压。如铭牌上标记额定电压为 230000～13800/7970，其意义是指一次绕组侧的额定电压为 230000V，经过变压器将电压降至二次绕组侧的 Y 接线电压为 13800V。

③ 额定电流。是指额定容量和额定电压计算出的线电流，单位用 A 表示。额定电流是变压器绕组允许长期连续通过的工作电流，是指在某环境温度、某种冷却条件下允许的满载电流值。当环境温度、冷却条件改变时，额定电流也应变化。

④ 空载电流。变压器空载运行时励磁电流占额定电流的百分数。

⑤ 阻抗电压。短路电压也称阻抗电压。当变压器二次绕组端子短接（稳态短路）时，为使一次绕组产生额定电流而施加的电压称为阻抗电压。

⑥ 短路损耗。一侧绕组短路，另一侧绕组施以电压使两侧绕组都达到额定电流时的有功损耗，单位以 W 或 kW 表示。

⑦ 空载损耗。是指变压器空载运行时的有功功率损失，单位以 W 或 kW 表示。

⑧ 连接组别。表示原、副绕组的连接方式及线电压之间的相位差，以时钟表示。

⑨ 温升。温升是变压器在额定工作条件下，内部绕组允许的最高温度与环境的温度差（通常是"绕组温升"或"绕组最热点温升"），它取决于所用绝缘材料的等级。平均温升是指变压器在额定满负荷功率运行时绕组平均温度高于环境温度之差值。变压器温度计指示的是运行温度而不是温升，当减去环境温度后才是温升。如某变压器额定温升为 55℃，则它在环境温度 30℃ 下运行时的最高温度不得超过 85℃。

第四节

变压器维护及故障检修技能

一、变压器日常维护

变压器长期使用不进行检查和维护就易出现绝缘逐渐老化，匝间短路、相间短路或对地短路及油的分解等情况，故对变压器进行日常的检查和维修是非常有必要的。变压器日常检查和维护项目有以下方面：

① 运行状况的检查。检查电压、电流、负荷、频率、功率因数、环境温度有无异常；及时记录各种上限值，发现问题及时处理。

② 变压器温度检查。检查变压器温度是否正常，因为不仅影响到变压器的寿命，而且会中止运行。在温度异常时，确保测温仪正常。温度计失灵，及时修理更换。

③ 异常响声、异常振动的检查。检查变压器运行时的声音是变压器是否正常运行的重要标志之一（正常运行时有匀称的"轰隆"声，不应有"噼啪"的放电声和不匀称的噪声）。操作人员在进行巡检时，要仔细辨听变压器运行的声音，根据声音猜测可能出现的故障。若变压器运行时发出的声音过于沉闷，则可能是变压器故障或者超负载运行，这时应调节负荷，使其在额定负荷下运行；若发出断断续续的杂音，则是变压器内部的特殊零部件发生松动；若杂音不断变大，应马上停机检修；若发出"嗞嗞"声或者"噼啪"声，则是变压器外部或者内部套管发生局部放电所致，应清理套管表面的杂质，并且把线夹调整好；若出现水的沸腾声，则可能是绕组发生短路故障，造成严重发热或可能是分接开关因接触不良而局部有严重过热所致。

④ 冷却装置的检查。冷却装置运行时，应检查冷却器进、出油管的蝶阀在开启位置；散热器进风通畅，入口干净无杂物；检查潜油泵转向正确，运行中无异音及明显振动；风扇运转正常；冷却器控制箱内分路电源自动开关闭合良好，无振动及异常声音；冷却器无渗漏油现象。

⑤ 嗅味。温度异常高时，检查附着的脏物或绝缘件是否烧焦，发生臭味，有异常应尽早清扫、处理。

⑥ 绝缘件线圈外观检查。检查绝缘件和绕组线圈表面有无炭化和放电痕迹，是否有龟裂。

⑦ 外壳及变压器室的检查。检查是否有异物进入、雨水滴入和污染，门窗照明是否完好、温度是否正常。

⑧ 高低压套管的检查。检查高低压套管是否清洁，是否存在裂纹、碰伤和放电痕迹等。表面清洁是套管保持绝缘强度的先决条件，当套管表面积有尘埃，遇到阴雨天或雾天，尘埃便会沾上水分，形成泄漏电流的通路。因此，对套管上的尘埃，应定期予以清除。套管由于碰撞或放电等原因产生裂纹伤痕，也会使它的绝缘强度下降，造成放电。故发现套管有裂纹或碰伤应及时更换。

⑨ 储油柜的油位、油色的检查。检查油位是否与标准线（应在油表刻度的 1/4～3/4 以内）符合，若油面过低则应检查是否漏油，漏油应停电修理；若不漏油，则应加油至规定油面。加油时，应注意油表刻度上标出的温度值，根据当时的气温，把油加至适当油位。

对油质的检查，通过观察油的颜色来进行。变压器正常运行时油质透明，略微显黄，运行一段时间后变为浅红色。发生老化、氧化较严重的油为暗红色。经短路、绝缘击穿的油中含有炭质，油色发黑。

⑩ 对吸湿器进行检查，查看是否存在阻塞的现象，对安全气道的防爆膜进行检查，查看其是否存在缺损。

⑪ 分接开关的检查。定期检查分接开关，并检查触点是否紧固，有无灼伤、疤痕，检查转动灵活性及接触的定位。

⑫ 气体继电器的检查。对其中的气体异常情况进行检查，通过红外测温检查变压器的引接线头是否存在发热的现象。

⑬ 避雷器的检查。每年检查避雷器接地的可靠性，避雷器接地必须可靠，而引线应尽可能短；旱季应检测接地电阻，其值不应超过 5Ω。

⑭ 特殊巡视检查。变压器除正常的定期检查外，还要进行特殊巡视检查：雷雨后着重检查套管有无破损或放电痕迹，高压熔丝是否完好；大风时，检查高、低压引线是否剧烈摆动，连接处是否松脱，有无其他杂物刮到变压器。必要时应进行夜间巡视。

二、变压器的检查方法

配电变压器在运行中常常会因运行维护不当造成设备事故,故操作人员应定期通过看、听、闻等手段对设备进行日常巡视检查,从而避免设备发生事故。

1. 看

① 检查设备外观、充油设备是否渗漏,充气设备气压是否正常;

② 看变压器台区周围的环境,保证变压器台区周围无高温源、腐蚀品和易燃易爆品等存在;

③ 看台区周围护栏围墙等是否完好,警告牌是否正确放置;

④ 看变压器各种接线连接是否良好;

⑤ 看高低压护套管的情况,保证其完好整洁;

⑥ 看油位计,油面高度是否在规定的 $1/4\sim3/4$ 范围内(依据当时气温观察)。

2. 听

听变压器运行时是否有异常声音,正常运行时会发出连续不断的比较均匀的"嗡嗡"声,这是在交变磁通作用下,铁芯和线圈振动造成的。如果产生不均匀响声或其他响声都属于不正常现象。

3. 闻

用鼻子"闻"变压器是否发出烧焦烟味、臭氧等气味来判断故障。在变压器发生故障时,会导致油温急剧上升,此时伴随着大量的气体分解出来,在气体的作用下使油面高度迅速上升,严重时油甚至会从中流出。若发生这种情况,应立即使变压器停止工作,停机检修。

4. 测

测就是在感官判断之外要加上专业的仪器来测量。例如,在测量变压器温度时,通过"看""闻"等是不能准确判断变压器温度的,此时就用专业的仪器(比如红外测温仪)来进行测量;在判断变压器是否在经济运行范围内时,可以通过钳形电流表来测量其单相最大电流等;测量变压器的出线电压则可使用万用电表直接测量出来。

三、变压器常见故障检修

【例1】 故障现象：电力变压器防爆装置不正常

检修要点：该故障应重点检查呼吸器是否能正常呼吸。经查，是内部压力升高引起呼吸器不能正常呼吸，疏通呼吸孔道后，故障排除。

> **提示**： 当变压器内部故障（根据继电保护动作情况加以判断）也会出现类似故障，需要停止运行进行检测和检修。

【例2】 故障现象：电力变压器渗漏油

检修要点：该故障主要原因有：密封垫圈未垫妥或老化、焊接不良、瓷套管破损、油缓冲器磨损、因内部故障引起喷油。实际检修中因瓷套管破损较多见，换套管，处理好密封件，紧固法兰部分，即可排除故障。

> **提示**： 变压器运行中渗漏油现象比较普遍，油位在规定的范围内仍可继续运行或安排计划检修。但是变压器油渗漏严重，或连续从破损处不断外溢，以致油位计已见不到油位，此时应立即将变压器停止运行，补漏和加油。

【例3】 故障现象：电力变压器套管绝缘子裂痕或破损

检修要点：该故障原因是因外力损伤或过电压造成。实际检修中过电压较多见，根据裂痕的严重程度处理或更换即可排除故障。

> **提示**： 处理该故障还应排查避雷器是否良好，如避雷器损坏，则应更换新件，以免重复同样事故。

【例4】 故障现象：电力变压器有异常气味

检修要点：该故障主要原因有绝缘材料老化、铁芯不正常、导电部分局部过热、密封件老化、管道及管道接头松动等。实际检修中因密封件老化较多见，更换密封件后不再有异常气味，故障排除。

【例5】 **故障现象**：变压器异常发热、油温升高、油枕盖有黑烟、气体继电器动作

检修要点：该故障的主要原因有变压器进水，水侵入绕组；绕制时，导线及焊接处的毛刺使匝间绝缘破坏；油道内掉入杂物；变压器运行年久或长期过载造成绝缘老化。实际维修中发现是因绕组匝间短路引起，更换或恢复绕组原有的绝缘。更换绝缘时，拆下上部轭铁，换下烧损的绕组。

【例6】 **故障现象**：断线处有电弧，使变压器内有放电声；断线的相没有电流

检修要点：该故障的主要原因有导线焊接不良；匝间、层间、相间短路造成断线；搬运时强烈振动使引线断开；引出线与套管或分接开关的接线松脱；雷击断线。实际维修中因绕组线圈断线较多，采用吊芯处理；若因短路造成，应重绕线圈；若引线断线则重新接。

【例7】 故障现象：变压器运行中有"嗡嗡"的异常响声

检修要点：该故障的主要原因有铁芯叠片错误；铁片间有杂物；铁芯硅钢片紧固不牢；铁片厚度不均匀。夹紧或重新进行叠片，消除发响的声音。

提示： 正常运行时，变压器铁芯的声音应是均匀的，当有其他杂音时，就应认真查找原因。变压器铁芯是由一片片硅钢片叠成，故片与片间存在间隙，当变压器通电后，有了励磁电流，铁芯中产生交变磁通，在侧推力和纵率力作用下硅钢片产生倍频振动，这种振动使周围的空气或油发生振动，从而发出"嗡嗡"声。

第十二章

电动机使用与维修

第一节

电动机基础知识

一、电动机的型号与分类

（一）电动机的型号命名

电动机型号比较复杂，其命名方式也比较多，目前统一的型号命名方式由产品代号、规格代号、特殊环境代号、补充代号四个部分组成，中间用一短线连接。

1. 产品代号

产品代号由电动机类型代号、电动机特点代号、设计序号、励磁方式代号、产品名称代号五个小节内容组成。

① 类型代号。类型代号表示电动机的各种类型，用汉语拼音字母表示：Y 为异步电动机（包括笼型和绕线型），T 为同步电动机，Z 为直流电动机。

② 特点代号。特点代号表示电动机的性能、结构或用途，用汉语拼音字母表示。通常有防爆类型电动机和其他类型电动机。其中，防爆类型电动机有：A 为增安型，B 为隔爆型，ZY 为正压型，这些字母标于电动机特点代号的首位，紧接在电动机类型代号的后面。

YT 表示在轴流通风机上用；YEJ 为电磁制动式；YVP 表示变频调速式；YD 表示变极多速式；YZD 表示起重机用。

③ 设计序号。设计序号是指电动机产品设计的顺序，用阿拉伯数字表示。对于第一次设计的产品不标注设计序号，对系列产品所派生的产品按设计的顺序标注，比如 Y2 YB2。

④ 励磁方式代号。励磁方式代号采用汉语字母标注。其中，S 表示 3 次谐波励磁；J 表示晶闸管励磁；X 表示相复励磁。励磁方式代号一般标注在设计序号之后。但大多数生产厂家不标注励磁方式代号。

⑤ 产品名称代号。SYT 为铁氧体永磁式直流伺服电动机；SYX 为稀土永磁式直流伺服电动机；SXPT 为铁氧体永磁式线绕盘式直流电动机；SXPX 为稀土永磁式线绕盘式直流电动机；SWT 为铁氧体永磁式无刷直流伺服电动机；SWX 为稀土永磁式无刷直流伺服电动机；SN 为印制绕组直流伺服电动机；SR 为开关磁阻电动机；YX 为三相异步电动机。

2. 规格代号

规格代号包括中心高、机座号、机座长度、铁芯长度、凸缘代号、极数等。

① 中心高指由电动机轴心到机座底角面的高度，根据中心高的不同可以将电动机分为大型、中型、小型和微型四种，其中中心高 H 在 45～71mm 的属于微型电动机；H 在 80～315mm 的属于小型电动机；H 在 355～630mm 的属于中型电动机；H 在 630mm 以上属于大型电动机。

② 机座长度。采用汉语拼音字母表示，S 表示短机座，M 表示中机座，L 表示长机座。

③ 铁芯长度。铁芯长度按由短到长顺序用数字 1、2、3、4……表示。

④ 凸缘代号。凸缘代号采用拼音字母表示，如 FF 表示凸缘上带通孔，FT 表示凸缘上带螺孔。

⑤ 极数分 2 极、4 极、6 极、8 极等。

3. 特殊环境代号

特殊环境代号表示电动机能适应的环境条件，户外用 W 表示；高原用 G 表示；船（海）用 H 表示；化工防腐用 F 表示；热带用 T

表示；湿热带用 TH 表示；干热带用 TA 表示。

4. 补充代号

补充代号仅适用于有补充要求的电动机。

例 1：电动机型号为 YB2-132S-4 H 的各代号含义：Y 为产品类型号，表示异步电动机；B 为产品特点代号，表示隔爆型；2 为产品设计序号，表示第二次设计；132 为机座中心高（mm），表示轴心到地面的距离为 132mm；S 为电动机机座长度，表示短机座；4 为极数，表示 4 极电动机；H 为特殊环境代号，表示船用电动机。

例 2：Y-180M2-4 型电动机各代号含义：Y 为异步电动机；180 为铁芯中心高（mm）；M2 为铁芯长度，为中 2 号；4 为极数，为 4 极电动机。

例 3：Y100L-2 型电动机各代号含义：Y 为异步电动机；100 为铁芯中心高（mm）；L 为长机座；2 为极数，为 2 极电动机。

例 4：180SWX01A 型电动机各代号含义：180 表示外径为 180mm；SWX 表示为稀土永磁无刷电动机；01A 表示厂家产品序号。

（二）电动机的分类

电动机应用广泛，种类繁多，其常见的分类方法有（如图 12-1 所示）：按工作电源种类可分为直流电动机和交流电动机；按结构和工作原理可分为直流电动机、异步电动机、同步电动机；按启动与运行方式可分为电容启动式单相异步电动机、电容运转式单相异步电动机、电容启动运转式单相异步电动机和分相式单相异步电动机；按用途可分为驱动用电动机和控制用电动机；按转子的结构可分为笼型感应电动机和绕线转子感应电动机；按运转速度可分为高速电动机、低速电动机、恒速电动机、调速电动机。

二、电动机的主要性能及技术指标

（1）电动机的几个主要参数　主要包括功率因数、堵转转矩、堵转电流、最大转矩，其他参数还有绝缘等级、过载能力、温升、噪声、摆度与振动等。

① 功率因数 $\cos\varphi$。电动机输入有效功率与视在功率之比。

② 效率。电动机内部功率损耗的大小是用效率来衡量的，输出

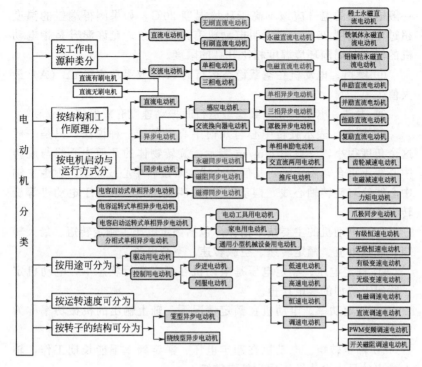

图 12-1　电动机的分类

功率与输入功率的比值称为电动机的效率，其代表符号为 η。

③ 堵转转矩 T_K。电动机在额定电压、额定频率和转子堵住时所产生转矩的最小测得值。

④ 堵转电流 I_A。电动机在额定电压、额定频率和转子堵住时从供电回路输入的稳态电流有效值。

⑤ 最大转矩 T_{MAX}。电动机在额定电压、额定频率和运行温度下，转速不发生突降时所产生的最大转矩。

⑥ 绝缘等级。是指电动机所用绝缘材料的耐热等级，分 A、E、B、F、H 级。

⑦ 过载能力。是指电动机在某个允许的时间内流过电动机的电流超过额定电流。过载能力是衡量电动机短时过载和运行稳定性的重要数据。

⑧ 温升。温升指电动机工作时，其电动机盖温度升高的数值，

一般电动机的温升应该不高于环境温度 20℃，如果测得端盖的温度超过环境温度 25℃，则说明电动机有过热现象。允许温升是指电动机的温度与周围环境温度相比升高的限度。

⑨ 噪声。电动机在空载稳态运行时 A 计权声功率级 dB（A）最大值。

⑩ 振动。电动机在空载稳态运行时振动速度有效值（mm/s）。

⑪ 摆度。表示旋转中心与几何中心夹角的一种说法，只是一般这个角度很小，一般用 mm/m 表示。旋转物体的几何中心线与旋转中心线不重合，旋转时，几何中心线绕着旋转中心线转动，就像主轴中心线绕着旋转轴心线"摆动"，所以叫摆度，一般见于电动机等旋转设备中。

（2）电动机的主要技术指标　包括额定电压、额定转矩、最大转矩、额定电流、额定转速、空载转速、空载电流。

① 额定电压。额定电压是电动机在额定运行状态下，电动机定子绕组上应加的线电压值。

② 额定功率。电动机在额定情况下，轴上输出的机械功率称为额定功率。

③ 额定转矩。电动机在额定电压、额定频率下能长期工作，轴上输出的最大允许转矩称为额定转矩。

④ 额定电流。电动机在额定电压下，轴上有额定功率输出时，定子绕组中的线电流。

⑤ 额定转速。电动机在额定状态时转子的转速。如果因负载过重而导致电动机转速减慢时，即会造成电动机过热，最终会烧坏电动机。

⑥ 空载转速。电动机不带任何负载的转速。空载转速要考虑到实际损耗，往往比理想空载转速要小一点。

⑦ 空载电流。是指电动机空载的情况下所流过的电流。空载电流由磁化电流（产生磁通）和铁损电流（由铁芯损耗引起）组成。

三、电动机常用计算公式

电动机计算常用的公式如下：

① 电动机定子磁极转速 $n = (60 \times 频率 f) \div 极对数 p$

② 电动机额定功率 $P = 1.732 \times 线电压 U \times 电流 I \times 效率 \eta \times 功$

率因数 $\cos\varphi$

③ 电动机额定力矩 $T=9550\times$ 额定功率 $P\div$ 额定转速 n

单相异步电动机

一、单相异步电动机的结构

单相异步电动机是靠 220V 单相交流电源供电的一类电动机，它适用于只有单相电源的小型工业设备和家用电器中。单相异步电动机一般由固定部分（定子）、转动部分（转子）和支撑部分（机座、端盖和轴承）等部分组成，如图 12-2 所示。

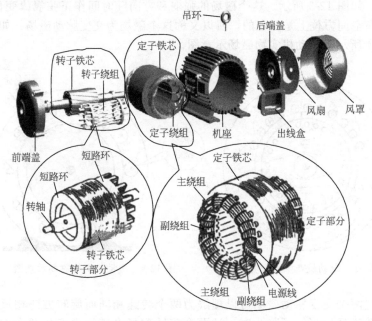

图 12-2　单相异步电动机的结构

固定部分中的定子又由绕组和铁芯组成。铁芯一般由 0.5mm 的硅钢片叠压而成。绕组分为主绕组（又称工作绕组）和副绕组（又称启动绕组或辅助绕组)，两种绕组的中轴线错开一定的电角度，目的是改善启动性能和运行性能。定子绕组多采用高强度聚酯漆包线绕制。

转动部分中的转子也由铁芯和绕组组成。其中铁芯也由 0.5mm 的硅钢片叠压而成，绕组常为铸铝笼型。

支撑部分中的机座结构随电动机冷却方式、防护形式、安装方式和用途而异，其使用的材料有铸铁、铸铝和钢板结构等几种。端盖是电动机的支撑部件，起固定定子、转子的作用，其制作材料与机座的制作材料相同，也有钢板、铸铝和铸铁几种。

二、单相异步电动机的转动原理

单相异步电动机的定子铁芯上布置有单相定子绕组，转子为笼型结构，当单相正弦电流通过定子绕组时，电动机就会产生一个交变磁场，如图 12-3 所示。这个磁场的强弱和方向随时间作正弦规律变化，但在空间方位上是固定的，所以又称这个磁场为交变脉动磁。如图 12-4 所示为电动机实物磁场示意图。

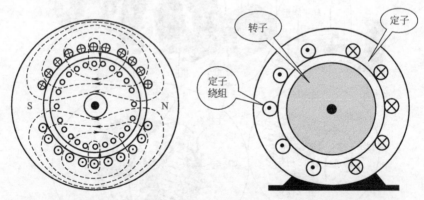

图 12-3　电动机产生的交变磁场　　　　图 12-4　电动机实物磁场示意图

两个交变脉动磁场可以理解为两个转速相同而旋转方向相反的旋转磁场，当转子静止时，这两个旋转磁场在转子中产生两个大小相等、方向相反的转矩，使得合成转矩为零，所以电动机无法转动。

当使用启动器使电动机向某一方向旋转时（如顺时针方向转动），

这时转子与顺时针旋转方向的旋转磁场间的切割磁力线运动速度变小；转子与逆时针旋转方向的旋转磁场间的切割磁力线运动速度变大，这样平衡就打破了，转子所产生总的电磁转矩将不再是零，转子将顺着推力方向旋转起来。

单相异步电动机的启动方式有多种，采用离心开关启动原理如图12-5所示。单相异步电动机正常工作时只有主绕组工作，因此，启动绕组可以做成短时工作方式，但对于电容式单相异步电动机，其启动绕组并不断开，所以改变电容器的串接位置就可改变电动机的转向。

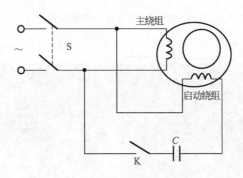

图 12-5　离心开关启动原理

第三节

三相异步电动机

一、三相异步电动机的结构

三相异步电动机的种类很多，但不同类型的三相异步电动机的结构基本相同。三相异步电动机主要由定子和转子两部分组成，它们之间由 0.2～2mm 的气隙分开。此外，还有端盖、风扇、轴承、接线盒、吊环等其他部件。三相异步电动机的结构分解如图 12-6 所示。

① 定子　定子是用来产生磁场的部件，由定子铁芯、定子绕组和机座三部分组成，绕组安放在铁芯上，如图 12-7 所示。当通入三相电源时，便产生旋转磁场。

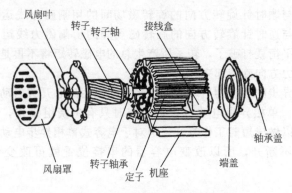

图 12-6　三相异步电动机结构

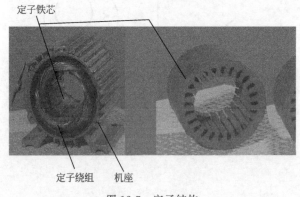

图 12-7　定子结构

② 转子　三相异步电动机的转子有笼型和绕线式两种。

a.笼型转子。笼型转子主要由转子硅钢片、转子绕组、转子铁芯、转轴等组成。笼型转子的槽内放置有绝缘的裸铜条，铜条的两端用短路环焊起来形成一个笼形。小型笼型电动机一般都采用在转子槽中浇铸熔化了的铝铸成笼形，同时在端环上铸有风扇叶片，作为冷却风扇。笼型转子的结构如图 12-8 所示。

b.绕线式转子。绕线式转子的结构与定子相似，也是一个对称的三相绕组，其外形结构如图 12-9 所示。

绕线式转子的三相绕组一般接成星形，三个出线头接到转轴的滑环上，再通过电刷与外电路连接，其接线方式如图 12-10 所示。

③ 绝缘方式　三相异步电动机的绝缘有以下三种：对地绝缘、

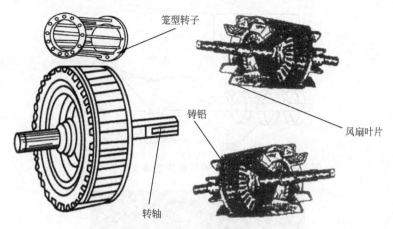

笼型转子

铸铝

风扇叶片

转轴

图 12-8　笼型转子

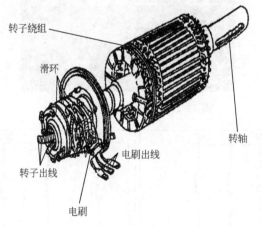

转子绕组

滑环

转轴

电刷出线

转子出线

电刷

图 12-9　绕线式转子

相间绝缘、匝间绝缘。采用的绝缘材料有：绝缘漆、绝缘纸、绝缘导管（黄蜡管）等。

④ 接线方式

a.接线盒接线方法。三相异步电动机接线盒三角形接线（△接法）如图 12-11 所示。

b.定子三相绕组接线方式。三相异步电动机定子三相绕组的接线方式有星形（Y）接法和三角形（△）接法两种，如图 12-12 所示。

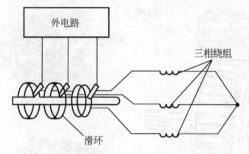

图 12-10   绕线式转子的三相绕组接成星形示意图

图 12-11   接线盒三角形接线方法

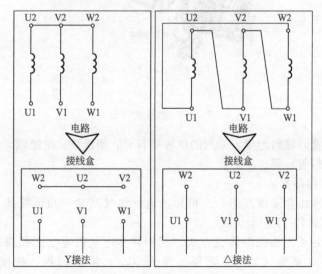

图 12-12   定子三相绕组的星形（Y）接法和三角形（△）接法

零基础电工学习手册

二、异步电动机的转动原理

三相异步电动机的工作原理如下。

① 异步电动机定子三相绕组中通入对称的三相交流电时，在定子和转子的气隙中便产生一个旋转磁场，该磁场切割转子导体，在转子导体内产生感应电动势。

② 根据右手定则可知，如图 12-13 所示的瞬间，转子上半部导体的电动势方向"穿出"纸面，用符号"·"表示；下半部导体的电动势方向"进入"纸面，用符号"×"表示。

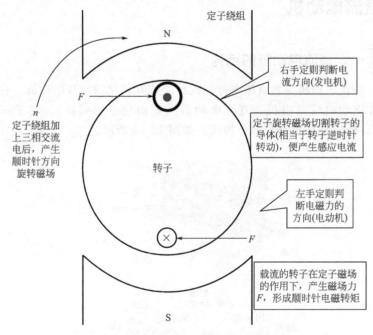

定子绕组

N

右手定则判断电流方向(发电机)

F

n

定子绕组加上三相交流电后，产生顺时针方向旋转磁场

定子旋转磁场切割转子的导体(相当于转子逆时针转动)，便产生感应电流

转子

左手定则判断电磁力的方向(电动机)

×

F

载流的转子在定子磁场的作用下，产生磁场力 F，形成顺时针电磁转矩

S

图 12-13　三相异步电动机的工作原理示意图

③ 由于转子导体通过端环相互连接形成闭合回路，因此，在导体中就出现感应电流。如果忽略导体电抗的影响，可认为电流与感应电动势方向一致。

④ 当导体中通过电流时，由于旋转磁场和转子感应电流的互相作用产生电磁力。根据左手定则可知：转子上半部及下半部导体受力

方向均为顺时针方向，这一对电磁力对转轴形成一个旋转磁场同方向的电磁转矩。转子在电磁力的作用下，使转子沿着磁场旋转的方向而转动。

⑤ 如果这时在电动机轴上加上机械负载，则电动机将输出机械能。所以，电动机由定子绕组输入电能，通过电磁感应将电能传递给转子，转换成机械能输出。

第四节
直流电动机

一、直流电动机的结构

直流电动机是将直流电能和机械能相互转化的旋转电动机，它可用作电动机或发电机。直流电动机主要由定子（磁极）、转子（电枢）、转向器和机座等部分构成，如图 12-14 所示。

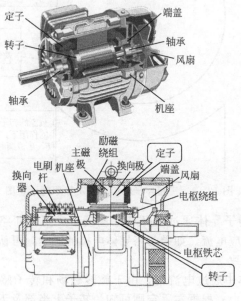

图 12-14　直流电动机结构组成

① 定子部分的作用是产生磁场作为电动机的机械支撑，它主要由主磁极、转向极、机座、端盖、轴承、电刷装置等组成，如图 12-15 所示。

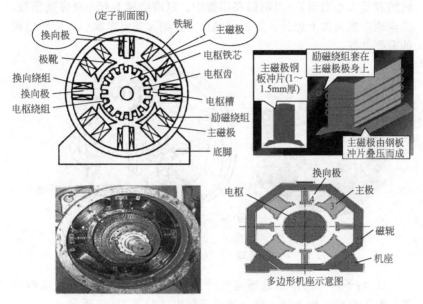

图 12-15　定子结构组成

主磁极由铁芯、极靴和励磁绕组组成，主磁极的铁芯采用薄钢片叠成，并用螺栓固定在机座上。主磁极的作用是产生磁场，当励磁线圈有直流电通过时，铁芯就成为一个固定极性的磁极（主磁极的数目有 2 极、4 极、6 极、8 极等）。极靴用来挡住套在铁芯上的励磁绕组，并起到使空气隙中的磁通密度分布均匀的作用。

换向极（又称间极），其铁芯一般采用整块扁钢，大容量电动机才采用薄钢片叠成。换向磁极的作用是避免电枢绕组中的线圈电流换向时，与该线圈相连的换向片与电刷之间产生火花。换向极的数目一般与主磁极相等，在小功率直流电动机中，换向极数量通常只有主磁极的一半或不设置换向极。

机座是用厚钢板弯成筒形焊成或铸钢件制成，其作用是作为主磁路的一部分和电动机的结构框架。

电刷装置的作用是电枢电路的引出（或引入）装置，与换向片配合，完成直流与交流的互换。电刷装置主要由电刷、刷握、刷杆、刷杆座和连线等组成（如图 12-16 所示）。刷杆固定在端盖上，刷杆的根数与主磁极的数目相等，每根刷杆上装有一个或几个刷握（视电动机的容量大小而定）。电刷插在刷握中。电刷的顶上有一块弹簧压板，使电刷在换向器上保持一定的接触压力。刷架是将电源引入旋转电枢的重要部件。

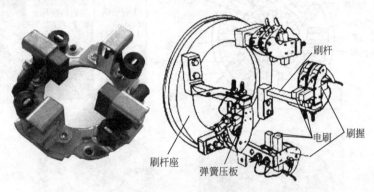

图 12-16　电刷装置

② 转子部分的作用是感应电势实现能量转换，它主要由电枢铁芯、电枢绕组、换向器、轴、风扇等组成，如图 12-17 所示。

电枢铁芯采用厚度为 0.5mm 的硅钢片叠成，制作时先冲压硅钢片叠片，并在硅钢片两面涂有绝缘漆，然后再叠压成铁芯。电枢铁芯的外圆上有均匀分布的槽，用来嵌放电枢绕组的线圈。

电枢绕组（又称电枢线圈），采用漆包线或铜排绕制而成。制作时，先将线圈嵌放在电枢铁芯的槽内，然后按一定规则与换向片连接成电枢绕组，并对槽内导线与槽壁之间做好绝缘处理，槽口用槽楔固定，再用镀锌钢丝将槽外的绕组端捆箍，防止电枢绕组因离心力作用而发生径向位移，最后经浸漆处理。

换向器与电刷装置配合，完成直流与交流的互换。换向器由换向片和电刷组成，电刷固定在定子上，换向片与电枢绕组相连，换向片与电刷保持油动接触。换向器由许多换向片、云母片、V 形钢环、钢套以及螺旋圈等组成。换向片间用云母片隔开，整个换向片组用 V 形钢环和螺旋压圈固定在钢套上。在换向片组和钢套、V 形环之间用特制的 V 形云母环和绝缘套筒进行绝缘，其结构如图 12-18 所示。

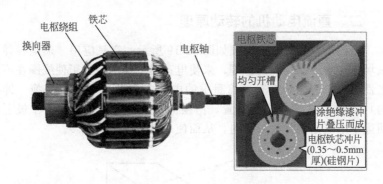

电枢绕组　铁芯
换向器
电枢轴
电枢铁芯
均匀开槽
涂绝缘漆冲片叠压而成
电枢铁芯冲片（0.35～0.5mm厚）(硅钢片)

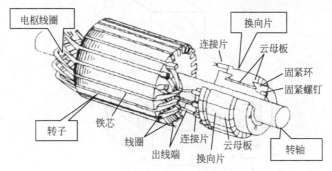

电枢线圈
换向片
连接片
云母板
固紧环
固紧螺钉
转子　铁芯
线圈
连接片
云母板
出线端
换向片
转轴

图 12-17　转子部分组成

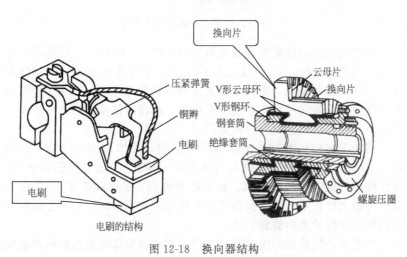

换向片
压紧弹簧
云母片
V形云母环
换向片
铜辫
V形钢环
钢套筒
电刷
绝缘套筒
电刷
螺旋压圈

电刷的结构

图 12-18　换向器结构

二、直流电动机的转动原理

直流电动机的结构原理如图 12-19 所示。它是应用"通电导体在磁场中受力的作用"的原理，来使电动机工作的。为了使线圈在不同极性的磁极下能够将流过线圈中的电流方向及时地加以变换（即换向），增加了一个换向器装置，由换向器配合电刷来保证每个极下线圈边中电流始终是一个方向，从而使电动机连续地旋转。

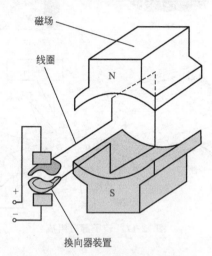

图 12-19　直流电动机的结构原理

直流电动机的转矩形成及电流方向如图 12-20 所示。当给两个电刷加上直流电源时，如图 12-20(a) 所示，电流从 A 流入，经过线圈 abcd，从电刷 B 流出，根据电磁力定律，载流导体 ab 和 cd 受到电磁力的作用，其方向可由左手定则来判定，两段导体受到的力形成了一个转矩，使得转子逆时针方向旋转。

当转子转到如图 12-20(b) 所示位置时，导体 ab 处于 S 极下，电刷 A 与换向片 2 接触，电刷 B 与换向片 1 接触，电流从电刷 A 流入，在线圈中的流动方向是 dcba，从电刷 B 流出。此时载流导体 ab 和 cd 受到电磁力的作用，方向同样可由左手定则来判断，它们产生的转矩使得转子逆时针方向旋转。

直流电动机外加的电源是直流的，但电枢导体中流过的电流是交流的，而经电刷引出的电势为直流电势。

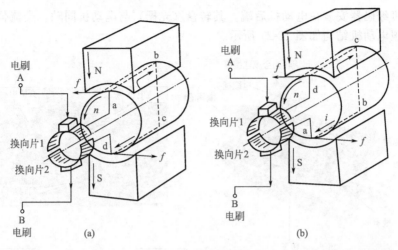

图 12-20　直流电动机的转矩形成及电流方向

检测有刷
直流电机

第五节
微特电动机

一、伺服电动机

伺服电动机又称执行电动机，在自动控制系统中，用作执行元件，把所收到的电压信号（即控制电压）转换成电动机轴上的角位移或角速度输出。伺服电动机最大特点是有控制电压时转子立即旋转，无控制电压时转子立即停转，即在自动控制系统中，它的转矩和转速受信号电压控制；当信号电压的大小和相位发生变化时，电动机的转速和转动方向将非常灵敏和准确地跟着变化；当信号消失时，转子能及时地停转。

目前在生产中，我们通常所使用的是交流伺服电动机，以交流伺服电动机为例，来分析其结构的组成。交流伺服电动机就是一台两相交流异步电动机，它主要由转子和定子等组成，在定子上装有空间互差 90°电角度的两个绕组，即励磁绕组和控制绕组。转子一般有三种结构，即笼型转子、非磁性空心杯转子和铁磁性空心转子。伺服电动机编码器安装在电动机后端，其转盘（光栅）与电动机同轴。交流伺服电动机结构如图 12-21 所示。

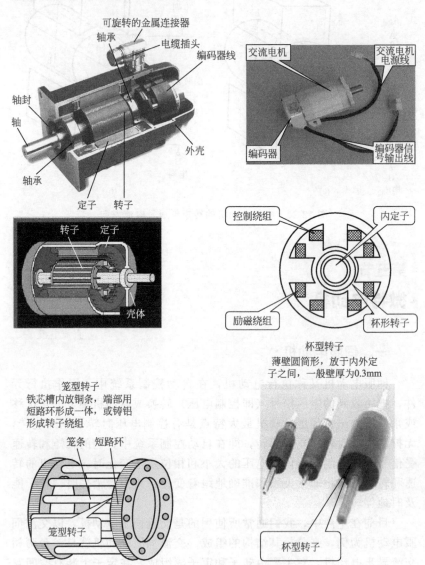

图 12-21　交流伺服电动机结构

伺服电动机的工作原理：伺服主要靠脉冲来定位，基本上可以这样理解，伺服电动机接收到 1 个脉冲，就会旋转 1 个脉冲对应的角度，从而实现位移，因为伺服电动机本身具备发出脉冲的功能，所以伺服电动机每旋转一个角度，都会发出对应数量的脉冲，这样，和伺服电动机接收的脉冲形成了呼应，或者叫闭环，如此一来，系统就会知道发了多少脉冲给伺服电动机，同时又收了多少脉冲回来，这样，就能够很精确地控制电动机的转动，从而实现精确的定位，可以达到 0.001mm。

二、测速发电机

测速发电机是输出电动势与转速成比例的微特电动机。测速发电机主要用于测速（显示）对电动机的伺服控制，即：由于该发电机发出的电压和转速有关，所以检测出它的电压就可达到测速的目的；同时该电压送去解码后，用于对该电动机的恒速控制。

测速电动机的工作原理是：将转速转变为电压信号，它运行可靠，但体积大，精度低，且由于测量值是模拟量，必须经过 A/D 转换后读入计算机。脉冲发生器的工作原理是按发电机转速高低，每转发出相应数目的脉冲信号。按要求选择或设计脉冲发生器，能够实现高性能检测。

测速电动机主要可分为直流测速发电机和交流测速发电机。

① 直流测速发电机具有输出电压斜率大，没有剩余电压及相位误差，温度补偿容易实现等优点。直流测速发电机的结构与直流电动机相似，主要由定子、转子、电刷和换向器组成（如图 12-22 所示），转子（电枢）、定子（磁极）常采用永磁体。

直流测速发电机的电枢绕组在磁场中转动产生感应电势，经换向器变换后，输出与转速成正比的直流电压。直流测速发电机工作原理如图 12-23 所示，直流发电机采用固定的磁极和旋转的电枢，有与电枢同步旋转的换向片（换向器）和与换向片相接触的空间位置固定的电刷 A 和 B，换向器与电刷构成机械换向器，转子绕组任一线圈的两边分别接到互相绝缘的两片换向片上。由图中可见，线圈 abcd 通过换向片和电刷与外电路接通，从而形成一个闭合回路。

② 交流测速发电机的结构与杯形转子交流伺服电动机类似，由内、外定子，非磁性材料制成的杯形转子等部分组成（如图 12-24 所

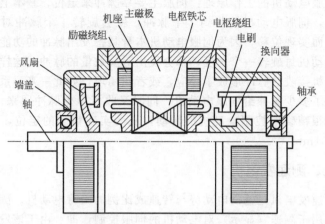

图 12-22　直流测速发电机结构

示）。定子上放置两个在空间相互垂直的单相绕组，一个为励磁绕组，另一个为输出绕组。交流测速发电机的主要优点是不需要电刷和换向器，不产生无线电干扰火花，结构简单，运行可靠，转动惯量小，摩擦阻力小，正、反转电压对称等。交流异步测速发电机的结构与交流伺服电动机的结构相似，也有笼型转子和杯形转子两种，空心杯形转子异步测速发电机性能好，是目前应用最广泛的一种交流测速发电机。

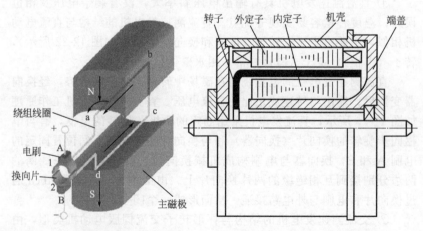

图 12-23　直流测速发电机工作原理　　图 12-24　交流测速发电机结构

三、步进电动机

步进电动机是一种将电脉冲激励信号转换成相应的角位移或线位移的开环控制电动机,这种电动机当步进驱动器接收到一个脉冲信号,它就驱动步进电动机按设定的方向转动一个固定的角度(即步进角),所以又称脉冲电动机。

步进电动机主要由定子和转子两部分构成(如图 12-25 所示),它们均由磁性材料构成,以三相为例,其定子和转子上分别有六个、四个磁极。定子的六个磁极上有控制绕组,两个相对的磁极组成一相。

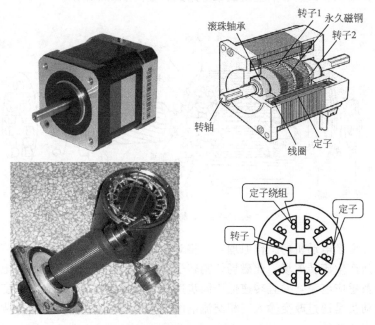

图 12-25　步进电动机的结构

步进电动机是一种感应电动机,它的工作原理是利用电子电路将直流电变成分时供电的多相时序控制电流,用这种电流为步进电动机供电,步进电动机才能正常工作,驱动器就是为步进电动机分时供电的多相时序控制器。

四、变频电动机

所谓变频，简单说就是改变电源频率。变频调速电动机简称变频电动机，是变频器驱动的电动机的统称，就是采用"专用变频感应电动机＋变频器"的交流调速方式，它通过对电流的转换来实现电动机运转频率的自动调节，把 50Hz 的固定电网频率

改为 30～130Hz 的变化频率；同时，还使电源电压范围在一定的频压比下达到 142～270V，解决了由于电网电压的不稳定而影响电器工作的难题。变频电动机主要由前盖、接线盒盖、接线座、定子、转子、轴承、风扇、后盖及风罩等组成，如图 12-26 所示。

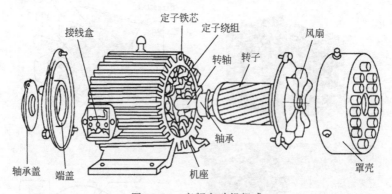

图 12-26　变频电动机组成

变频电动机的工作原理：三相对称绕组通入三相对称交流电将在空间产生旋转磁场，此磁场切割转子导体，将在转子中产生感应电动势及感应电流，并且转速低于同步速并与同步速方向相同旋转。变频电动机是通过改变输入三相交流电的频率改变电动机的转速，变频是用来调速的。

提示：　变频电动机与普通电动机的不同之处就在于增加了强冷风扇，且该风扇的动力来自单独的电源，不能从主电动机出线；强冷风扇的作用就是为了保证电动机在低转速下的冷却。

电动机维护及故障检修技能

一、电动机的日常维护

电动机的日常维护检查的目的是及早发现设备的异常状态，及时进行处理，防止事故扩大。电动机维护和保养可从以下几个方面进行。

① 看。每天巡查时，工作人员不但要看周围有没有漏水、滴水，这会引起电动机绝缘低击穿而烧坏，还要看电动机外围是否有物件影响其通风散热，风扇端盖、扇叶和电动机外部是否过脏等，以确保其冷却散热效果。

② 听。细听电动机的运行声音是否异常，机房噪声较大，可借助于螺丝刀或听棒等辅助工具，贴近电动机两端听，避免电动机轴承缺油干磨而堵转、走外圆、扫膛烧坏。

③ 摸。用手背探摸电动机周围的温度，或用测温枪检查。若电动机两端轴承处温度较高（正常情况下轴承两端的温度都会低于中间绕组段的温度），就要结合所测的轴承声音情况检查轴承；若电动机总体温度偏高，就要结合工作电流检查电动机的负载、装备和通风等情况进行相应处理。

④ 测。在电动机停止运行时，要常用绝缘表测量其各相对地或相间电阻，发现不良时用烘潮灯烘烤以提高绝缘，避免因绝缘太低（推荐值＞1MΩ）击穿绕组烧坏电动机。

⑤ 不但要对检查中发现的问题及时采取补救措施，还要按保养周期对电动机进行螺钉、接线紧固，拆解检查、清洁保养等。如，电动机端盖4个固定螺钉全部松脱，会造成扫膛而烧坏；电动机风扇叶脱落抵住机体造成堵转而烧坏；电动机轴承润滑不良、运行温度高，而未及时补充润滑油或更换轴承而使电动机烧坏；电动机接线螺栓松动虚接造成缺相损坏等。

⑥ 电动机故障大部分都是缺相、超载、人为因素和电动机本身原因造成，线路部分应该做到开机前必查，启动完毕也应该查看三相

电流是否均衡。

⑦ 工作环境的好坏决定电动机的保养周期。潮湿、粉尘多、露天的工作环境就要经常检查保养。工作环境差的建议每月检查一次，看看接线接头是否松动，轴承是否损坏、缺少油脂。对露天及潮湿场所的电动机要特别注意水密，对怀疑严重受潮或溅过水的电动机，使用前更应认真检查。有条件的应缝制帆布罩加以防护，可相对保证电动机绝缘，但高温天气或长时间连续使用时需将帆布罩取下，以防散热受阻导致电动机过热烧毁。

⑧ 电动机的控制系统（控制系统由开关、熔丝、主副接触器、继电器、感应装置等组成）的维护。平时要注意保持控制箱内外清洁干燥，不能有水、油污，定期用风机吹干净箱内各元件及接线柱、排上的灰尘，或用刷子蘸电器清洁剂刷干净，以免影响接触器、继电器的工作或绝缘。设有烘潮电阻的控制箱，一般不要随意关掉加热开关，还应保持箱体接地可靠，预防触电。

⑨ 测量电动机的绝缘电阻，若使用环境比较潮湿必须加密测量；停用 5d 以上的电动机启动前必须检测绝缘电阻，通常测定 380V 电动机是使用 500V 绝缘电阻表，测得绝缘电阻值不应小于 1MΩ。凡是运行中的电动机停车检修或停用时间超过规定的限度，绝缘电阻低于 1MΩ 时，必须进行干燥处理，待正常后方可使用。

二、电动机检修基本原则

与检修其他电工电器一样，电动机的检修应掌握以下基本原则。

1. 先清洁后维修

实践表明，电动机许多故障都是由于工作环境差或进水、进潮气而引起的，所表现出的故障现象也往往比较复杂。因此，在检修时首先应检查电动机周围是否清洁、有无杂物、有无漏水、有无漏气，消除灰尘和油污，并把印制电路板清洁干净，排除了由污染或进水引起的故障后，再动手检测其他部位。

2. 先机外后机内

检修电动机要从机外开始，逐步向内部深入，即遇到待修机时，应首先检查电动机及其控制箱座有无异常现象，外壳接地是否良好，外部有无破损，用拉力器卸下轴端传动轮，测试三相定子绕组之间及对地的绝缘电阻等问题。在确认一切正常后，再仔细观察，从而可以减少不必要的损失，提高检修的效率。

3. 先补焊后检测

电动机由于工作环境的特殊性，经常因振动、受力等原因引起脱焊、虚焊等故障。实践表明，有目的地对故障部位进行补焊和加焊有时会起到事半功倍的效果。

4. 先静态后动态

所谓静态，就是机器处于不通电的状态，也就是在切断电源的情况下先行检查（如检查机内有无断线及焊接不良）。动态就是指待修机器处于通电的工作状态，动态检查必须经过静态时的必要检查及测量后才能进行，切勿盲目通电，以免扩大故障。

5. 先简单后复杂

维修实践表明，单一原因或简单原因引起电动机故障的情况占绝大多数。因此，当接到待修机器后，首先要检测可能引发故障的那些最直接、最简单的故障原因。当经上述步骤仍未找到故障点，表明所发故障是由一些较复杂或其他原因引起的。例如，在检修电动机转速不正常故障时，应首先检查电动机是否受潮或绝缘不好、电动机轴承偏心或转子扫膛等简单原因，而不应首先考虑电动机控制电路集成电路等元器件是否损坏等复杂原因。

三、电动机的检修方法

对于运行中的电动机，可通过观察法、诊听法、触摸法等方法判断故障原因及部位。

1. 观察法

观察法就是观察电动机运行过程中的异常变化，常见的现象及故障原因如下。

① 电动机运行时转速变慢，可能是电动机严重过载或缺相运行。

② 电动机运行时突然停转，可能是熔丝熔断或某部件被卡住。

③ 电动机剧烈振动，可能是传动装置被卡住或地脚螺栓松动。

④ 电动机冒烟，可能是定子绕组短路。

⑤ 电动机不转，且机内连接处有烧痕、变色现象，可能是绕组烧毁或导体连接处接触不良。

2. 诊听法

电动机正常运行时应发出均匀且较轻的电磁声，不正常的噪声有：电磁噪声、机械噪声和轴承噪声三种。

① 电磁噪声　电磁噪声表现为忽高忽低的沉重声，其故障原因及部位如下。

a. 定子与转子气隙不均匀；轴承磨损使定子与转子不同心。

b. 三相绕组存在误接地、短路或接触不良，造成三相电流不平衡。

c. 电动机缺相或过载运行。

d. 电动机铁芯固定螺栓松动或铁芯硅钢片转动。

② 机械噪声　机械噪声具有连续性特点，多发生在电动机的传动部分。

a. 联轴器或传动轮与轴间松动，键或键槽磨损。

b. 传动带撕破或接头不平滑。

c. 风叶变形、松动与风扇罩发生碰撞。

③ 轴承噪声　轴承噪声分为"嗞嗞"声、"唧唧"声、"喀喀"声三种。可在电动机运行时，用螺钉旋具的金属部分顶住轴承安装位置，另一端贴近耳朵进行监听，就可以判断出来。轴承运行噪声的故障原因如下。

a. 轴承内滚珠磨损。

b. 轴承缺油或其内的润滑脂干涸。

3. 触摸法

触摸法就是在电动机运行一段时间后，用手背触及电动机外壳、轴承周围的温度来判断电动机是否有故障的一种方法。一般电动机运行时，极限温度不得超过75℃。若温度异常，则说明电动机有故障，其故障原因有以下几种。

① 风道堵塞或风扇脱落，造成通风不良。

② 定子绕组匝间短路或三相电流不平衡。

③ 电动机过载运行。

④ 电动机频繁启动或制动。

⑤ 若只是轴承部位过热，则可能是轴承损坏或缺油。

4. 替换法

替换法就是当怀疑某一元件损坏时，采用同型号元件替换，看故障能否消除来判断故障点的一种方法。替换法简单易行，能迅速排除故障。但仅适应易损元件或价值不是很高的元件的检修。

5. 电阻法

电阻法就是借助万用表的欧姆挡，断电测量某点对地电阻值的大小来判断故障。如某一点到地的正常电阻是 $10k\Omega$，故障机此点的电阻远大于 $10k\Omega$ 或无穷大，说明此点已断路；如电阻为零说明此点已到地短路。电阻法还用于判断线路之间有无断线以及元件质量的好坏。下面举例说明。

① 用万用表的电阻挡对电动机启动电容进行充电检查，如果没有充电现象（电阻先小后变大），则电容漏电或击穿。

② 测量电动机线圈电阻，与正常值比较，相差较大，则出现故障。

③ 检修一绕组端部断线或并联支路处断路造成电动机不能启动故障，利用万用表电阻挡检测，对"Y"形接法的将一根表棒接在"Y"形的中心点上，另一根依次接在三相绕组的首端，无穷大的一相为断点；"△"形接法的断开连接后，分别测每组绕组，无穷大的则为断路点。

④ 检修绕组短路故障，用万用表电阻挡测任意两相绕组相间的绝缘电阻，若读数极小或为零，说明该二相绕组间有短路。还可用电桥检查，测量两个绕组直流电阻，一般相差不应超过 5％以上，如超过，则电阻小的一相有短路故障。

⑤ 检修电动机机壳带电故障，测量绕组的绝缘电阻，若读数为零，则表示该相绕组接地，但对电动机绝缘受潮或因事故而击穿，需依据经验判定，一般来说，指针在"0"处摇摆不定时，可认为其具有一定的电阻值。

6. 电流法

如电动机出现故障，电流必然发生变化。有经验的维修人员通过不同的电流值，可以大致判断出故障的部位。例如，检修电动机绕组因短路导致线圈发热而烧毁，造成电动机不能启动故障，将电动机空载运行，先测量三相电流，再调换两相测量并对比，若不随电源调换而改变，则说明较大电流的一相绕组有短路。电动机在运行时，用电流表测三相电流，若三相电流不平衡，又无短路现象，则说明电流较小的一相绕组有部分断路故障。

7. 电压法

电压法就是通过检测关键点的电压值，然后根据关键点的电压情况来缩小故障范围，快速找出故障组件。例如，电动机出现烧断熔丝，不能启动故障，按接线图，如果两次测量电压表均无指示，或一次有读数、一次没有读数，则说明绕组有接反处。

四、电动机常见故障检修方法

【例 1】 **故障现象**：电动机接通电源启动，电动机不转但有"嗡嗡"声音

检修要点：引起该故障的主要原因有电源线路（电动机的接线与熔断器）有问题造成单相运转、电动机的运载量超载、定子内部首端位置接错或有断线和短路。实际维修中因电动机负载过大或转子卡住较多，此时可减载或查出并消除机械故障。

> **提示**： 小型电动机装配太紧或轴承内油脂过硬也会引起此故障，此时重新装配使之灵活或更换合格油脂即可。

【例 2】 **故障现象**：电动机外壳带电

检修要点：引起该故障的主要原因有电动机引出线的绝缘或接线盒绝缘线板、绕组端盖接触电动机机壳、电动机接地问题。检修时，首先将绝缘电阻表的一根引线接电动机绕组，另一根引线接电动机外壳；然后按每分钟约 120 转的速度转动摇柄，正常时，表针指示的电阻读数应大于 $2M\Omega$；电动机漏电麻手时，绝缘电阻变得很小；在绕组与定子铁芯有明显的短路时，绕组引线与铁芯间电阻为零，这时用万用表也能查出来；电动机漏电若是受潮引起的，可以烘干驱潮，如果能看到在定子槽口处有霉点，或绕组漆皮破损有与铁芯短路的地方，可将线圈加热软化后，用竹板将绕组破损处轻轻撬起，垫上绝缘纸；如果检查短路现象已经消除，再在破损处涂上绝缘漆。

【例3】　故障现象：电动机发热严重，绕组短路故障

检修要点：绕组短路的主要原因有：电动机严重受潮，线圈间绝缘被破坏，电动机长期过载或使用的环境太差，绕组绝缘老化；装配或嵌线操作不当，绕线绝缘被损伤等。检修方法如下：首先对电动机施加额定电压，电动机空转数分钟后切断电源，迅速打开端盖，取出转子；用手摸线圈表面，若某一部位明显温度较高，就表明那里有短路处；为了准确找到短路点，在绕组两端加上低压交流电，分段测量各个线圈的电压，短路点就在电压读数特别低的那个线圈中；如果有短路的线圈整体还完好，可以在这个线圈上单独加上适当电压，对它通电加热，使线圈软化；小心地拨动线圈，使短路点分离，再涂浸绝缘漆，也可以单独重绕一个线圈换掉短路线圈；如果短路比较严重，或是绕组整体老化，那就要全部重绕了。

【例4】　故障现象：电动机振动

检修要点：电磁、机械、机电混合三个方面都会引起电动机振动。

① 电磁方面引起的有：电源故障（三相电压不平衡，三相电动机缺相运行）、定子故障（定子铁芯变椭圆、偏心、松动，定子绕组发生断线、接地击穿、匝间短路、接线错误，定子三相电流不平衡）、转子故障（转子铁芯变椭圆、偏心、松动，转子笼条与端环开焊、转子笼条断裂、绕线错误、电刷接触不良等）。

② 机械方面引起的有：电动机本身故障（转子不平衡，转轴弯曲，滑环变形，定、转子气隙不均，定、转子磁力中心不一致，轴承

故障，基础安装不良，机械机构强度不够、共振，地脚螺栓松动，电动机风扇损坏）、与联轴器配合故障（联轴器损坏、联轴器连接不良、联轴器找中心不准、负载机械不平衡、系统共振等）。

③ 电动机混合方面引起的有：电动机振动往往是气隙不匀，引起单边电磁拉力，而单边电磁拉力又使气隙进一步增大，这种机电混合作用表现为电动机振动；电动机轴向窜动，由于转子本身重力或安装水平以及磁力中心不对，引起电磁拉力，造成电动机轴向窜动，引起电动机振动加大，严重情况下发生轴磨瓦根，使轴瓦温度迅速升高。

引起该故障的主要原因有：电动机安装的地面不平、电动机内部转子不稳定、传动轮或联轴器不平衡、内部转头弯曲、电动机风扇问题。实际维修中因传动轮或联轴器不平衡所致，将传动轮或联轴器校平衡。

> 提示： 转轴轴承同心度、同轴度差也会引起振动，从设计上改用空气轴承可以改善。

【例5】 **故障现象**：电动机运行时声音不正常

检修要点：引起该故障的主要原因有：①轴承磨损或油内有砂粒等异物，更换轴承或清洗轴承；②定转子铁芯松动，检修定、转子铁芯；③轴承严重缺油，加油；④风道堵塞或风扇擦风罩，清理风道、重新装置；⑤定转子铁芯相擦，清除擦痕；⑥电源电压过高或不平衡，检查并调整电源电压。

> 提示： 当定子与转子相擦时，会产生刺耳的"嚓嚓"碰擦声，这多是轴承有故障引起的。应检查轴承，损坏者更换。如果轴承未损坏，而发现轴承走内圆或外圆，可镶套或更换轴承与端盖。

第十三章

发电机使用与维修

第一节

水力发电机

一、水力发电机的分类和型号

1. 水力发电机的分类

① 按结构可分为伞形发电机、悬吊式发电机。伞形水力发电机按导轴承位于上下机架的不同位置又分为普通伞式、半伞式和全伞式。悬式水轮发电机的稳定性比伞式好，推力轴承小、损耗小、安装维护方便，但钢材耗量多。

② 按冷却方式可分为空气冷却型、水冷型、氢冷型、蒸发冷却型。

③ 按其驱动的水轮机可分为灯泡贯流式机组、轴流式机组、混流式机组、冲击式机组。灯泡式机组的发电机装在水密的灯泡体内。

④ 按其安装形式可分为立式发电机组、卧式发电机组。立式水轮发电机按照轴承支持方式又分为悬式和伞式两种。大中型机组一般采用立式布置，卧式水轮发电机一般用于转速大于 375r/min 的情况，以及一些小容量电站。

⑤ 按工作原理可分为冲击式水轮机和反击式水轮机两大类。

a. 冲击式水轮机水流以自由水流的形式冲击转轮，利用水流动能（速度方向、大小改变）产生旋转力矩使转轮转动，工作过程中水流的压力不变，主要是动能的转换；在同一时刻内，水流只冲击着转轮的一部分，而不是全部。

冲击式水轮机按水流的流向可分为切击式（又称水斗式）和斜击式两类。斜击式水轮机的结构与水斗式水轮机基本相同，只是射流方向有一个倾角，只用于小型机组。

b.反击式水轮机的转轮在水中受到水流的反作用力而旋转，工作过程中水流的压力能和动能均有改变，但主要是压力能的转换。

反击式水轮机可分为混流式、轴流式、斜流式和贯流式几种（如图 13-1 所示）：在混流式水轮机中，水流径向进入导水机构，轴向流出转轮；在轴流式水轮机中，水流径向进入导叶，轴向进入和流出转轮；在斜流式水轮机中，水流径向进入导叶而以倾斜于主轴某一角度的方向流进转轮，或以倾斜于主轴的方向流进导叶和转轮；在贯流式水轮机中，主轴装置成水平或倾斜，不设蜗壳，水流沿轴向流进导叶和转轮，水流由管道进口到尾水管出口都是轴向的。

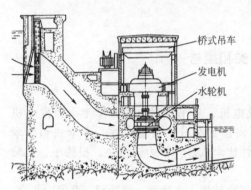

(a) 混流式水轮机

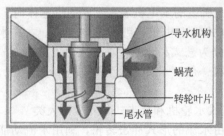

(b) 轴流式水轮机

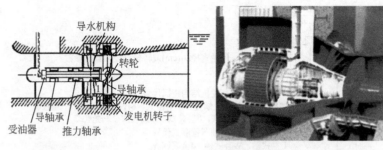
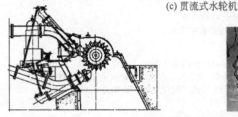

(c) 贯流式水轮机

(d) 冲击式水轮机

图 13-1　几种反击式水轮机

　　轴流式、贯流式和斜流式水轮机按其结构还可分为定桨式和转桨式。定桨式的转轮叶片是固定的；转桨式的转轮叶片可以在运行中绕叶片轴转动，以适应水头和负荷的变化。

2. 水力发电机型号含义

　　水力发电机型号由三部分组成（如图 13-2 所示），各部件之间用"-"分开。

　　型号的第一部分由水轮机形式和转轮的代号组成，用汉语拼音字母表示（在型号代号后增加汉语拼音字母 B，转轮代号采用水轮机比转速或转轮代号表示，当用比转速代号表示时，其代号统一由归口单位编制，用阿拉伯数字表示，当用转轮代号表示时，可由制造厂自行编号）。型号的第二部分由水轮机的主轴布置形式和结构特征的代号组成。型号的第三部分由水轮机转轮直径 D_1（以 cm 为单位）或转轮直径和其他参数组成，用阿拉伯数字表示。

　　例如，水轮机型号 HL129-WJ-42 中，HL 表示混流、129 表示比转速、W 表示卧式、J 表示金属蜗壳、42 表示直径（cm）；型号 ZZ560-LH-300 表示转轮代号为 560、立轴、金属蜗壳混流式水轮机，

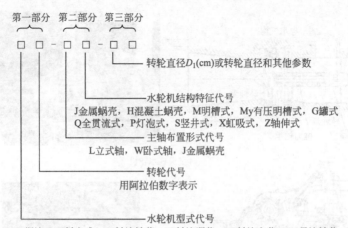

第一部分　第二部分　第三部分

└────── 转轮直径D_1(cm)或转轮直径和其他参数

└────── 水轮机结构特征代号
J金属蜗壳，H混凝土蜗壳，M明槽式，My有压明槽式，G罐式
Q全贯流式，P灯泡式，S竖井式，X虹吸式，Z轴伸式

└────── 主轴布置形式代号
L立式轴，W卧式轴，J金属蜗壳

└────── 转轮代号
用阿拉伯数字表示

└────── 水轮机型式代号
HL混流，XJ斜击式，ZZ轴流转桨，ZT轴流调桨，ZD轴流定桨，GZ贯流转桨，
GT贯流调桨，GD贯流定桨，CJ水斗式，SJ双击式，XL斜流式

图 13-2　水力发电机型号含义

转轮直径为 300cm；XLB245-LJ-250 表示转轮代号为 245、方轴、金属蜗壳斜流式泵水轮，转轮直径为 250cm；SJ115-W-40/20 表示转轮代号为 115、卧轴、双击式水轮机，转轮直径为 40cm，转化宽度为 20cm；CJ22-W-120/2×10 表示转轮代号为 22、卧轴、两喷嘴冲击（水斗）式水轮机，转轮直径为 120cm，设计射流直径为 10cm。

二、水力发电机的结构

水力发电机又称水轮发电机，它利用水流的落差，产生动力，带动发电机发电，是水电站生产电能的主要动力设备。水轮发电机由转子、定子（电枢）、机架、推力轴承、导轴承等部件组成，如图 13-3 所示。

（1）转子　它是水力发电机的旋转部件（如图 13-4 所示），位于定子里面，与定子保持一定的空气间隙，转子通过主轴与下面的水轮机连接，它的作用是产生磁场。转子主要由主轴、转子支架、磁轭和磁极等部分组成。

① 主轴的作用是中间连接、传递转矩、承受机组转动部分的总量及轴向推力。小容量水轮发电机一般采用整锻实心轴，也有的采用无缝钢管作为轴；大、中型容量的发电机采用整锻空心轴。

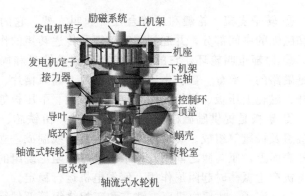

轴流式水轮机

灯泡贯流式水轮机

图 13-3　水轮发电机结构

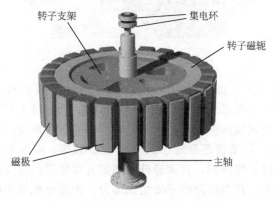

图 13-4　转子结构

② 转子支架。轮毂和轮臂合在一起叫支架，它的作用是连接主轴和磁轭的中间部分，并起到固定磁轭和传递转矩的作用。

③ 磁轭也叫轮环，它的作用是产生转动惯量和固定磁极，同时也是磁路的一部分。磁轭由扇形磁轭冲片、通风槽片、定位销、拉紧螺杆、磁轭上压板、磁轭键、锁定板、卡键、下压板等组成。

④ 磁极是提供励磁磁场的磁感应部件，由铁芯、磁极线圈、阻尼绕组及极靴等组成。磁极线圈由铜线或铝线制成，立绕在磁极铁芯的外表面上，匝与匝之间用石棉纸板绝缘；阻尼绕组的作用是当水轮发电机产生振荡时起阻尼作用，使发电机运行稳定。

（2）定子　主要由机座、铁芯和三相绕组等部件组成，如图 13-5 所示。定子铁芯用冷轧硅钢片叠成，固定在机座上；三相绕组线圈嵌装在铁芯的齿槽内。

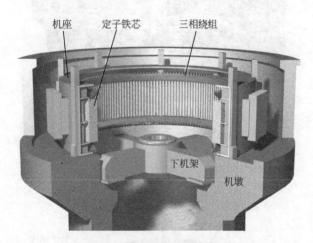

图 13-5　水轮发电机定子结构

① 机座　定子机座一般呈圆形，小容量水轮发电机多数采用铸铁整圆机座，也有采用钢板焊接的箱形结构；容量较大的水轮发电机的机座由钢板制成的壁、环、立筋及合缝板等零件焊接组装而成。

② 铁芯　定子铁芯是定子的一个重要部件，由扇形冲片、通风槽片、定位筋、齿压板、拉紧螺杆及固定片等零部件装压而成。定子铁芯的作用是：作为磁路的主要组成部分，为发电机提供磁阻很小的磁路，以通过发电机所需要的磁通，并用以固定绕组。

③ 绕组　三相绕组由绝缘导线绕制而成，均匀地分布于铁芯内圆齿槽中。三相绕组接成 Y 形，它的作用是当转子磁极旋转时，定子绕组切割磁力线而感应出电势。

（3）机架　机架是立轴水轮发电机安置推力轴承、导轴承、制动器及水轮机受油器的支撑部件，是水轮发电机较为重要的结构件。机架由中心体和支臂组成，一般采用钢板焊接结构，中心体为圆盘形式，支臂大多为工字梁形式。机架按其所处的位置分为上、下机架，按承载性质分为负荷机架和非负荷机架。

（4）推力轴承　推力轴承是应用液体润滑承载原理的机械结构部件，主要由轴承座及支承、轴瓦、镜板、推力头、油槽及冷却装置等部件组成，如图 13-6 所示。其主要作用是承受立轴水轮发电机组转动部分全部重量及水推力等负荷，并将这些负荷传给负荷机架。

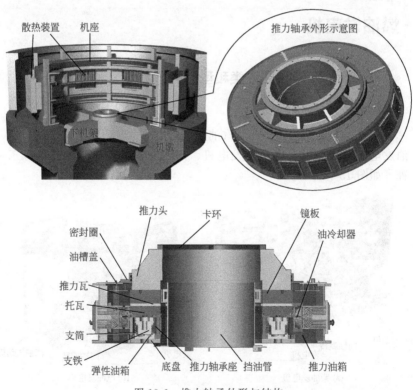

图 13-6　推力轴承外形与结构

三、水力发电机发电原理

水力发电机是水电站生产电能的主要动力设备，它是以水轮机为原动机将水能转化为电能的发电机，水流经过水轮机时，将水能转换成机械能，水轮机的转轴又带动发电机的转子，将机械能转换成电能而输出。

基本原理：在水轮机中，水流通过蜗壳的导流作用径向流入导水机构，将液体动能转化为静压能，再通过叶片将静压能转换为转子的动能，转轮通过主轴与发电机转子联轴，带动转子旋转并切割发电机定子磁力线圈，利用电磁感应原理在发电机线圈中产生高压电，再经过变压器升压通过输电线路将电力输出到电网中，水流最后轴向流出转轮。

第二节

燃油发电机

一、燃油发电机的分类和型号

1. 燃油发电机的分类

燃油发电机是依靠柴油或汽油燃烧产生动力带动发电机组的。燃油发电机的种类主要有柴油发电机、汽油发电机和重油发电机等三种，如图 13-7 所示。

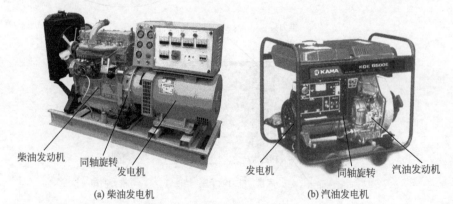

柴油发动机　同轴旋转　发电机　　　　发电机　同轴旋转　汽油发动机

(a) 柴油发电机　　　　　　　　　(b) 汽油发电机

图 13-7　柴油发电机与汽油发电机外形

① 柴油发电机组的分类方法有：按输出功率可分为 750W～50MW 多种规格，小型柴油发电机的功率一般在 750W～750kW 之间；按机组的结构可分为保护型（装有超转速、高水温、低油压保护装置）、固定型和移动型等，其中移动型又分为普通型和时速可以与装载汽车时速相匹配的机型。

② 汽油发电机又分为变频式汽油发电机、（小型）家用汽油发电机、单相发电机、三相发电机、单相三相通用型发电机、（家用）便携式汽油发电机等类型。

2. 燃油发电机型号含义

① 小型汽油发电机组的型号命名。根据 GB725—82《内燃机产品名称和型号编制规定》，我国汽油发动机型号由 9 部分组成，分别表示汽油发动机的系列、类型；基本结构；特征、用途和区分号，如图 13-8 所示。

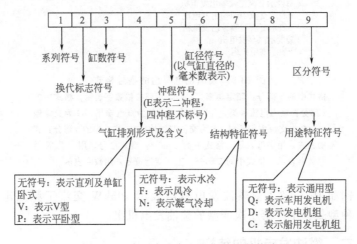

图 13-8　小型汽油发电机组的型号格式

格式中的 1、2 部分：产品系列或换代标志，用字母表示。格式中的 3～6 部分：缸数、气缸排列形式、行程和缸径，用字母（数字）表示。格式中的 7、8 部分：结构特征和用途特征，用字母表示。格式中的 9 部分：区分符号，制造厂改进型产品的区分符号。

例如 IE76F 型汽油发动机表示：单缸、二冲程、缸径为 76mm、风冷式发电机组。185F 汽油发动机表示：单缸、四冲程、缸径

85mm、风冷式发电机组。

　　② 柴油发电机组的型号命名。柴油发电机组的型号编制如图 13-9 所示，主要由五部分组成。

说明：
Z表示直流输出发电机
G表示交流工频输出发电机
P表示交流中频输出发电机
S表示交流双频输出发电机
Q表示汽车发电机
F表示发电机组

图 13-9　柴油发电机组的型号格式

格式中的 1 部分：额定功率（kW），用阿拉伯数字表示。格式中的 2 部分：输出电流种类，用字母表示（Z 为直流输出、G 为交流输出、P 为交流中频输出、S 为交流双频输出）。格式中的 3 部分：移动方式，用字母表示。格式中的 4 部分：型式序号，用"-"符号加数字表示。格式中的 5 部分：工厂变型符号，用数字表示。

　　例如 105GF2-1 型柴油发电机组表示 105kW 交流工频发电机，第 2 种型式，工厂第 1 次变型的柴油发电机组。

二、燃油发电机的结构

　　燃油发电机整套机组结构一般由燃油机、发电机、控制箱、燃油箱、启动和控制用蓄电瓶、保护装置、应急柜等部件组成。

1. 柴油发电机组基本结构

　　柴油发电机组是用柴油发动机和发电机组成的，是一种小型独立的发电设备，它以内燃机作动力，驱动同步交流发电机而发电，属于自备电站交流供电设备，可以固定使用，也可以装在拖车上移动使用。

① 柴油发动机的基本结构：柴油发动机由气缸、活塞、气缸盖、进气门、排气门、活塞销、连杆、曲轴、轴承和飞轮等构成。

② 柴油发电机组的基本结构：柴油发电机组由柴油发动机、发电机、控制箱、燃油箱、启动和控制用蓄电瓶、保护装置、配电表板、消声器及公共底座等组成（如图 13-10 所示）。柴油发动机的飞轮壳与发电机前端盖的轴向采用凸肩定位直接构成一体，并采用圆柱形的弹性联轴器，由飞轮直接驱动发电机旋转。柴油发电机组使用的柴油发动机的额定功率与同步交流发电机输出的额定功率必须相匹配。

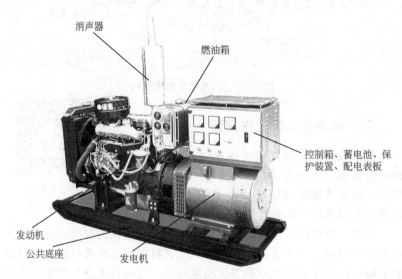

图 13-10　柴油发电机组组成

2. 汽油发电机组基本结构

主要由发动机、发电机、油箱、机架、控制面板等组成，如图 13-11 所示。汽油发电机通常由定子、转子、端盖及轴承等部件构成。发动机是将化学能转化为机械能的机器，它的转化过程实际上就是工作循环的过程，简单来说就是通过燃烧气缸内的燃料产生动能，驱动发动机气缸内的活塞往复运动，由此带动连在活塞上的连杆和与连杆相连的曲柄，围绕曲轴中心作往复的圆周运动而输出动力。

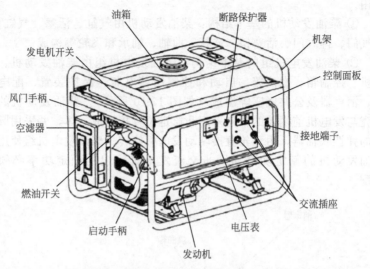

油箱　断路保护器　机架

发电机开关

风门手柄

空滤器

控制面板

接地端子

燃油开关

交流插座

启动手柄　电压表

发动机

图 13-11　汽油发电机组结构

三、燃油发电机工作原理

发电前检查
汽油发电机

　　燃油发电机是将内能转换成电能的设备，它由柴油发动机、汽油发动机驱动，使线圈在定子之间转动，通过线圈的磁场变化而产生感应电流，将燃油推动发动机产生的机械能转换为电能。

　　其实，发电机的形式有很多，但不论何种形式的发电机都是基于电磁感应原理。采用适当的导磁和导电材料构成互相进行感应的磁路和电路，以产生电磁功率来实现能量转换，发电机可分为交流发电机和直流发电机两大类，它们的输出功率都用瓦（W）表示。

1. 交流发电机的工作原理

　　交流发电机的工作原理图如图 13-12 所示。线圈的两端分别连在两个环形的集电环上，各集电环与电刷接触；线圈的圈面垂直于磁场方向时，通过线圈内的磁力线最多，当线圈的圈平面平行于磁场方向时，通过线圈内的磁力线数最少；线圈在磁场中转动时，每转动半圈（180°）线圈内的电流即改变一次方向；集电环随同线圈转动时，电刷的正、负极随时间而改变，这样使输出的电流方向不断交替变换，称为交流电。

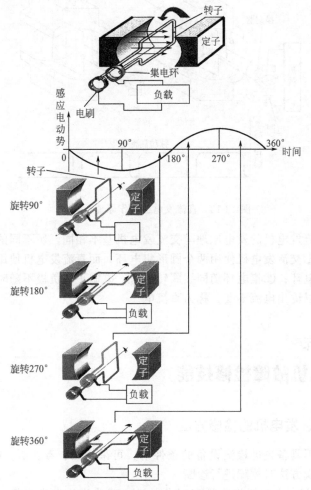

图 13-12　交流发电机工作原理示意图

2.直流发电机的工作原理

　　用原动机驱动直流发电机的电枢恒速转动，转子线圈边分别切割不同极性磁极下的磁力线，感应产生交变电动势。电枢线圈中感应产生的交变电动势靠换向器配合电刷的换向作用，使之从电刷端引出时变为直流电动势，如图 13-13 所示。

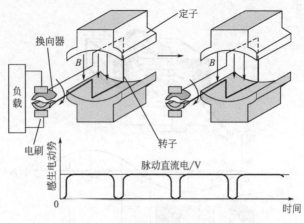

图 13-13　直流发电机工作原理示意图

　　直流发电机的发电原理与交流发电机基本相同，所不同的有以下两点：①交流发电机使用两个圆形集电环，而直流发电机使用两个半圆形集电环；②集电环随同线圈转动时，电刷正、负极不随时间而改变，所以输出电流不变，称为直流电。

第三节
发电机故障检修技能

一、发电机的检修方法

　　在不具备先进检测设备的条件下，可采用问、看、听、嗅、摸、试等直观方法对故障进行诊断。

　　① 问。即向操作人员询问发电机出现故障的先兆迹象，确定发电机故障属突发性故障，还是逐渐发展变化性故障。

　　② 看。开启发电机，观察发电机的排烟颜色、机组的振动等。

　　③ 听。听机器运转的响声，根据异常的响声，判断故障部位和元件。

　　④ 嗅。根据机组发出不正常的气味，如焦煳味、机油燃烧味等，来判断故障的部位。

⑤ 摸。在机组运行状态下，用手试探机组的温度、油管的脉动、机组的振动等情况，分析故障的部位和产生原因。

⑥ 试。试机验证。如用单缸断火等方法诊断发动异常响声等。

上述 6 种检测方法，不需要同时运用，应根据故障特点，通过认真分析，采用某一方法来判断故障原因，采取相应的检修措施。

二、发电机常见故障检修方法

【例 1】 故障现象：水轮发电机进水

水轮发电机干燥处理技巧如下。

① 首先清除机壳上的泥沙及杂质，将机内的水倒出，进行初步干燥处理。

② 通过初步干燥处理后，水轮发电机具备了空转条件时，装上转子将机组在额定转速内空转 24h，一般情况下，转子里的水可完全甩出并通过风干驱潮，转子的绝缘可恢复正常，应进一步对定子绕组驱潮。

③ 用短路电流对发电机进行干燥。将发电机三相出口端子 U、V、W 短路，让机组在额定转速内运转，然后给发电机转子绕组通直流电，调节励磁电流使定子电流缓慢上升，控制定子温升为 6℃/h 左右，直至转子绕组的电流达到额定值为止。为了保证安全，可在发电机尾端电流互感器二次回路中串接电流表进行监测，并串接过流继电器进行保护，如图 13-14 所示，使发电机运行 48h，再用绝缘电阻表测定绕组的绝缘达到 5MΩ 以上即可。

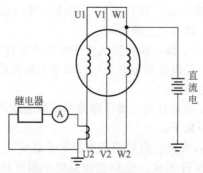

图 13-14　短路法烘干发电机示意图

④ 用直流电加热法对发电机定子绕组进行干燥处理。将发电机停机，断开转子绕组的励磁电流，如图 13-15 所示，将直流电正极接 U1，V1 接 W1，W2 接直流负极，将定子三相绕组串联并通以直流电，待 2~3d 后，定子绕组即可干燥。

图 13-15　直流电加热法烘干发电机示意图

提示：　水轮发电机进水后，若绕组进水导致其绝缘性能下降，只要更换干燥处理，故障即可排除。

【例 2】　故障现象：发电机温度过高

发电机温度过高通常有以下 4 种表现，可按以下方法进行排除。

（1）转子温度异常升高　定子绕组温度和进风温度正常，而转子温度异常升高的原因如下。

① 转子温度表失灵。应检查转子温度表线路是否有故障，温度表是否损坏，进行修复或更换即可。

② 三相负荷不平衡。检查发电机三相负荷是否平衡，若不平衡，应立即降低负荷，并设法调整系统，以减少三相负荷的不平衡，使转子温度降到正常范围内。

（2）定子温度异常升高　转子温度和进风温度均正常，而定子温度异常升高的原因如下。

① 定子温度表失灵。应检测或更换定子温度表。

② 定子测温元件不良。应检查测量定子温度用的电阻式测温元件的电阻，若阻值过大或无穷大，则更换该测温元件即可。

（3）出风温度异常升高　进风温度正常而出风温度异常升高，说明通风系统有故障。应停机检查发电机组通风道内的导流挡板位置是否正确，若挡板位置不正常造成风路受阻，将挡板调整到正确位置即可。

（4）进风温度、定子温度和转子温度都异常升高　此种现象说明冷却水系统发生了故障，应检查冷却器是否断水，水压是否太低，应立即进行检修，使冷却器供水正常后，故障即可排除。

【例3】　故障现象：柴油发电机组不能启动

引起该故障的原因主要有蓄电池电压异常、蓄电池接线柱与连接电缆接触不良、启动电动机接线不正常、启动电动机损坏、发动机燃油系统有故障。柴油发电机组不能启动，可从以下四个方面着手检修。

① 检查蓄电池电压是否正常。对于采用电启动的柴油发电机组，蓄电池电压有 DC24V 和 48V 两种。大部分发电机所使用的都是非完全密封的铝酸蓄电池，重点检查蓄电池本身是否正常。

因发电机平时处于自动状态时，其电子控制模块 ECM 对整个机组状态的监视与 EMCP 控制面板之间的联络都是要靠蓄电池供电维持。如果蓄电池容量下降，发电机就无法启动。此时应根据蓄电池的状况，采取检修方法：一是给蓄电池补充蒸馏水或电解液；二是及时充电；三是（在情况紧急时）更换新蓄电池。

② 检查蓄电池接线柱与连接电缆是否接触良好。蓄电池接线柱螺钉松动，或因电解液溢出导致接线柱与电缆线腐蚀而接触不良，都会导致发电机不能正常启动。检修时，可用砂纸将接线柱与电缆接头打磨干净，并紧固螺钉，使二者充分接触即可。

③ 检查启动电动机接线是否正常。启动电动机的正负极电缆接线不牢，在发电机运行时产生振动而造成接线松动接触不良，发电机便不能启动，此时，应将正负极线连接牢靠。

④ 检查启动电动机是否损坏。一般情况下，启动电动机故障较小，当怀疑电动机损坏时，可在启动发电机的瞬间用手触摸发电机的外壳，如启动电动机无动静且外壳冰冷，说明电动机未动作；若外壳严重发烫，有焦煳味，则说明电动机绕组已烧毁，只有更换新启动电动机。

⑤ 检查发动机燃油系统是否有故障。发动机燃油系统故障，通常是油路堵塞或在更换燃油滤清器滤芯时处理不当引起空气进入，造成气堵。此时应疏通油路，进行排气处理，可使用手压泵进行排气，待油压力达到正常即可。

【例 4】 故障现象：柴油发电机组冷却水温偏高，其他正常

柴油发电机组中的发动机冷却水温度偏高的故障原因主要有：冷却水箱散热器表面不清洁；冷却水箱内冷却液不足；冷却风扇运转不正常；冷却水泵有故障；节温器（控制冷却液流动路径的阀门）不能张开；冷却水管管道堵塞。

检修方法：

① 检查冷却水箱散热器表面有无灰尘、杂物，若有应进行清除并用清水将散热表面冲洗干净即可。

② 检查冷却水箱与机身各冷却水管有无泄漏情况，若有泄漏，应进行修复，并补充冷却液至正常液位。

③ 检查发电机冷却风扇传动带是否松弛老化、断裂，冷却风扇的传动轮轴承是否损坏。应先对传动带的张力进行调整；若传动带老化、断裂，则应进行更换。但在更换传动带时，应整组传动带同时更换，以免因新旧传动带的弹性不一致而造成风扇叶片失去平衡。

④ 检查冷却水泵是否完好。冷却水泵由于使用时间较长，内部齿轮磨损而导致冷却水循环不良，检修时，应更换新水泵。

⑤ 检查节温器是否能张开。节温器的作用是当冷却水温变化时，通过改变冷却水的循环路径，控制进入散热水箱冷却水的流量，达到增加冷却强度的目的。节温器损坏后，只有更换新品。

⑥ 检查冷却水管道内有无水垢、铁锈和杂质堵塞。检修时，可采用以每 7L 冷却水系统的容积加 0.5L 的清洁剂的比例，与清水混合，开机运行 1.5h 左右，再用清水循环洗净，即可排除冷却系统的堵塞。

提示： 冷却水管道堵塞主要是使用冷却水的水质太差引起的。建议最好使用蒸馏水、去离子水或合格的自来水。

【例 5】 故障现象：汽油发电机组不能发电

汽油发电机组不能发电的故障原因及检修方法如下：

① 故障原因。接线错误，如励磁绕组两线头接反；旋转硅整流元件击穿短路，正反向均导通；发电机励磁绕组断线；发电机或励磁机各绕组短路，电枢绕组短路。

② 检修方法。按线路图检查、纠正接线；用万用表检测整流元件的正反向电阻，更换损坏的元件；用万用表测量发电机励磁绕组的电阻值，若为无穷大，则说明绕组断线，应进行检修排除断线故障；检查励磁机电枢绕组有无明显过热现象，若有则说明绕组存在短路，应更换。

【例 6】 故障现象：汽油发电机组空载电压异常

汽油发电机组空载电压异常，表现为电压太高或电压太低，可按以下方法进行检修。

① 空载电压过高。故障原因：自动电压调节器失控；整定电压太高。排除方法：检修或更换自动电压调节器；重新整定电压。

② 空载电压太低。故障原因：励磁机励磁绕组断线；发电机励磁绕组短路；自动电压调节器有故障。排除方法：用万用表检查励磁机励磁绕组电阻值，则应查出断线的绕组并予更换；用万用表检测发电机励磁绕组交流电阻与正常值对照，若少许多，则判断绕组短路，更换短路的绕组即可；启动发电机，在额定转速下，用万用表检测自动电压调节器输出支流电流值是否与发电机的出厂空载特性相符。若相差较大，应检修自动电压调节器。

【例 7】 故障现象：汽油发电机组无电压输出

汽油发电机组无电压输出的表现为：发电机能启动，也能正常运转，但接上供电电源线时，却无电压输出。其故障原因如下：熔丝熔断；插头、插座接触不良；变阻器断路；电刷接触不良；硅整流二极管损坏；滤波电路断路或短路。

排除方法如下。

① 更换熔丝，并查出其熔断的原因。一般有以下三种情况：一是使用的熔丝规格符合要求，应更换规格符合要求的熔丝；二是电源线或负载短路，此时可拆去电源线，若发电机转速及电压均恢复正常，则判断为电源或负载存在短路，应检查并排除短路故障；三

是负载过大，负载过大也会使熔丝熔断，但因短路烧断保险与因过载烧断熔丝的特征不同，前者熔丝烧断的速度快，就在一瞬间，且有爆炸声；后者是由于电流的热效应积累才烧断的，烧断需要一个过程。

② 检查插头插座内铜片与导线接头是否松脱、氧化，应进行修复或更换。

③ 变阻器串联在励磁电路中，若损坏，应进行更换。在紧急情况下，可将变阻器进行短路勉强使用。

④ 检查电刷是否被卡在刷架内；电刷弹簧弹力是否正常，若不正常，应更换电刷或电刷弹簧。

⑤ 检查硅整流二极管是否损坏。对于采用桥式整流器整流的发电机，如果4只整流二极管其中一只损坏均会导致发电机无电压输出，应检查整流器，更换损坏的硅整流二极管。

⑥ 配电箱中两只扼流圈之间短路或两只电容器击穿短路后，会烧毁熔丝，造成无电压输出；扼流圈断路也会造成无电压输出。各扼流圈本身短路，不至于烧毁熔丝；一只电容器击穿短路，会使发电机机体带电。检修时应注意区分检查，更换损坏的元件。

【例8】 故障现象：汽油发电机组运行时振动大

汽油发电机组运行时振动大，可能是发动机有故障，也可能是发电机与发动机连接不好或发电机本身有故障，可能的故障原因有：发电机与发动机不同心；发电机转子动平衡不好；发电机励磁绕组短路；发电机轴承损坏；发动机有故障。

排除方法：检查发电机与发动机的对接是否良好，如对接不好，应进行校正，确保发电机与发动机轴线对直并同心；转子动平衡不好，一般发生在转子重绕后，可拆转子找正动平衡即可；用万用表检测发电机励磁绕组每极直流电阻，找出短路点，修复或更换绕组；检查轴承盖有无过热现象，若有，则拆除损坏轴承，更换新轴承；检修发动机，排除故障后再使用。

【例9】 故障现象：汽油发电机组运行中产生过热现象

引起该故障的原因如下：发电机过载；负载功率因数太低；转速太低；发电机绕组短路；通风不良；轴承缺油或损坏。

排除方法：调整负载，使负载电流、电压不超过额定值；调整负载，使励磁电流不超过额定值；将发动机转速提升至额定值；查找出绕组的短路点，修理或更换绕组；拆开发电机，清理风道，除去异物，使发电机通风道通风良好；清洗轴承，更换润滑脂或更换新轴承。

PLC

　　PLC（可编程控制器，如图 14-1 所示）是一种采用一类可编程的存储器，用于其内部存储程序，执行逻辑运算、顺序控制、定时、计数与算术操作等面向用户的指令，并通过数字或模拟式输入/输出控制各种类型的开关量、电动机控制、机械、通信、运行、数据处理或生产流程的一种设备。例如，用 PLC 控制交通信号灯，工厂自动化、电梯（电动机）运行控制等方面。

功能扩展

图 14-1　PLC 控制器

PLC 最常见的应用就是代替继电器-接触器控制电动机启动和运行，用 PLC 更为安全、耐用，可靠性更高。例如，用 PLC 控制电动机 Y-△启动控制，如图 14-2 所示。

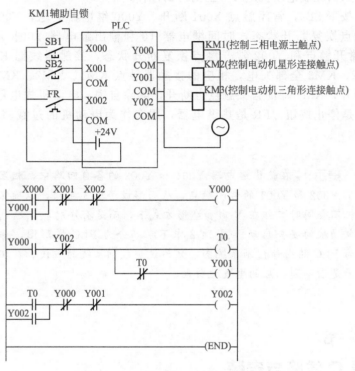

图 14-2　PLC 控制电动机 Y-△启动控制

　　图 14-2 中，按下启动按钮 SB1，输入继电器 X000 得电，常开触点 X000 闭合，输出继电器 Y000 线圈得电，Y000 常开触点闭合，输出继电器 Y000 闭合，接触器 KM1 得电，KM1 触点闭合并自锁，常开触点 Y000 闭合，通过常闭触点 Y002、定时继电器 T0 常闭触点送电到 Y001，输出继电器 Y001 得电，从而使接触器 KM1、KM2 得电，KM3 断开，三相主电源和电动机星形连接触点接通，电动机星形启动。

　　定时继电器 T0 得电后，T0 开始计时；计时时间到，常闭触点 T0 断开（与此同时，T0 常开触点闭合），输出继电器 Y001 线圈失电，相应的常闭触点 Y001 恢复闭合状态，又因为常开触点 T0 闭合，常闭触点 Y000、Y001 是闭合的，所以输出继电器 Y002 得电并自锁，此时 KM1 和 KM3 得电，KM2 断开，电动机接成三角形方式运行，从而完成电动机从 Y—△的启动过程。

按下 SB2，常闭触点 X001 断开，Y000 继电器失电，Y000 常开触点恢复断开状态，时间继电器 T0 和输出继电器 Y001 失电，T0 常开触点和 Y002 常开触点恢复断开状态，接触器线圈 KM1、KM2、KM3 全部失电，相应的接触器触点 KM1、KM2、KM3 全部断开，KM1 辅助自锁触点也断开，解除自锁，电动机失电停机。SB2 是停止按钮，FR 是热继电器，用来作为电动机的过载、过热保护。

提示： 在输出继电器 Y001 和 Y002 的各自回路中，相互串联了 Y002 和 Y001 的常闭触点，从而形成了电气互锁，以确保电动机不会同时工作在 Y 形和△形方式下，而是有序转换，顺利完成电动机的安全启动。图 14-2 中下半部分为 PLC 梯形图，梯形图为 PLC 的内部控制系统图，只为说明控制系统的方便，在实物外面是看不到相应的电气元件的。

第一节

PLC 线路与安装

PLC 线路与安装应根据 PLC 控制对象与 PLC 模块规格、型号的不同进行区别，PLC 的连接可能有所区别，一般情况下，PLC 的连接应遵循以下原则。

① 接触 PLC 前，应通过接触接地金属部件放掉人身体上的静电。

② PLC 的全部连接必须正确无误，尤其对于电源电压、控制电压的种类、电压和极性等，必须仔细检查，确保正确。隔离变压器与 PLC 和 I/O 之间应采用双绞线连接，PLC 的 I/O 线和大功率线应分开走线。

③ PLC 的连接必须保证牢固、可靠、符合规范。PLC 的动力线、控制线以及 PLC 的电源线和 I/O 线应分别配线并牢固固定。在同一柜内，PLC 线应远离动力线（二者之间距离应大于 200mm，最好加屏蔽隔断，如图 14-3 所示）。柜内的电感性负载（如大功率继电器、接触器）应并联 RC 消弧电路，以免对 PLC 造成干扰。

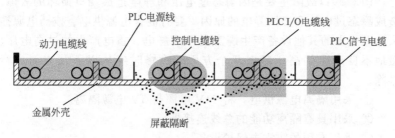

图 14-3　同一柜内 PLC 线分开走线

④ 连接导线的绝缘等级、线径必须与负载的电压、电流相匹配；导线的颜色必须符合规定标准。PLC 应远离强干扰源，如电焊机、大功率硅整流装置和大型动力设备，不能与高压电器安装在同一个开关柜内。

PLC 的输出负载可能会产生干扰，因此要采取措施加以控制，如直流输出的续流管保护、交流输出的阻容吸收电路、晶体管及双向晶闸管输出的旁路电阻保护。

⑤ PLC 模块、连接电缆的插、拔应在 PLC 断电的情况下，按照规定的方法与步骤进行。特别是模拟量信号的传送应采用屏蔽线，屏蔽层应一端或两端接地，接地电阻应小于屏蔽层电阻的 1/10。

⑥ PLC 的连接作业必须在断电的情况下，由具备相应专业资格的人员负责实施，非专业人员不得从事该工作。

> 提示：安装 PLC 时应正确选择接地点，完善接地系统。接地的目的通常一是为了安全，二是为了抑制干扰。良好的接地是保证 PLC 可靠工作的重要条件。

PLC 检修技能

【例 1】 PLC 端口损坏

PLC 端口故障主要是因瞬态过电压和静电造成端口损坏的故障。造成瞬态过电压和高压静电的原因主要有混合电源供电、拔插电源插头、总线上的其他设备产生瞬态高压或静电、雷电产生的过高电压、接地不良产生的高压静电几个方面。检修时应从以下几方面进行排除。

① 采用隔离电源供电，将 24V 电源与 5V 电源隔离。

② 采用具有隔离功能的总线连接器。

③ 采用专用的防雷击保护设备。

④ 通信屏蔽线应可靠接地。

提示： 大多数 PLC 的故障都是外围接口故障，所以在维修时，只要 PLC 有些部分控制的动作是正常的，则不应该怀疑 PLC 的程序有问题。

【例 2】 PLC 一开机则烧电源保险

出现此类故障，应重点检查以下几个方面：一是 PLC 的接线错误，导致电气回路短路烧断电源保险，排除方法是检查接线；二是 PLC 的供电电源的瞬间高压（电源不干净，有寄生谐波和瞬间高压）烧断保险，排除方法是加装隔离变压器供电；三是 PLC 的 I/O 电源线与背板相连造成短路，排除方法是检查背板上的连线；四是外部高压接入了 PLC 的 I/O 模块，导致烧坏 PLC 供电电源，排除方法是检查 PLC 接线柜内的接线。

提示： 控制离心机电动机的 PLC，因离心机惯性较大，停止后就成了发电机向外供电，也有可能烧坏 PLC 电源，可加装自动断路器。

变 频 器

变频器 VFD（Variable-Frequency Drive），是由中文译为英文而来，变频器也曾被称作 VVVF（Variable Voltage Variable Frequency Inverter），如图 15-1 所示。

图 15-1　变频器

变频器是应用变频技术与微电子技术，通过改变电动机工作电源频率方式来控制交流电动机的电力控制设备。变频器的分类方法有多种，按照主电路工作方式分类，可以分为电压型变频器和电流型变频器；按照开关方式分类，可以分为 PAM（脉冲幅度调整）控制变频器、PWM（脉冲宽度调整）控制变频器和 SPWM（改变了调制脉冲方式，脉冲宽度时间占空比按正弦规律排列的一种 PWM 调整方式）控制变频器、SVPWM（空间矢量脉宽调制）控制变频器。

按照工作原理分类，可以分为 V/F 控制变频器（变频器输出电压跟输出频率成正比）、转差频率控制变频器（通过控制电源频率与电动机转速的差频率来控制电动机转矩和电流）和矢量控制变频器（磁场定向控制）等；按照用途分类，可以分为通用变频器、高性能专用变频器、高频变频器、单相变频器和三相变频器等。

第一节

变频器原理

变频器主要由整流（交流变直流）、滤波、制动电路、指示灯电路、逆变（直流变交流）、能耗电路、微处理电路等组成。例如，三相变频器的输入端（R、S、T）连接频率固定的三相交流电源，输出端（U、V、W）输出的是频率在一定范围内连续可调的三相交流电。以下以三相变频器为例介绍其工作原理。

如图 15-2 所示为变频器工作原理图，VD1～VD6 组成整流电路，它的功能是将工频电源进行整流变成脉动直流电，经中间直流环节平波后为逆变电路和控制电路提供所需的直流电源。三相交流电源一般需经过吸收电容和压敏电阻网络引入整流桥的输入端。网络的作用是吸收交流电网的高频谐波信号和浪涌过电压，从而避免由此而损坏变频器。当电源电压为三相 380V 时，整流器件的最大反向电压一般为1200～1600V，最大整流电流为变频器额定电流的两倍。

R、S、T 三相交流电经 VD1～VD6 整流后送到滤波电容 C_1 和 C_2，C_1 和 C_2 串联可降低单个电容的耐压值，保护电容不被击穿，R_1 和 R_2 为均压电阻，使 C_1 和 C_2 的耐压相同。VD1～VD6 组成桥式整流电路，R_1、R_2、C_1、C_2 组成滤波整流电路。

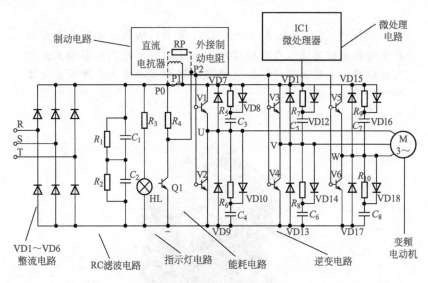

图 15-2　变频器工作原理图

R_3 和 HL 指示组成电源指示电路。R_3 为限流电阻，HL 为指示灯。接通电源，HL 指示灯就会亮。

图中，R_4 和 Q1 为能耗电路，就是用来消耗电动机停机时产生的反电动势，以免损坏功率管和整流管。Q1 受控微处理器，当电动机停机时，Q1 导通，电动机产生的反向电压加在 R_4 上，从而消耗掉反电动势产生的能量。

图中，P2 和 P0 可外接制动电阻 RP，接入 RP 后，RP 并入能耗电路，用来加大反电动势的能量消除，一般用在大功率电动机变频电路。调节 RP 的大小可改变能耗电阻值，还可加大电动机的制动力。P1 和 P0 点可接入直流电抗器，电抗器的作用是改变相位，改善电动机的功率因数。

图中，V1～V6 六个 IGBT 管组成逆变器，它是变频器的核心，其基极由微处理器 IC1 的控制。VD7、VD9、VD11、VD13、VD15、VD17 六个二极管分别与 IGBT 管并联，组成续流二极管，将反向电压送回到主线。其他二极管、电阻和电容（VD8、VD10、VD12、VD14、VD16、VD18、R_5～R_{10}、C_3～C_8）组成整流吸收回路，用来吸收 IGBT 频繁通断产生的峰值电压和电流，以保护 IGBT 管不被损坏。

图 15-3　直流电抗器

第二节

变频器线路

一、变频器的接线方法

变频器接线（如图15-4所示）应根据变频器上的字符标记进行连接，不得弄错，否则容易烧坏变频器。图中左侧前三根线变频器上的标记分别为 U1/L1、V1/L2、W1/L3，这三个接头分别接三相电源进线，变频器的中间接头 BR1 和 C 为外接制动电阻接头，分别接外置制动电阻，D 与 C 接外置电抗器。图中 U2/T1、V2/T2、W2/T3 分别接变频器输出到电动机的供电线。PE2/↓ 为变频器的保护线或接地线，可直接接机壳地。

图 15-4 变频器接线实物图

二、变频器的选线布线方法

① 变频器的模拟信号线应选用屏蔽双绞线，动力电缆选用带屏蔽的三芯电缆（或从变频器到电动机全部用穿线管屏蔽），控制电缆应选用屏蔽电缆，防止互相干扰，而且控制线的长度不得超过 50m。

② 与变频器有关的模拟信号线（截面在 0.75mm^2 以上）与主回路线应分开走线，即使在控制柜中也要分开走线（距离必须在 30cm 以上）。电动机电缆线应独立走线，与其他线的最小距离不得少于 50cm。电动机电缆与其他电缆应平行走线，若必须交叉走线，应尽可能使电动机电缆与其他电缆按 90°角交叉，不得倾斜交叉。

③ 变频器与电动机的距离应该尽可能短，这样减少了电缆的对地电容，减少干扰的发射源。若变频器到电动机的距离必须较远时，应该在变频器的输出端安装滤波器进行滤波，以减少变频器的高次谐波。

④ 变频器应正确接地，以提高系统的稳定性，减少变频器的噪声。变频器接地端子的接地电阻越小越好，接地导线的截面不小于 4mm^2，长度不超过 5m。变频器的接地应和动力设备的接地点分开，不能共地。

⑤ 变频器接线时一定要注意，电缆剥线要尽可能地短（5～7mm左右），同时对剥线以后的屏蔽层要用绝缘胶布包起来，以防止屏蔽线与其他设备接触引入干扰。

提示： 变频器放置信号线的金属管或金属软管一直要延伸到变频器的控制端子处，以保证信号线与动力线的彻底分开。

第三节

变频器检修技能

变频器故障主要集中在强电相关的器件、大功率器件、电源部分以及相应的驱动部分，变频器大多带有故障报警功能，会针对变频器的电压、电流、温度和通信等故障给出相应的报错信息，而且大部分采用微处理器或 DSP 处理器的变频器会有参数保存 3 次以上的报警记录功能，因此根据变频器的故障报警来检查变频器的故障是常用且有效的方法。

以下介绍变频器的故障报警检修技能（以富士变频器为例），其他变频器可参照此例检修。

1. OC 报警

面板显示屏显示 OC 报警表示过电流报警，对于短时间大电流的 OC 报警，一般情况下是驱动板的电流检测回路出了问题，模块也可能已受到冲击（损坏），有可能复位后继续出现故障，产生的原因基本是以下几种情况：电动机电缆过长、电缆选型临界造成的输出漏电流过大或输出电缆接头松动和电缆受损造成的负载电流升高时产生的电弧效应。

小容量（7.5GHz 以下）变频器的 24V 风扇电源短路时也会造成 OC3 报警，此时主板上的 24V 风扇电源会损坏，主板其他功能正常。若出现 "OC2" 报警且不能复位或一上电就显示 "OC3" 报警，则可能是主板出了问题；若一按 RUN 键就显示 "OC3" 报警，则是驱动板坏了。

2. OLU 报警

面板显示屏显示 OLU 报警时表明变频器过负载。可通过三种方法解决：首先修改一下 "转矩提升" "加减速时间" 和 "节能运行" 的参数设置；其次用卡表测量变频器的输出是否真正过大；最后用示波器观察主板左上角检测点的输出来判断主板是否已经损坏。

3. OU1 报警

面板显示屏显示 OU1 报警时表明加速时过电压。当通用变频器出现"OU"报警时，首先应考虑电缆是否太长、绝缘是否老化，直流中间环节的电解电容是否损坏，同时针对大惯量负载可以考虑做一下电动机的在线自整定。另外，在启动时用万用表测量一下中间直流环节电压，若测量仪表显示电压与操作面板 LCD 显示电压不同，则主板的检测电路有故障，需更换主板。当直流母线电压高于 780V DC 时，变频器会出现 OU 报警；当低于 350V DC 时，变频器会出现 LU 报警。

4. LU 报警

面板显示屏显示 LU 报警时表明欠电压。如果设备经常出现"LU"报警，则可考虑将变频器的参数初始化（H03 设成 1 后确认），然后提高变频器的载波频率。若 LU 欠电压报警且不能复位，则是（电源）驱动板出了问题。

5. EF 报警

面板显示屏显示 EF 报警时表明变频器存在对地短路故障。出现此报警时可能是主板或霍尔元件出现了故障。

6. Er1 报警

面板显示屏出现 Er1 报警时表明变频器存储器异常。若出现"Er1"，先复位看能否排除故障。若不能复位，则去掉 FWD—CD 短路片，上电，一直按住 RESET 键，直到 LED 电源指示灯熄灭再松手，然后再重新上电，看看故障是否解除。若通过这种方法也不能解除，则说明存储器已损坏，只能换主板了。

7. Er7 报警

面板显示屏显示 Er7 报警表明变频器自身不良。出现此类故障一般是充电电阻损坏（适用小容量变频器）或内部接触器不良（适用大容量变频器）。若内部接触器不吸合，可首先检查驱动板上保险管是否损坏，也可能是驱动板出了故障，重点检查两芯信号是否正常。

8. Er2 报警

面板显示屏显示 Er2 故障表明面板通信异常。可能是 24V 风扇电源短路或显示面板元件损坏，也可能是驱动板上的电容失效了。

9. OH1 过热报警

面板显示 OH1 报警表明变频器的散热片过热。首先应检查环境温度是否过高，冷却风扇是否工作正常，其次是检查散热片是否堵塞（食品加工和纺织场合容易出现此类报警）。

10. OH3 过热报警

面板显示 OH3 报警表明主板部件过热。重点检查主板上的电位器和散热风扇是否损坏。

提示： 检修变频器应有专人监护，确保人身和设备安全。在检修过程中注意变频器停电后主线上还会有高压存在，应等待5min 以上才能开始检修，或者人为对电容放电，放完电后才能开始作业。在对控制板检测时先放掉人体的静电，最好不要直接接触控制板上的集成芯片引脚，以防静电损坏集成芯片。

第十六章

电工维修案例

第一节

物业电工维修案例

【例 1】 故障现象：合上电源开关，白炽灯不亮，且漏电保护器不跳开

白炽灯不亮且漏电保护器不跳开，应该首先想到是断路故障，故障原因及检修方法如下所述。

① 灯泡灯线断开。换好灯泡，如果灯亮了，则故障点是灯泡坏了。

② 灯座或开关接触不良。用测电笔检查总开关进线桩头，如无电，则说明电源进线已断开。

③ 熔丝断开。取下熔丝盒的盖子，看熔丝是否断开，如果熔丝已断，则故障点是熔丝断开。

④ 线路某处断开。用验电笔测相线进线到灯泡的灯座各点，如某点无电，则故障点就在某段线路断开。如果都有电，再取开关的进线点为参考点。用电压表或校验灯，一般用校验灯的多，测中线进线到灯座各参考点之间电压或看灯泡，如果某处电压不正常或灯不亮，则故障点就在这一段线路断开或接线头松脱。

【例 2】 故障现象：荧光灯的两管头发光

造成荧光灯的两管头发光的原因主要有以下几种情况。

① 启动器两接触点合并在一起。

② 电容器击穿短路。

③ 冬天由于气温低也可能出现此现象。

该故障可采用转换法来诊断。具体方法是：调一个新的启动器，如果正常了，说明故障是启动器损坏；如果启动器没有问题，则可能是灯管灯丝老化，换一个新的管子，如正常了，说明是灯管老化。

【例3】故障现象：漏电保护器自行跳断

漏电保护器自行跳断应该想到有可能是短路故障，也有可能是漏电故障，所以应该按照短路、漏电两条线来检测。

1. 漏电故障检测

因线路漏电故障造成漏电保护器跳断的诊断方法如下。

① 首先断开电源，合上漏电保护器、两个空开。

② 将万用表调整至 $R \times 1$ 欧姆挡，一支表笔搭在地线输入端，另一支笔搭接火线输入端。

③ 若电阻不为无穷大，则电路可能漏电。

④ 首先断开漏电保护器，如果此时电阻依旧不为无穷大，那么故障应在线路进入漏保前，应在此范围内检查排除。

⑤ 如果为无穷大，则断开照明电路空气开关。

⑥ 若电阻不为无穷大，则漏电可能出现在插座回路中，可通过断开插座回路空开来检验。

⑦ 如果此时电阻为无穷大，那么故障应在照明回路部分，应在此范围内检查排除。

2. 短路故障检测

因线路短路故障造成漏电保护器跳断的诊断方法如下。

① 首先断开电源，合上漏保、两个空开。

② 将万用表调整至 $R \times 1$ 欧姆挡。

③ 将一支表笔搭在零线输入端，另一支笔搭接火线输入端，其余操作与测漏电故障类似。

【例4】故障现象：某声光控制节能灯点亮时间短

检修要点：正常情况下灯泡点亮延时时间为 1min，在经较长时间使用后，延时时间可能会因电路元件的参数发生变化而缩短。起决定作用的主要元件是电容C_1，因此只需用高质量的电解电容更换即可。

【例5】 **故障现象**：某品牌门铃当来客按楼下主机呼叫502室按钮时，502室内主人能听到振铃声，摘下话机，听不到来客讲话声，也不能对讲

检修要点：根据故障现象主人能听到振铃声，说明主机正常，故障应为室内机，重点检查室内机R端至扬声器这一路的元件。经查，叉簧开关1-2脚通，4-5脚通，而1-3脚与4-6脚却不通，这说明该开关已坏。从旧电话机上拆来一只换上，故障排除。相关电路资料如图16-1所示。

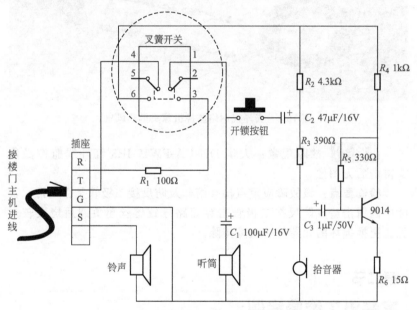

图16-1　某品牌门铃室内机叉簧开关相关电路

注意事项：该机叉簧开关正常情况下，挂机时1-2脚通，4-5脚通；摘机后1-3脚、4-6通。

【例6】 **故障现象**：安泽视网络监控摄像头无图像

检修要点：该故障应重点检查散热风扇是否卡死，从而引起过流保护。可通过拔掉散热风扇接口加以确认，如是散热风扇故障所致，更换同规格散热风扇即可排除故障。

注意事项：该监控摄像头散热风扇规格为 12V/0.08A，如图 16-2 所示。

散热风扇

图 16-2　安泽视网络监控摄像头散热风扇

【例 7】　故障现象：大华 DH-CA-FW17-IR3 红外线监控摄像头雷击后无图像

检修要点：该故障应重点检查熔丝及防反接二极管是否正常。实际中因雷击造成防反接二极管击穿短路导致熔丝超负载后烧毁较多见。更换损坏的元器件后故障排除。

第二节

家装电工维修案例

【例 1】　线路短路故障检修安全

室内线路发生短路时，由于短路电流很大，若熔丝不能及时熔断就可能烧坏电线或其他用电设备，甚至引起火灾。造成短路的原因大致有以下几种。

① 接线错误而引起相线与中性线直接相碰。

② 因接线不良而导致接头之间直接短路或接头处接线松动而引

起碰线。

③ 导线绝缘受外力损伤，在破损处发生电源线碰接或者同时接地。

④ 在该用插头处不用插头，直接将线头插入插座孔内造成混线短路。

⑤ 电器用具内部绝缘损坏，导致导线碰触金属外壳而引起电源线短路。

⑥ 房屋失修漏水，造成灯头或开关过潮甚至进水而导致内部相间短路。

线路发生短路故障后，应迅速拉开总开关，逐段检查，找出故障点并及时处理。同时检查熔断器熔丝是否合适，熔丝不可选得太粗，更不能用铜丝、铝丝、铁丝等代替。

如果在线路较长的低压线路上发生了短路故障，线路上的灯泡和其他负载又较多，故障点又不明显时，查找故障点是非常困难的。这时，可按如图 16-3 所示方法用钳形电流表测量电流来查找短路处，具体操作如下所述。

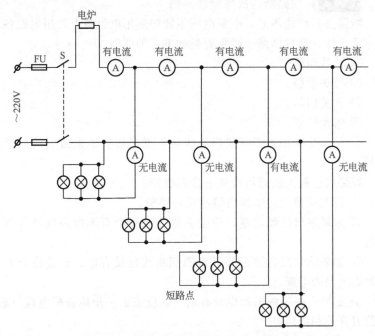

图 16-3　用钳形电流表查找短路处

① 用一只 2000W 的电炉子代替熔丝或接在熔丝刚接出的线路中，接上熔丝，接通电源。

② 由于线路中有短接点，电源电压几乎全部降到 2000W 电炉丝两端，从短路点到负载这段线路上便有电流流过，线路其他部分却无电流通过。

③ 可用钳形电流表小挡位去测量线路中的各处电流，测量时可分段测量。

④ 如果测出无电流，说明故障点在测量电炉丝线路上。

⑤ 如果测得有电流，则说明故障点还在中间位置的后面线路上。

⑥ 继续向后查找，逐步缩小测量范围，当测得电流在有与无的分界点时，便可顺利地找出故障点了。

该检查方法优点是在不分段断开电线、不破坏线路的整体时，快捷准确地确定故障点。对于线路较长的架空线路查找尤为优越。但在使用此法时要把正常的负载开关断开，再查找故障处。

【例 2】 线路断路故障检修案例

断路是指线路不通，电源电压不能加到用电设备上，用电设备不能正常工作。造成断路故障主要是如下几种原因。

① 导线断落。

② 线头松脱。

③ 开关损坏。

④ 熔丝熔断。

⑤ 导线受损伤而折断或铝导线接头受严重腐蚀而造成的断开现象等。

线路发生断路故障可按如下步骤检修。

① 首先应检查熔断器内熔丝是否熔断。

② 如果熔丝已经熔断，应接着检查电路中有无短路或过负荷等情况。

③ 如果熔丝没有熔断并且电源侧相线也没有电，则应检查上一级的熔丝是否熔断。

④ 如果上一级的熔丝也没有断，就应该进一步检查配电盘（板）上的刀开关和线路。

⑤ 检修时可采用验电笔或万用表来判断故障部位。验电笔检测

火线时氖泡应发光,测零线时不发光。接通电源后,检测火线各连接点应正常发光,如果哪一点不发光应检查与前一点之间连线及一些连接。

⑥ 检测零线时,闭合某一照明灯具开关,从灯具的零线往电源方向逐段检测,直至找到氖泡不发光点,即为零线断线故障点。

⑦ 万用表检测时将量程放至交流电压挡250V,接通电源后并闭合开关,测量漏电断路器输出端、插座、灯座接线桩电压,都应指示为220V。

⑧ 采用验电工具逐段检查,缩小故障点范围。找到故障点后应进行可靠的处理。

【例3】 线路漏电故障检修案例

漏电也是一种常见的故障。人接触到有漏电的地方,就会感到发麻,危害人身安全。当线路有漏电现象存在时,漏电保护开关会出现跳闸的现象。

引起漏电的原因主要是由于导线或用电设备的绝缘因外力而损伤或经长期使用绝缘发生老化现象,又受到潮气侵袭或者被污染而造成绝缘不良所引起的。室内照明和动力线路漏电时可按如下方法检修。

1. 漏电的判断方法

首先应判断漏电是否真的存在,判断方法如下。

① 用绝缘电阻表摇测,看绝缘电阻的大小或在被检查线路的总刀开关上接一只电流表,取下所有灯泡,接通全部电灯开关,仔细观察电流表。

② 若电流表指针摆动,则说明有漏电。指针偏转越大,说明漏电越大。

2. 漏电性质的判断方法

仍以接入电流表检查漏电为例,判断方法如下。

① 首先切断零线观察电流的变化。

② 若电流表指示不变,则说明是相线和大地之间有漏电。

③ 若电流表指示为零,则是相线与零线之间有漏电。

④ 若电流表指示变小但不为零,则表明相线与零线、相线与大地间均有漏电。

⑤ 确定漏电范围。方法是取下分路熔断器或拉开分路刀开关,

若电流表指示不变，则表明是总线漏电；电流表指示为零，则表明是分路漏电；电流表指示变小但不为零，则表明是总线和分路均有漏电。

3. 漏电点的查找方法

按照上述方法确定漏电范围后，即可查找漏电点，具体按如下所述操作。

① 首先依次断开该线路的灯具开关，当拉断某一开关时，若电流表指示回零，则是这一分支线漏电。

② 若电流表的指示变小，则说明除这一分支线漏电外还有其他漏电处。

③ 若所有灯具开关都断开后，电流表指示不变则说明是该段干线漏电。

④ 依照上述查找方法依次把故障范围缩小到一个较短的线段内，便可进一步检查该段线路的接头，以及电线穿墙转弯、交叉、综合、容易腐蚀和易受潮的地方等处有无漏电情况。

⑤ 当找到漏电点后，应及时妥善处理。

第三节
工厂电工维修案例

【例1】 故障现象：60 槽 4 极（$y=12$，$a=4$）三相交流电动机不能启动

检修要点：该故障应重点检查电枢绕组是否正常。实际检修中，因电枢绕组绝缘老化以至于开裂、分层、脱落较多见，需要重新绕制电枢绕组方可排除故障。该机电枢绕组如图 16-4 所示。

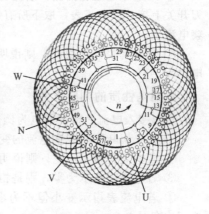

图 16-4　60 槽 4 极（$y=12$，$a=4$）三相交流电动机电枢绕组

【例2】 故障现象：JCB-22 三相油泵电动机发热很厉害，运

行半小时后就跳闸了，以后就不转动了

　　检修要点：该故障应重点检查电动机是否超负荷保护跳闸、电动机绕组是否烧毁。实际检修中因电动机绕组烧毁较多见。该机的电动机为 24 槽 2 极单层叠式绕组，相关电动机绕组如图 16-5 所示。

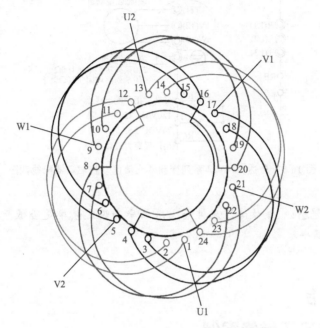

图 16-5　JCB-22 三相油泵电动机绕组图示

> **提示**：　该机绕组可采用交叠法和整嵌法两种嵌线方式，以交叠嵌线比较普遍。整嵌法时无需吊边，但绕组端部形成三平面重叠。

　　【例 3】　**故障现象**：台达 VFD-M 系列交流变频器电动机操作面板有显示，但不能启动运转

　　检修要点：该故障应重点检查 U、V、W 端子是否有输出电压。若无输出电压，则说明交流电动机驱动器故障；若有输出电压，则说明电动机连线有可能不良。实际检修中因电动机驱动器故障较多见。换新电动机驱动器即可排除故障。台达 VFD-M 系列变频器交流电动

机驱动器配线截图如图 16-6 所示。

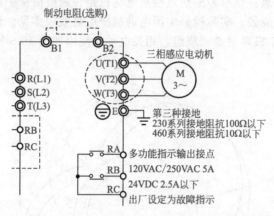

图 16-6 台达 VFD-M 系列变频器交流电动机驱动器配线截图

> **提示：** 该故障还应排查上限频率和设定频率是否低于最低输出频率。

第四节

电力电工维修案例

【例 1】 故障现象：电力变压器防爆装置不正常

检修要点： 该故障应重点检查呼吸器能否正常呼吸。经查为内部压力升高引起呼吸器不能正常呼吸，疏通呼吸孔道后，故障排除。

> **提示：** 当变压器内部故障（根据继电保护动作情况加以判断）也会出现类似故障现象，需要停止运行进行检测和检修。

【例 2】 故障现象：电力变压器渗漏油

检修要点： 该故障主要原因有：密封垫圈未垫妥或老化、焊接不良、瓷套管破损、油缓冲器磨损、因内部故障引起喷油。实际检修中因瓷套管破损较多见，换套管、处理好密封件、紧固法兰部分，即可排除故障。

> 提示： 变压器运行中渗漏油现象比较普遍，油位在规定的范围内仍可继续运行或安排计划检修。但是变压器油渗漏严重或连续从破损处不断外溢，以致油位计已见不到油位，此时应立即将变压器停止运行，补漏和加油。

【例 3】 一台配电变压器在运行中出现喷油爆炸现象

检修要点：喷油爆炸是变压器内部存在短路故障所致，短路电流和高压电弧使变压器油迅速老化，而继电保护装置又未能及时切断电源，使故障长时间存在，使箱体内部压力持续增长，高压的变压器油气体从防爆管或箱体其他强度薄弱处喷出。产生喷油爆炸的故障原因有以下几个方面。

1. 绝缘损坏

变压器进水使绝缘层受潮损坏；雷电等过电压使绝缘层损坏；绕组局部短路、匝间短路产生过热而使绝缘层损坏等。

2. 断线产生电弧

由于绕组导线焊接不牢、引线松动等因素在大电流冲击下造成断线，断点处产生高温电弧使之气化促使箱内压力增高，当增高到一定程度时便发生喷油爆炸。

3. 调压分接开关损坏

配电变压器高压绕组的调压段绕组是经分接开关连接在一起的，分接开关触点串接在高压绕组的回路中，与绕组一起通过负荷电流和短路电流。分接开关接触不良，就会产生轻微的放电火花，使高压段绕组短路。

当配电变压器发生喷油爆炸故障时，应立即断电，并按以下方法进行检修。

1. 进行绝缘电阻试验

检测变压器各绕组、铁芯、外壳相互之间的绝缘电阻是否正常。对于变压器绝缘层严重老化或损坏，应重绕线圈进行修理。

2. 检查绕组是否断线

首先确定断线部位，通过检测判断是匝间、层间或相间断线。可采用吊芯处理，若因引线断线，只要重新接好即可；若因绕组短路，则应重绕绕组。

3. 检查调压分接开关是否正常

首先检查分接开关是否到位，若已到位，而产生火花且有"嗞嗞"声，则可能是开关触点烧坏造成接触不良。可在停电后将分接开关转动几周，使其接触良好。

【例 4】 一台配电变压器，经常出现运行时气体保护动作

检修要点：气体保护是变压器的主保护，它有两种动作方式。

① 轻瓦斯保护动作后发出信号，其原因是：变压器内部有轻微故障，变压器内部存在空气；二次回路存在故障等。

② 重瓦斯保护跳闸，其原因有：由于变压器内部发生严重故障，温度升高引起油分解产生大量气体，或二次回路出现故障等。

当变压器出现气体保护动作时，应立即进行检修。

1. 轻瓦斯保护发出信号的检修方法

首先对变压器整体进行观察检查，若发现故障应予排除。若无异常现象，应进行气体取样分析，查找故障点。

2. 重瓦斯保护动作跳闸的检修方法

先检查变压器外部。检查变压器外部是否变形、储油器防爆门是否正常、各焊点缝是否裂开，然后检查气体的可燃烧性。

经过以上检查后，如果是差动保护动作，则应对保护范围内的设备进行全面检查。如果外部和内部都无故障，而是人员误动作引起的保护跳闸，则可投入使用。

第五节

农电工维修案例

【例 1】 一台单叶轮水冷潜水泵，通电后电动机有"嗡嗡"声，但叶轮不转

检修要点：单叶轮潜水泵如图 16-7 所示。潜水泵卡泵可能是水泵叶轮被异物卡住。

出水口

进水滤网

电动机

图 16-7　单叶轮潜水泵结构

拧下叶轮中心螺母（注意有的潜水泵这个螺母是反向螺纹），取出叶轮，清除砂石等异物，同时检查滤网罩是否损坏，若损坏应予以更换。

【例 2】　当合上潜水泵电源闸刀开关时，变压器配电房中的漏电保护器便跳闸

检修要点：潜水泵使用二级电动机，由于转速很高（3000r/min），长期使用，造成机械密封端面严重磨损，形成间隙，水从间隙中侵入水泵，使电动机绕组浸湿而造成漏电。因此，潜水泵漏电实际就是漏水造成的。当怀疑潜水泵漏电时，可用万用表 $R \times 10k$ 挡对电动机外壳进行检测，如有一定的漏电阻，则说明潜水泵存在漏电故障。

潜水泵出现漏电故障时，应立即停止使用并及时进行检修。将电动机拆下放入烘箱烘干，或用灯泡烘烤再用绝缘电阻表检测，使外壳绝缘电阻在 5MΩ 以上即可。然后检查机械密封件及 "O" 形密封圈的损坏情况，查看已损坏的机械密封的规格（有 ϕ12mm、ϕ14mm、ϕ20mm 等多种），用同型号的机械密封件更换，并更换油室内的机油，最后按拆卸的相反过程将潜水泵装好即可使用。

【例3】 碾米机在作业过程中电动机过热

检修要点：碾米机在作业过程中电动机过热的故障原因有：电源电压过低，电动机转速慢引起发热；电动机超负荷运转引起发热；轴承磨损过大或缺油，运行阻力大引起发热，且噪声增大。当电动机发热时，应停机检查，否则，长时间过热会造成烧坏电动机。排除电动机过热的方法如下。

① 检查电动机的功率是否与动力机相符，如功率不足，应更换电动机。

② 调小进料口闸板的开度，降低出米口弹簧的压力，以减少电动机的负荷。

③ 对轴承进行清洗并加润滑油，若轴承磨损，应更换新轴承。

④ 检查电源电压，若低于342V不能作业，待电压恢复正常后再开机。

【例4】 一台配电变压器在运行中出现着火故障

检修要点：配电变压器在运行中发生着火故障的主要原因如下。
① 变压器铁芯穿心螺栓绝缘损坏，或铁芯硅钢片绝缘损坏。
② 高压或低压绕组层间短路。
③ 绕组引出线混线或引线碰油箱。
④ 长时间过负荷。
⑤ 套管破损，油在储油器的挤压下流出并燃烧。

当配电变压器发生着火故障，首先应切断电源，然后灭火。若是变压器顶盖上部着火，应立即打开下部放油阀，将油放完或放至着火点以下部位，同时用不导电的灭火器（如四氯化碳、二氧化碳、干粉灭火器等）或干燥的河沙灭火，严禁用水或其他导电的灭火剂灭火。待火熄灭后，再对变压器进行检查、修理、试运、调整，直至正常后投入运行。

【例5】 一台5kW农用柴油发电机，突然不发电

检修要点：小型柴油发电机突然不发电的故障原因有：电动机绕组烧坏，大励磁机绕组烧坏；励磁用硅整流管损坏；转子铁芯失磁等。

当小型发电机突然出现不发电故障时，应立即停机，并按以下方法进行检修。

① 拆开机壳，检查电动机和励磁绕组有无烧坏的痕迹，若绕组有局部发黑现象，应拆下进行检修或重绕。

② 检查励磁用硅整流管是否损坏，若损坏，应更换。

③ 若以上均正常，则可能是转子铁芯失磁，应对其进行充磁，其操作方法是：准备两节大号（1.5V）的干电池，按照如图 16-8 所示，启动柴油发电机运转，看清原整流二极管的输出正负极性，将干电池的正极接整流桥正极，负极接整流桥负极，搭碰时可能产生火花，搭碰两下转子铁芯就会恢复励磁，此时观察电流表，若发电，电压表指针会徐徐上升，再调节磁盘电阻器使发电机电压达到 380V 即可。

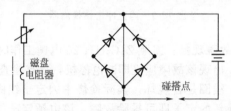

图 16-8　转子铁芯励磁方法

第六节
电动工具维修案例

【例 1】 故障现象：博世冲击钻通电后电动机不转

检修要点：该故障应重点检查开关是否损坏或接触不良、电刷与换向器是否接触不良。实际检修中因电刷与换向器接触不良较多见。研磨换向器表面或更换电刷即可排除故障。博世冲击钻换向器如图 16-9 所示。

> 提示：切忌使用金刚砂布打磨换向器，因为金刚砂微粒嵌入换向器表面，能划伤换向器和电刷表面，使表面形成细沟道，并影响氧化膜的生成。当换向器表面烧伤严重，沟道较深以及波浪度超过 0.5mm 时，打磨换向器将不能达到改善换向器表面状态的作用，应车削换向器表面。

换向器表面烧伤

图 16-9　博世冲击钻换向器

【例 2】　**故障现象**：凯顺 Z1C-HH-26 电锤工作时冒烟

检修要点：出现该故障应立即断电停机，重点检查是否负荷过重或电刷处冒烟、线圈是否烧坏。实际检修中因定子线圈烧坏较多见。重新绕制或更换新的定子即可排除故障。该电锤定子线圈如图 16-10所示。

定子线圈烧坏

图 16-10　凯顺 Z1C-HH-26 电锤定子线圈

【例 3】 故障现象：博世 IXO33.6V 锂电池电动螺丝刀会经常出现按下开关后转个不停，只能频繁按压无数次开关才有可能停转

检修要点： 该故障应重点检查微动开关 S2 和场效应管是否正常。实际检修中因微动开关 S2 损坏较多见。更换微动开关 S2 即可排除故障。微动开关 S2 如图 16-11 所示。

图 16-11　微动开关 S2

第七节

家电维修案例

【例 1】 新迎燕 KFR-35W/XYBp 型变频空调挂机上电开机，调到制热状态，外风机转动一会儿就停了，室内机面板显示"E9"

检修要点：找来热毛巾将室内机室温头包住，先断电后又重新上电，并调到制冷状态试机，面板显示"P0"闪动，听到外风机有转动声，用手摸外机高低压管冰凉并感觉有氟回流迹象，说明制冷压缩机启动正常，而制热显示"E9"不工作。经分析，初步判断为外机模块板故障。

拆开外机检查，发现 P6-1（DC＋）插片脱落，如图 16-12 所示，该线为整流后直流电压的＋320V 的正极线。

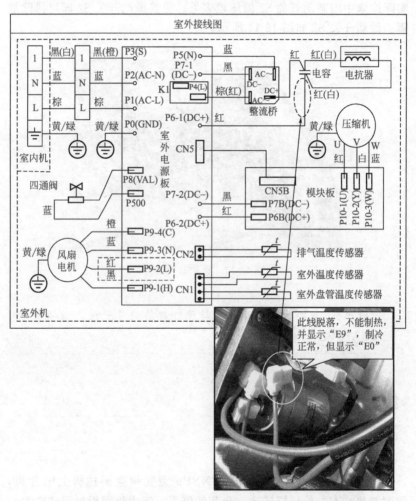

图 16-12　新迎燕 KFR-35W/XYBp 型变频空调挂机外机接线图

将 P6-1（DC＋）线插到电容上去，重新安装好外机前盖、上盖上电试机，制冷制热模式下均能正常工作，也不显示故障代码了。

【例2】 惠而浦 ASH-120VN2 型空调器开机约 30s 显示"E4"停机

检修要点：经查故障代码显示"E4"为 PG 电动机反馈异常，需要拆板维修。

首先检查 PG 电动机正常，再检查电动机和 PCB 的连接也正常，怀疑 PCB 板电路存在元器件损坏。该机内机主板如图 16-13 所示。

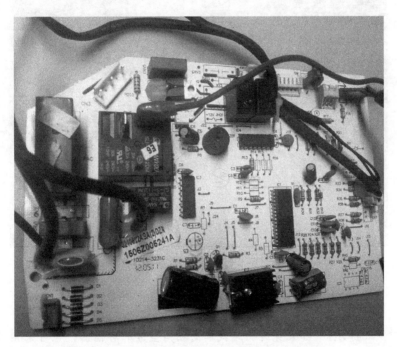

图 16-13 惠而浦 ASH-120VN2 型空调器内机主板

更换同型号内机主板后，故障排除。

> **提示**： 该故障的检修方法同样适用于惠而浦 ASH-90VN2A、ASH-90VN3 以及 ASH-120VN3 型空调。

【例3】 惠而浦 ISH-120S3A/A 型空调器室内机屏幕显示 "F9"，按任何键均无反应

检修要点：到达现场后，检查室外机控制板上的 3 个 LED 依次为 "闪→灭→亮"，初步可判断为室外 EE 故障，需要拆板维修。

EE 故障为主板数据出现问题，把存储器 24C02 拆下，如图 16-14 所示，测试未发现异常，怀疑是数据不正常，可采用重新烧录数据或更换数据正常的存储器。

图 16-14 惠而浦 ISH-120S3A/A 型空调器外机存储器

更换 24C02 存储器后，故障排除。

提示： 如果身边一时找不到相同型号的存储器，也可采用 24C16 存储器代换。

【例4】 大金 FTV35FVIC 型空调，开机电源指示灯闪烁，内外机不工作

检修要点：根据故障现象可初步判断为内外通信不良，需要拆板维修。

首先检查内外机连接导线正常，测内机 N 端与信号端子之间无交流脉动电压，说明控制电路或通信电路存在故障。测光耦 OIS4 （PC621）二极管端无正向压降，取下光耦测量，发现已击穿，查 ZD2、L2 也开路，R24 已烧焦，相关电路如图 16-15 所示。

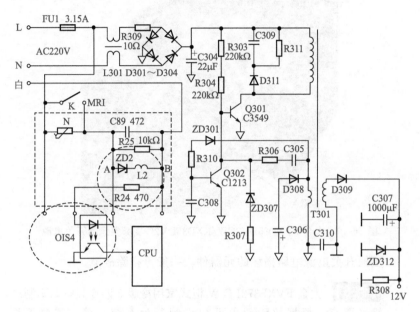

图 16-15　光耦 OIS4 和 R24 相关电路

将 ZD2 换用 1W 或应急暂用一只 1/2W 1kΩ 的电阻焊在 A、B 两点，代换光耦 OIS4 和 R24 后故障彻底排除。

> 提示：　维修此类故障，可通过短接继电器的接点 K 两端（此空调是靠继电器吸合来通信的，短接 K 能快速分辨是继电器控制电路还是通信电路故障）。

【例 5】 大金 FTXD35DV2CW/RXD35DV2C 型变频空调器无法开机，且绿灯不停闪烁

检修要点：根据故障现象可初步判断为开关电源故障，需要拆板维修。

首先通电，查看外机故障指示灯全不亮，说明故障可能是开关电源部分。重点检测开关电源保险电阻是否开路，16V、220μF反馈滤波电容是否不良。该机开关电源如图16-16所示。

故障点

图16-16 大金FTXD35DV2CW/RXD35DV2C变频空调器开关电源

更换开关电源电路损坏的元器件，一般可排除故障。

【例6】 大金FVXB372LC-W柜式家用冷暖3匹变频空调不制冷
检修要点：根据故障现象可初步判断为系统故障，需要拆机维修。

该故障可能是因冷凝器高压排气管钢管裂开造成微漏所致，卸下外机冷凝器（去除变频板、四通阀线圈、风扇电动机等），用加制冷剂瓶打压，放到水中察看。该机冷凝器如图16-17所示。

找到裂纹处后，用焊具焊接好，重新抽真空加制冷剂即可排除故障。

【例7】 奥克斯R32GW/EA空调开机3h，但是效果始终很差
检修要点：根据故障现象初步可判断为系统故障，需要拆机维修。

首先检测发现出风口温度明显偏低，压力比正常制热压力低0.5MPa左右，经仔细检测电源电压、电动机、压缩机、温度传感器、显示板及电路板都正常，此时怀疑四通阀有问题，采取的方法就

图 16-17　大金 FVXB372LC-W 柜式家用冷暖 3 匹变频空调冷凝器

是转换制冷、制热模式来初步判断是否为四通阀故障。在反复转换的同时发现换向不是很明显且制冷状态下出风口温度也明显偏低；另外在压缩机运行 3min 后，用手分别感受 E、S、C 三管温度（如图 16-18 所示），E 管较热（大于 65°）；S、C 管温度基本一致（小于 7℃）。通过此两种方法检查判定是四通阀换向不到位导致效果差。

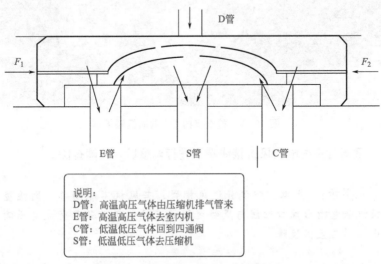

图 16-18　四通阀 E、S、C 三管温度

更换新四通阀故障排除。

【例8】 东芝 DFR-53LW/BpER（R）型空调器显示 "Eb"，风机速度失控

检修要点： 根据故障现象可初步判断为室内 PG 电动机故障，需要拆板维修。

首先检查风轮装配是否出现松脱或卡死的现象，经查风轮装配正常，再检查室内电控风机接线是否牢固可靠，如图 16-19 所示。

图 16-19　检查室内 PG 电动机端子

重新对室内电控风机接线端子进行调整后，故障排除。

提示：上电，空调开送风模式，若风机不能动作，则检查风机强电输出端口红线与黑线之间的交流电压，若无交流电压输出，则为主板故障。

【例9】 东芝 DFR-53LW/BpER（R）型空调器自动关机，且显示故障代码"P4"

检修要点：根据故障现象可初步判断为室内蒸发器高温或低温保护故障，需要拆板维修。

该故障重点应检查室内机管温传感器与蒸发器是否正常，如图16-20 所示。首先检查传感器本体线组无破皮，重新插接传感器与电控主板之间接线端子，故障不变，再用万用表检测传感器阻值，并与蒸发器实际温度进行比较，发现二者温度值偏差较大，说明传感器有可能损坏。

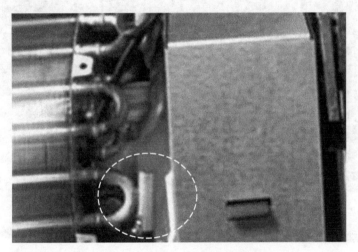

图 16-20　东芝 DFR-53LW/BpER（R）型空调器室内机管温传感器

采用相同规格管温传感器代换后，故障排除。

提示： 若测得传感器与蒸发器温度值一致，且蒸发器本身温度并不是过高或过低，则可判断为室内主板故障；若二者温度值一致，且蒸发器本身温度偏高（制热）或偏低（制冷），则为制冷系统故障。

【例10】 富士通将军 ASQA12LKC 型空调器不制冷，定时灯间隔闪三下红灯，室内机风扇能转，室外机发现"嗞嗞"几声就不运

行了

检修要点： 根据故障现象可初步判断为控制电路故障，需要拆板维修。

该故障应重点检查外机控制板，经检测，电源芯片 TNY266PN 的 1 脚（BP）在待机状态 5.9V 电压正常，而其 5 脚（MOSFET 漏极）在待机状态下无 315V 电压，说明 TNY266PN 已损坏。电源芯片 TNY266PN 在外机控制板中的位置如图 16-21 所示。表 16-1 为 TNY266PN 引脚功能和维修数据。

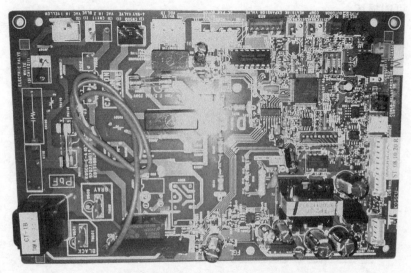

图 16-21　电源芯片 TNY266PN 在外机控制板中的位置

重新更换电源芯片 TNY266PN 后，故障排除。

表 16-1　电源芯片 TNY266PN 引脚功能和维修数据

引脚号	引脚定义	引脚功能	工作电压/V	
			开机状态	待机状态
1	BP	旁路	6.2	5.9
2	S	MOSFET 源极	0	0
3	S	MOSFET 源极	0	0
4	EN/UV	稳压控制	0.8	0.7

引脚号	引脚定义	引脚功能	工作电压/V	
			开机状态	待机状态
5	D	MOSFET 漏极	380	315
6	NC(S)	空脚	0	0
7	S	MOSFET 源极	0	0
8	S	MOSFET 源极	0	0

【例 11】 科龙 70 型柜式空调一开机保护指示灯亮，整机不工作

检修要点： 根据故障现象可初步判断为室内控制线路板故障，有两种可能：一是有保护信号输入到微处理器；二是误保护。需要拆板维修。

拆机，首先检查排插 X101，测 1、11 脚为 12V、5V，正常。断开端子板（编号 6P）的 2、3 脚，测其 9 脚 5V 电压没有变化，进一步检查发现 U6 的 1、2 脚所接保护二极管 D5（1N4148）正反向阻值均为 0.8kΩ，说明 D5 已损坏。相关电路如图 16-22 所示。表 16-2 为排插 X101 的各脚功能。

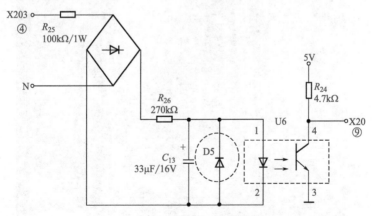

图 16-22 保护二极管 D5 相关电路

采用 1N4148 二极管代换 D5 后，试机，故障排除。

表 16-2　排插 X101 的各脚功能

引脚号	引脚功能	引脚号	引脚功能
1	12V 电源端	9	过压力保护信号输入
2~4	风机低、中、高速控制端	10	输入信号
5	风摆电动机	11	5V
6、7	空脚	13	接地
8	输出信号		

【例 12】 三菱 MSH-J18SV 型空调不制冷且室外机有异常响声

检修要点：根据故障现象可初步判断为系统存在故障，需要拆板维修。

首先测电源 220V 正常，电流表测运行电流在 8.9~12A 之间波动，系统运行压力在 0.6~0.86MPa 之间波动，且压缩机有异常响声，刚开机正常，十几秒后故障出现，判断为毛细管脏堵，如图 16-23 所示。

图 16-23　三菱 MSH-J18SV 型空调毛细管

先将制冷剂收到压缩机内，再焊下毛细管与过滤器，清除管内脏物即可排除。

【例 13】 三菱 MSZ SV 型变频空调室外机组不运行，且室内机电源指示灯不亮闪（间隔 0.5s）

检修要点： 根据故障现象可初步判断为通信故障，需要拆板维修。

该故障应重点检查室外限流电阻 R64 和噪声滤波板是否完好，如图 16-24 所示，经查，R64 已开路损坏，说明室外变频主电路板存在故障。

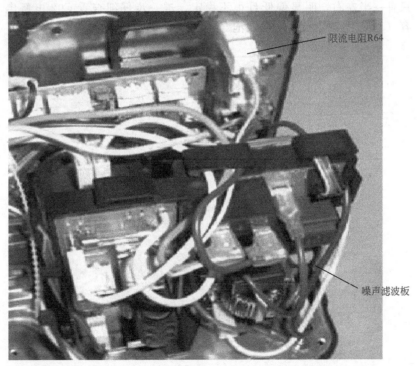

图 16-24 室外限流电阻 R64 及噪声滤波板

采用同规格的室外变频主电路板代换后，更换 R64 电阻，试机，故障排除。

【例 14】 三菱 KF-55G/A 型空调器不通电，偶尔能开机，但几分钟后又自动关机

检修要点：根据故障现象可初步判断为开关电源故障，需要拆板维修。

该机采用开关式电源作为主要低压供电，如图 16-25 所示，卸下内控制板，再卸下电源块 HIC1 上面的铝盒盖，用万用表检测 12V 只有一半左右，明显偏低且很不稳定，进一步仔细查看 C02 电解电容（16V 47μF）有些变形鼓泡。

故障点

图 16-25　C02 电解电容

采用 47μF/16V 电解电容代换 C02，或直接更换模块 PSM3530-

100-200 即可排除故障。

提示：该故障同样适用于三菱 MSHJ11TV、MSH-J09 型空调，可以直接参照上述方法检修。

【例 15】 申花 KFRD-36GW/BPBY 型空调器压缩机不启动，风机转一会就自停

检修要点：根据故障现象可初步判断为压缩机或 IPM 电路存在故障，需要拆板维修。

该机 IPM 功率模块如图 16-26 所示，板号为 SYK-QBBA S1。用万用表二极管挡对功率部分进行检测，黑表笔放在 IPM 模块的 "P" 端，红表笔分别接触 IPM 模块输出到压缩机的 W、V、U 三相引脚，测得读数为无穷大，说明 IPM 功率模块有可能已损坏。

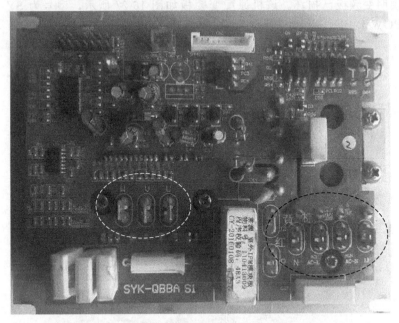

图 16-26 SYK-QBBA S1 功能模块

采用同型号 IPM 功能模块代换后，故障排除。

【例 16】 新科 32GWA/BP 型变频空调通电制冷, 3min 延时期内, 2min 时室内红色故障灯亮。室内机操作正常, 外机不工作

检修要点: 根据故障现象可初步判断为通信故障, 需要拆板维修。

开机状态下, 测量室外机通信信号电压在 10~25V 之间波动, 正常。测功率模块的 P、N 端子无 300V 电压, 触摸电路板上的 PTC 元件烫手, 判定后级有短路故障。断电, 测量功率模块的 P、N 的 300V 端子阻值为 250Ω (正常的阻值正反向分别为 400kΩ 和 6kΩ), 说明变频板已损坏。该机原配变频板如图 16-27 所示, 型号为 SY-POW-L-BEL。

图 16-27　SYPOW-L-BEL 变频板

更换相同型号规格的变频板，即可排除故障。

【例 17】 扬子 KFR-75LW/EY5 CJ2000 型空调器风量很少，制冷效果差

检修要点：根据故障现象可初步判断为系统故障，需要拆板维修。

拆开空调面罩发现蒸发器结霜，如图 16-28 所示，将过滤网进行清洗后试机，故障不变，再对贯流风扇上的脏物进行清理，试机，故障还是不变，拔下电动机插件测量，发现其匝间短路。

图 16-28　扬子 KFR-75LW/EY5 CJ2000 型空调器蒸发器结霜

更换同规格电动机后，故障排除。

【例 18】 扬子 KFRD-35GW/051-E1 型空调器制冷效果不好

检修要点：根据故障现象可初步判断为系统故障，需要拆板

维修。

开机开制冷检查，整机工作各部分运转正常，测环境温度 28℃，系统低压压力 3.8kgf/cm² （1kgf/cm² = 98.0665kPa），电压 220V，电流 5.7A，进出口温差 12℃，从上述数据看该机工作是正常的。后试着补加制冷剂时发现压力表指针不动，加不进去，又测工作电流已达到 6.9A，压缩机工作声音变大，马上停止加氟利昂。经分析，有可能是系统存在脏堵，本着先易后难的方法，首先检查内外机的连接管，用手摸连接管过墙孔部分时异常，回收氟利昂，拆下内机及连接管，拆开包扎带及保温棉，发现粗管已有一大半折瘪，如图 16-29 所示。

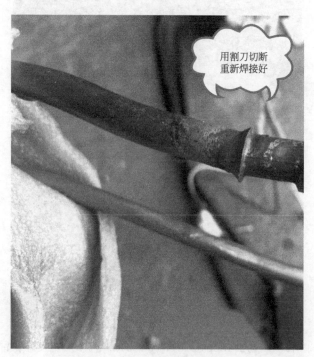

图 16-29　折瘪的钢管位置

将折瘪的钢管部分割掉，重新焊接连机，排空后，开机试机，测压力为 5.9kgf/cm²，电流为 6.5A，进风口的温差为 11℃，判断为氟利昂过多。将系统的氟利昂缓慢排放至压力为 4.8kgf/cm²，测电流

5.9A，进出风口温差为 18℃，制冷效果正常，故障排除。

【例19】 月兔 JXT-25DG-B2A 型空调器启停频繁

检修要点： 根据故障现象可初步判断为传感器或主控板存在故障，需要拆板维修。

该机室内接线如图 16-30 所示。首先检查电压正常，重新调整内外机接线头后故障不变，再检查传感器和保护器均正常，说明主控板存在故障。

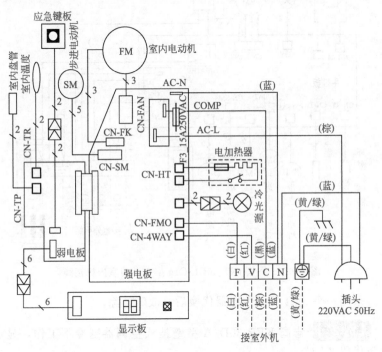

图 16-30 月兔 JXT-25DG-B2A 型空调器室内机接线

更换同型号主控板，即可排除故障。

【例20】 月兔 JXT-50DL-G1g 型空调器制热时 30min 左右停机，时间指示灯黄色大约闪动 6 次停 5s，且反复循环

检修要点： 根据故障现象可初步判断为传感器故障，需要拆板维修。

首先测得电流为 3A 左右，高压为 1.7MPa，静态压力为 0.7MPa，制热效果良好，出风口温度为 40℃左右，测得环温传感器电阻 7kΩ，管温传感器电阻 1.5kΩ 左右。怀疑故障是管温传感器异常所致。该机室内机接线如图 16-31 所示。

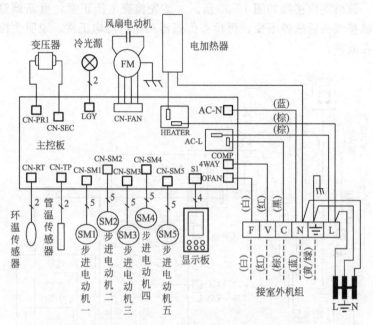

图 16-31　月兔 JXT-50DL-G1g 型空调器室内机接线

采用一个 5kΩ 管温传感器代换后，故障排除。

【例 21】 志高 KFR-30D/A 型壁挂式空调器制冷不工作，显示故障代码"L1"

检修要点：根据显示的故障代码可初步判断为室内管温传感器故障，需要拆板维修。

该故障应重点检查管温传感器和控制电路。首先检查管温传感器 RT 常温下阻值正常，将它放入温水中测阻值会慢慢变小，再将它放入冷水中测阻值又慢慢变大，说明 RT 管温传感器正常。然后再对管温测试电路进行检测，测 IC1 的 16 脚电压为 0.2V（不正常），经进一步测量，发现 C17 短路，如图 16-32 所示。

更换 C17 后，故障排除。

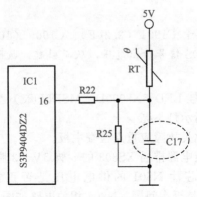

图 16-32　C17 相关电路

【例 22】 TCL L55V6200DEG 型液晶电视机，黑屏

检修要点：此类故障应重点检查主板。

首先检查 P2002 处是否有 LVDS 信号输出，然后检测 MEMU 倍频处理电路 U1902（MST6M20S）的供电、总线、晶振电压是否正常，再检查复位电路 Q1901、C1901（2.2μF）、C1909（10μF）等元件是否有问题。相关复位电路如图 16-33 所示。

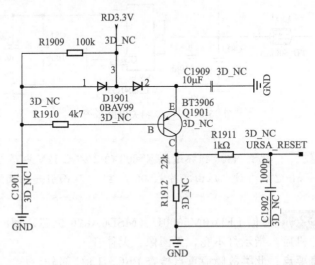

图 16-33　相关复位电路

此例属于 C1901、C1909 不良，更换 C1901、C1909 即可。

提示： 由于 C1901（2.2μF）、C1909（10μF）不良引起 P2002 处无 LVDS 信号输出电压，从而引起此故障。

【例 23】康佳 LED55X8000D（MSD6I988）型液晶电视机，开机后出现三无，指示灯不亮

检修要点： 此类故障应重点检查主板。

首先检查主板电源排插 XS803 的 5 脚 5V、3 脚 12V 电压是否正常，然后检测主芯片 N501 的供电电压是否正常，再检测 N806（WL2004N33G）是否有问题。N806 相关电路如图 16-34 所示。

此例属于 N806 损坏，更换 N806 即可。

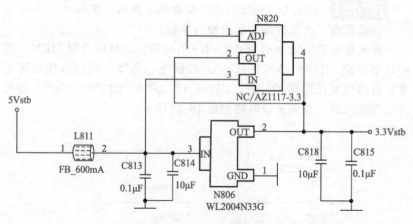

图 16-34　N806 相关电路截图

提示： 由于 N806 损坏造成 XS803 的 3 脚无 12V 电压、N501 无 3.3Vstb 电压（该电压由芯片 N806 产生），从而引起此故障。

【例 24】海信 LED70M5000U（MSD6A826 机芯）型液晶电视机通电开机后，指示灯不亮，无图像、无伴音

检修要点： 此类故障应重点检查 PFC、LLC 部分。

首先检查 C810 电压是否为 380V，若电压为 345V，则说明整机处于待机状态，检查主板 STB 信号是否正常；若电压为 310V 左右，则检查 C832 电压是否正常（正常应为 16V）；若电压异常，则检查 VCC 供电电路；若电压正常，则检查 N801（IDP2301）是否损坏；若 N801 正常，则检查光耦 N809 是否损坏。相关 LLC 背光驱动电路如图 16-35 所示。

此例属于 N801 损坏，更换 N801 即可。

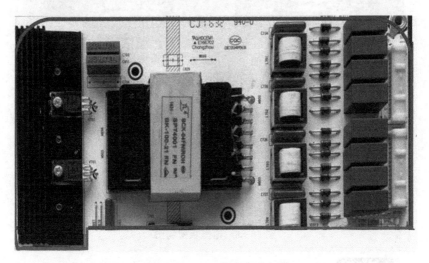

图 16-35　LLC 背光驱动电路

【例 25】创维 55E600A（8M90 机芯）型液晶电视机图像显示不正常，花屏

检修要点：此类故障应重点检查屏供电电压。

首先检查屏供电是否正常，若屏供电正常，则检查遥控、键控是否正常；若正常，则检查 LVDS 信号是否正常；若遥控、键控异常，则检查晶振、U9（MSD489AV-TM）供电/复位是否正常。

此例属于晶振失效，更换晶振即可。

提示：若屏供电异常，则检查主板电压是否正常，电源板（如图 16-36 所示）是否损坏。

图 16-36　电源板实物图

【例 26】 长虹 UD55B6000iD（ZLS47H-iS 机芯）型液晶电视机开机三无

检修要点：此类故障应重点检查电源板、主板、屏。

首先检查 CON19 的 5 脚待机电压是否正常，若待机电压输出正常，则检查 CON19 的 10 脚 STB 电平是否正常；若 STB 电平为高电平，则检查 CON19 的 6 脚、7 脚电压是否正常（正常值为＋5V）；若电压正常，则检查 CON19 的 1 脚、2 脚电压是否正常（正常值为＋24V）；若电压正常，则检查 CON19 的 12 脚背灯开关是否为高电平；若背灯开关为高电平，则检查上屏电压是否正常；若上屏电压异常，则检查液晶屏上屏电压延时开关 U4（A04803A）、DC-DC 变换器 U8（SY8204）是否损坏；若上屏电压正常，则检查 U11（MSD6A818QVA）及其供电电路是否正常；若正常，则检查屏、上屏线是否损坏。相关电源板如图 16-37 所示。

图 16-37　电源板实物图

　　此例属于电源板损坏导致 CON19 的 5 脚电压异常，更换电源板即可。

　　提示：　若 CON19 的 10 脚 STB 电平为低电平，则检查 Q85、Q86、MST6A818、电源模块是否损坏。

　　【例 27】XQB36-831 型洗衣机接通电源后电动机旋转，但波轮不转

　　检修要点：检修时具体检查电动机紧固螺钉是否松动、V 带是否脱落或打滑、离合器传动带是否松脱、离合器减速机构是否损坏、波轮是否松脱（波轮孔和紧固螺钉滑扣、紧固螺钉松脱、断裂或波轮方孔被磨圆等）。

　　此例故障属离合器减速机构有零件损坏，更换同型号离合器即可。松下 XQB36-831 型洗衣机离合器安装位置如图 16-38 所示。

图 16-38　XQB36-831 型洗衣机离合器安装位置

【例 28】康佳 XQG60-6081W 型洗衣机不工作

　　检修要点：检修时具体检测电源电压是否正常、电源开关是否损坏。

　　此例属于电源开关损坏，更换即可。电源开关相关接线如图 16-39 所示。

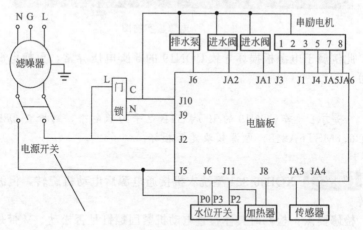

图 16-39　电源开关相关接线

【例 29】美菱 XQG50-1108 型洗衣机显示故障代码"E4"

　　检修要点：检修时用万用表测继电器 J4-2 与 J1-1 之间电压是否正常、电控板是否损坏、门锁是否损坏。

此例属于门锁损坏，更换即可。门锁开关实物图如图 16-40 所示。

图 16-40　门锁开关实物图

【例 30】　海尔 BCD-551WSY 型电冰箱触摸屏显示板按键失灵

检修要点：检修时具体检测显示板面罩与面板是否配合良好或安装到位（当显示板面罩与面板配合不良、安装不到位均将导致导电棉接触不良）、显示板上导电棉下部的跳线表面是否过脏（如有油污、助焊剂等）。

此例属于显示板上导电棉下部的跳线表面过脏，清理导电棉下部的跳线表面后即可。导电棉如图 16-41 所示。

图 16-41　导电棉实物

【例 31】 海信 BCD-318WBP 型电冰箱显示故障代码 "F7"

检修要点：此类故障应用测试法进行检修，检修时重点检测冷冻蒸发器传感器。检修时具体检测冷冻蒸发器传感器线是否短路或开路、冷冻蒸发器传感器是否损坏。

此例属于冷冻蒸发器传感器损坏，更换冷冻蒸发器传感器即可。

工程师宝典APP

可以看视频的电子书

✓ **嵌入视频**：无需扫码，直接观看 ✓ **搜索浏览**：知识点快速定位

✓ **重新排版**：更适合移动端阅读 ✓ **留言咨询**：与作者及同行交流